现代养猪
疫病防治手册

主　编　陈宗刚　陈文忠
副主编　张　杰　王天江
编　委　白大伟　王玉娟　王凤芝
　　　　张春香　程建农　王桂芬
　　　　陈世凯　单莉莉　张志新
　　　　李金明　周广如

科学技术文献出版社
SCIENTIFIC AND TECHNICAL DOCUMENTATION PRESS

图书在版编目(CIP)数据

现代养猪疫病防治手册/陈宗刚,陈文忠主编. —北京:科学技术文献出版社,2013.3(重印)

ISBN 978-7-5023-6900-2

Ⅰ.①现… Ⅱ.①陈… ②陈… Ⅲ.①猪病-防治-手册 Ⅳ.①S858.28-62

中国版本图书馆 CIP 数据核字(2011)第 059061 号

现代养猪疫病防治手册

策划编辑:李 洁 责任编辑:李 洁 责任校对:唐 炜 责任出版:张志平

出 版 者	科学技术文献出版社
地 址	北京市复兴路15号 邮编100038
编 务 部	(010)58882938,58882087(传真)
发 行 部	(010)58882868,58882866(传真)
邮 购 部	(010)58882873
官方网址	http://www.stdp.com.cn
淘宝旗舰店	http://stbook.taobao.com
发 行 者	科学技术文献出版社发行 全国各地新华书店经销
印 刷 者	北京高迪印刷有限公司
版 次	2011年6月第1版 2013年3月第2次印刷
开 本	850×1168 1/32开
字 数	262千
印 张	10.75
书 号	ISBN 978-7-5023-6900-2
定 价	22.00元

版权所有 违法必究

购买本社图书,凡字迹不清、缺页、倒页、脱页者,本社发行部负责调换

前　言

猪疫病的种类很多,包括传染病、寄生虫病、内科病、外科病、产科病等,近年来,随着环境和养殖规模的变化,猪病也发生了较大的改变,严重影响了养猪业的发展,并给公共卫生带来了较大的威胁。

为了有效地控制疫病,笔者根据多年从事教学、科研和实践的体会,又组织了相关技术人员,对我国养猪业疫病频发的原因、疫病发生的特点、疫病的诊断、治疗及综合预防等多个方面进行了阐述,内容非常实用,使读者阅读后能真正应用到实际生产过程中,做到有源可查,有据可依。但必须指出的是,兽医科学是不断发展的科学,在使用每一种药物之前,必须要阅读产品说明书以确认药物的用量、用药方法、所需用药的时间及禁忌等。

由于作者水平所限,书中错误和不足之处,恳请广大读者批评指正。

编　者

目　录

第一章　猪疫病发生的特点、原因和传播途径 …………… (1)
　第一节　猪疫病发生的特点…………………………… (1)
　第二节　猪疫病发生的原因…………………………… (3)
　第三节　猪疫病传播的途径…………………………… (5)
　　一、传染来源………………………………………… (5)
　　二、传播途径………………………………………… (7)
　　三、易感畜群………………………………………… (10)
第二章　猪场疫病的综合防控 ……………………………… (12)
　第一节　猪场环境的综合控制………………………… (12)
　　一、场址的选择和布局控制………………………… (12)
　　二、水源质量的控制………………………………… (14)
　　三、空气质量的控制………………………………… (16)
　　四、粪尿处理与利用………………………………… (18)
　　五、猪场鼠、虫的控制……………………………… (25)
　　六、病死猪的无害化处理…………………………… (27)
　　七、消毒控制………………………………………… (29)
　　八、应激的防止……………………………………… (41)
　第二节　做好基础免疫与药物预防…………………… (44)
　　一、基础免疫………………………………………… (44)
　　二、药物保健………………………………………… (53)
第三章　猪疫病的诊断 ……………………………………… (56)

第一节　猪的保定 …………………………………… (56)
第二节　猪疫病的鉴别 ……………………………… (57)
　一、流行病学调查 ………………………………… (58)
　二、临床检查 ……………………………………… (59)
　三、检查后的处理 ………………………………… (63)
第三节　病理诊断 …………………………………… (66)
　一、病理诊断的一般原则 ………………………… (66)
　二、病理诊断流程 ………………………………… (67)
　三、病料采集、保存 ……………………………… (71)
第四节　实验室诊断 ………………………………… (74)
　一、微生物学诊断 ………………………………… (74)
　二、寄生虫病诊断 ………………………………… (96)
　三、饲料营养成分的分析 ………………………… (102)
　四、毒物检验 ……………………………………… (102)
　五、预防和治疗试验 ……………………………… (102)
　六、其他检验 ……………………………………… (103)

第四章　猪疫病的用药 …………………………… (104)
第一节　兽药的剂型与剂量 ………………………… (104)
　一、兽药的剂型 …………………………………… (104)
　二、兽用药物的剂量 ……………………………… (108)
第二节　兽药的用药方法 …………………………… (109)
　一、猪场常用药物种类 …………………………… (109)
　二、猪给药的方法 ………………………………… (110)
　三、保健饲料添加剂的应用 ……………………… (112)
第三节　兽药保管方法 ……………………………… (115)

第五章　猪场常见疫病的防治 …………………… (117)
第一节　猪常见病毒性传染疾病的防治 …………… (117)
　一、猪瘟 …………………………………………… (117)

二、口蹄疫 …………………………………… (122)

三、流行性感冒 ……………………………… (125)

四、流行性腹泻 ……………………………… (127)

五、传染性胃肠炎 …………………………… (130)

六、蓝耳病 …………………………………… (133)

七、蓝眼病 …………………………………… (137)

八、细小病毒病 ……………………………… (139)

九、狂犬病 …………………………………… (141)

十、伪狂犬病 ………………………………… (144)

十一、轮状病毒病 …………………………… (146)

十二、乙型脑炎 ……………………………… (148)

十三、圆环病毒病 …………………………… (150)

十四、传染性脑脊髓炎 ……………………… (153)

十五、水疱病 ………………………………… (155)

十六、猪痘疹 ………………………………… (157)

十七、巨细胞病毒感染 ……………………… (158)

十八、脑心肌炎 ……………………………… (160)

第二节 猪细菌性传染病 ……………………… (162)

一、猪丹毒 …………………………………… (162)

二、炭疽 ……………………………………… (165)

三、猪肺疫 …………………………………… (167)

四、链球菌病 ………………………………… (170)

五、破伤风 …………………………………… (173)

六、气喘病 …………………………………… (176)

七、接触传染性胸膜肺炎 …………………… (179)

八、猪白痢病 ………………………………… (183)

九、红痢病 …………………………………… (185)

十、黄痢病 …………………………………… (188)

十一、猪痢疾病 …………………………… (190)

十二、水肿病 ……………………………… (193)

十三、副伤寒 ……………………………… (197)

十四、李氏杆菌病 ………………………… (199)

十五、布鲁菌病 …………………………… (201)

十六、坏死杆菌病 ………………………… (205)

十七、萎缩性鼻炎 ………………………… (208)

十八、钩端螺旋体病 ……………………… (210)

十九、红皮病 ……………………………… (212)

二十、结核病 ……………………………… (214)

二十一、脑脊髓炎 ………………………… (216)

二十二、皮肤真菌病 ……………………… (218)

第三节 猪寄生虫病 ………………………… (220)

一、蛔虫病 ………………………………… (220)

二、旋毛虫病 ……………………………… (222)

三、囊尾蚴病 ……………………………… (224)

四、弓形虫病 ……………………………… (227)

五、球虫病 ………………………………… (229)

六、冠尾线虫病 …………………………… (231)

七、姜片吸虫病 …………………………… (234)

八、肝片吸虫病 …………………………… (236)

九、肉孢子虫病 …………………………… (237)

十、华支睾吸虫病 ………………………… (239)

十一、食道口线虫病 ……………………… (240)

十二、类圆线虫病 ………………………… (241)

十三、疥螨病 ……………………………… (243)

十四、猪虱病 ……………………………… (245)

十五、蠕形螨虫病 ………………………… (246)

第四节 猪内科病……(248)

一、便秘……(248)

二、胃肠炎……(249)

三、口炎……(250)

四、肺炎……(251)

五、中暑……(253)

六、维生素A缺乏症……(255)

七、维生素B缺乏症……(256)

八、钙、磷缺乏症……(258)

九、铜缺乏症……(260)

十、碘缺乏症……(261)

十一、硒缺乏症……(262)

十二、锰缺乏症……(264)

十三、锌缺乏症……(264)

十四、黄脂病……(265)

十五、异食癖……(269)

十六、发霉饲料中毒……(272)

十七、食盐中毒……(273)

十八、亚硝酸盐中毒……(274)

十九、菜籽饼中毒……(276)

二十、棉籽饼中毒……(278)

二十一、酒糟中毒……(280)

二十二、淀粉渣中毒……(282)

二十三、呋喃唑酮中毒……(283)

二十四、有机磷农药中毒……(285)

第五节 产科病……(287)

一、乳房炎……(287)

二、子宫内膜炎……(289)

三、母猪无乳综合征……………………………………（290）
四、产褥热………………………………………………（293）
五、母猪产后瘫痪………………………………………（294）
六、难产…………………………………………………（296）
七、胎衣不下……………………………………………（300）
第六节 外科病………………………………………………（302）
一、脱肛…………………………………………………（302）
二、阴道脱………………………………………………（304）
三、脐疝…………………………………………………（306）
四、跛行…………………………………………………（307）
五、脓肿…………………………………………………（309）
六、蜂窝织炎……………………………………………（311）
附录 猪去势术……………………………………………（312）
一、阉割技术……………………………………………（312）
二、术后并发症的治疗方法……………………………（326）
参考文献………………………………………………………（334）

第一章 猪疫病发生的特点、原因和传播途径

近年来,随着我国养殖业的迅猛发展,特别是养猪场的规模化、集约化、工厂化程度得到了大幅度提高,规模化养猪场疫病种类和流行也出现了一些新特点,部分老疫病呈非典型化,临床症状日渐复杂,新的病毒细菌感染性疾病不时出现,个别传染病的免疫失败也时有发生。猪病的流行使养猪生产遭受严重的经济损失,疾病导致生产成本上升,饲养和人工的浪费,含有治疗性药物的病猪及产品对食品安全构成极大威胁。由此可见,目前影响我国养猪业健康发展的关键已经由原来的品种、饲料和市场转变为各种疫病的威胁,疫病的流行成为制约养猪业持续发展的主要因素。

第一节 猪疫病发生的特点

近年来猪疫病流行,出现了新的特点,临床上猪的疫病非典型化、混合感染、细菌病发生增多。

1. 疫病传播速度加快

规模化养猪场最显著的特点是生产规模大、猪只密集,传染病具有很大的流行潜力,病原一旦侵入,则呈现高速繁殖,急剧传播,

引起疫病的爆发。另外,规模化养猪实行分段式饲养的工艺流程,使猪只在生产中的流动性大为增加,在各群体中蔓延流行的速度也加快了。

2. 接触传染性疫病增多

规模化养猪实行高密度饲养,集约化经营,从而使猪只彼此间距变小,一些接触性传染性疫病如猪疥螨、猪痢疾等的传播性变得极为容易。

3. 应激性疾病增多

由于规模化养猪中需要不断进行转群、称重、分群和并群,导致群体中争夺位次的斗架增多。生产者为了能充分发挥猪的生产潜能,使猪群始终处于高度紧张的生产状态之中,必将使猪的应激增高,从而使得那些敏感猪内分泌发生异常,抗病力下降,一些散养条件下不易发生的疾病如胃溃疡、应激综合征成为多发病。

4. "引进"疫病增加

当前我国的良种繁育体系建设滞后,且许多种猪场猪群健康水平不高。许多商品猪场种群来源不固定,多途径购买种猪,又不了解引进场疫病发生情况,以及缺乏有效的隔离、监测手段和配套措施,使得不同地域间、不同繁育体系间疫病的传播越来越多,如猪传染性萎缩性鼻炎、猪伪狂犬病等。

5. 疫病出现非典型化

由于免疫水平不高,尤其群体免疫水平不一致等原因,一些重大疫病病原体毒力增强或减弱,使原有的老病常以不典型症状和病理变化的面貌出现,如典型猪瘟已较少见,而非典型猪瘟经常发生,有些病原毒力或抗原型出现新的变化,虽然已免疫接种,仍不能获得保护或保护力不强,而出现免疫接种失败,造成疾病的发生。

6. 细菌性疾病发生率增高,治愈率低

随着集约化、规模化程度的提高,畜禽商品流通的加大,环境污染加剧,加上长期用药不合理,滥用抗生素和抗菌药物饲料,导致猪的细菌型传染病病原的抗药性越来越严重,使猪的细菌性疫病如猪链球菌病等控制难度加大。

7. 混合感染增多,病情复杂,危害加大

在猪疫病流行过程中,经临床诊断和实验室检验,混合感染的病例所占比例很大,如猪繁殖障碍与呼吸综合征伴发猪瘟、猪气喘病伴发猪肺疫等。疫病的混合感染给正确诊断带来了很大的困难,同时也给治疗造成很大障碍,因而危害很大。

8. 以繁殖障碍为主的猪传染病普遍存在并愈演愈烈

近年来,以猪繁殖与呼吸综合征、猪伪狂犬病、繁殖障碍型猪瘟和猪弓形虫病为代表的猪繁殖障碍疫病的发生和流行,致使许多规模猪场发生高比例的流产、死胎等,造成极大的经济损失。

第二节 猪疫病发生的原因

1. 防疫不当

(1)免疫操作不规范:养猪户中大部分没有受过兽医基础培训,免疫操作存在不同程度的问题,如疫苗用量不准确、免疫时间间隔不当、免疫程序使用不当和消毒不合理(如在免疫期间消毒)等,从而大大影响了免疫效果。

(2)疫苗运输和保管不善:经营生物制品国家有严格的规定,只有取得生物制品经营许可证后才能经销疫苗,但一些经销兽药、饲料的门市大都经销疫苗,有些根本不懂疫苗运输、保管常识,造成疫苗失效或效价降低。

2. 免疫抑制

(1)疾病免疫抑制:猪在疾病的潜伏期或亚健康的状态下(携带伪狂犬病、圆环病毒病、血液虫病、寄生虫病等),注射疫苗后,免疫抗体水平达不到应有的高度,虽然注射过疫苗,但抗体高度维持的时间较短,如遇强毒攻击,极易发病。

(2)药物免疫抑制:有些养猪户为了防病,经常用抗生素药物预防。大量长期使用抗生素会使动物免疫功能下降。因为抗生素的大量使用在杀死有害菌的同时,也杀死有益菌,引起二重感染和内源性感染。

(3)饲料免疫抑制:饲料中微量元素过量超标,猪食后全身发红,拉黑粪,是因为铜、砷过量超标。在临诊解剖猪时,发现许多猪胃底部充血、出血,怀疑是微量元素过多或者抗生素长期使用造成的。这样的猪抗病力非常低,发病的可能性就大。

3. 药物滥用导致耐药菌株产生

(1)滥用抗菌药物和激素药物:滥用抗生素和化学合成药物,造成"药物越用越多、病越来越难治"的现象。一方面,造成抗药菌株的不断出现,有时甚至达到无药可治的地步;另一方面,由于不按剂量添加或估计用药而导致中毒,临床上常见的有喹乙醇、磺胺类药物等。

(2)治疗不彻底:一些养殖户因为资金紧张,怕花钱,猪刚开食就停止治疗。因为任何一种药物在体内维持疗效的时间总是有限的,当药物降到一定浓度时就必须及时补充药物,否则,病原微生物就有可能在含有较低浓度的机体内顽强生长繁殖,逐步产生耐药性,甚至发生变异,给今后的治疗造成较大难度。

4. 随意引种,造成疫病传播

由于一些公猪养殖户不重视环境消毒和淘汰老种猪,种公猪猪体不洁,往往带病配种,给母猪、仔猪健康生长带来隐患。

5. 饲养管理不当

重保温、轻通风,这种现象在冬季比较突出,导致猪舍内有害气体浓度过大,引发疾病。

第三节 猪疫病传播的途径

防疫是指防治传染性疫病的发生和蔓延。要搞好猪群防疫工作,必须了解疫病是如何从个体感染扩展到群体流行的。研究表明,完成这一过程需要三个相互连接的条件,即病原体从被感染的动物机体(主要指病猪)排出,往往是随病猪的粪便、唾液、泪水和呼吸道分泌物排到体外,停留在外界环境中,接着又通过一定的方式和途径,侵入新的易感畜群,这样又产生了新的传染源,如此周而复始地不断延续,构成了传染病的流行过程。这个过程包括传染来源、传播途径和易感畜群三个基本环节,只有当这三个环节同时存在并相互联系时,才可能引起传染病在猪群中流行,如果缺少其中任何一个环节,流行便可终止,即使个别猪感染了传染病,也容易控制。因此,了解传染病流行过程的基本条件及其影响因素,有助于我们制订正确的防疫措施。

一、传染来源

传染来源或称传染源,是指某种传染病的病原体在其中寄居、生长、繁殖,并能排出体外的动物机体。具体说传染源就是受感染的猪或其他动物,包括无症状隐性感染的带菌(毒)动物。

猪传染病的病原微生物也和其他生物种属一样,它们的生存需要一定的环境条件。病原微生物在其形成过程中对于某种动物机体产生了适应性,即这些动物机体对其有了易感性,有易感性的机体相对而言是病原体生存最适宜的环境条件。因此,病原体在受感染的动物体内不但能够寄居繁殖,而且还能通过各种途径排出体外。在外界环境(畜舍、水源、空气、土壤等)中的病原体,由于缺乏恒定的温度、湿度、酸碱度和营养物质等因素,不适宜病原体长期生存,也不能繁殖,因此不属于传染来源,而只能称为传播媒介。

猪感染病原体后,可表现出明显的临床症状,也可能呈现隐性携带病原状态。

1. 病猪和病死猪的尸体

为重要的传染来源,尤其是在急性过程或者病程转剧阶段的病猪,可排出大量毒力强大的病原体,危害最大。

病畜能排出病原体的整个时期称为传染期。不同传染病的传染期长短不同,各种传染病的隔离期就是根据传染期的长短来制订的。为了控制传染源,对病猪应及时隔离或淘汰,对于病猪的尸体要严格进行无害化处理。

2. 病原携带者

这是一个统称,如已知所带病原的性质,应确切地称为带菌者、带毒者、带虫者等。病原携带者一般分为潜伏期的病原携带者、恢复期的病原携带者和健康动物病原携带者三类。

(1)潜伏期病原携带者:是指感染后至症状出现前这段时间就能排出病原体的动物。在潜伏期中,大多数传染病的病原体数量还很少,尚未具备排出病原体的条件,因此不能起传染源的作用。

但有少数传染病,如口蹄疫、猪瘟等则在潜伏期的后期能够排出病原体,此时就有了传染性。

(2)恢复期病原携带者:是指在临床症状消失后仍能排出病原体的病愈动物。一般说来,这个时期的传染性已逐渐减少或已无传染性了,但还有不少传染病如气喘病、布氏杆菌病等,在恢复期仍能排出病原体。所以,对恢复期的病原携带者除应考查其过去病史外,还应作多次病原学检查才能查明。

(3)健康动物病原携带者:是指过去没有发现患过某种传染病,但能排出该种病原体的动物。一般认为,这是隐性感染的结果,如猪肺疫、副伤寒、气喘病等。通常只能靠实验室诊断才能检出。

检查病原携带者也就是检疫,这在动物流通领域,尤其是猪场从外地引进猪只时更不可或缺。搞好检疫工作,是防治传染病的一项重要措施。

二、传播途径

传播途径是指病原体从传染源排出后,侵入另一易感动物体内的途径。了解每种传染病的传播途径并切断之,这是防治传染病流行的又一个重要环节。

猪常见传染病的传播途径,可分为直接接触传播和间接接触传播两种。

1. 直接接触传播

直接接触传播是在没有任何外界因素的参与下,传染源与健康动物直接接触,如交配、撕咬等而发生传染病的传播方式。猪以直接接触为主要传染途径的疫病,最具有代表性的是狂犬病,通常只有被患狂犬病的动物咬伤并随着唾液将狂犬病病毒带进伤口,才有可能引起发病。这种以直接接触而传播的传染病,其流行特点是一个接一个地发生,形成明显的锁链状。这种方式使疾病的传播受到限制,一般不易造成广泛的流行。

2. 间接接触传播

在外界环境因素的参与下,病原体通过传播媒介使易感动物发生传染的方式,称为间接接触传播。从传染源将病原体传播给易感动物的各种外界环境因素,称为传播媒介,它又包括活的传播媒介和无生命的传播媒介。

在猪的许多传染病中如猪瘟、猪丹毒、口蹄疫等,既可通过直接接触传播,也可通过间接接触传播,统称为接触性传染病。

间接接触传播一般通过以下几种途径传播:

(1)经空气(飞沫、飞沫核、尘埃)传播:某些传染病病猪的呼吸道内含有大量的病原体,当病猪咳嗽、喷嚏和呼吸时,随飞沫散布于空气之中,大滴的飞沫迅速落地,微小的飞沫在适宜的温度、湿度等条件下,能在空气中飘浮数小时,当健康猪吸入飞沫后,可以引起感染。这类疾病有猪气喘病、猪肺疫、接触传染性胸膜肺炎等。某些在外界生存力较强的病原体,如结核杆菌、炭疽杆菌、丹毒杆菌及胸膜肺炎放线杆菌等,从病畜的分泌物、排泄物排出,或从处理不当的尸体上散布在地面和环境中,干燥后随灰尘一道飘扬于空气中,当易感猪吸入后可受感染。

在一个清洁、干燥、光亮、温暖和通风良好的环境中,飞沫飘浮的时间较短,其中的病原体死亡较快,不利于疫病的传播;而在潮湿、污脏、阴暗、低温和通风不良的环境中,则飞沫在空气中停留的时间较长,有利于疫病的传播。

(2)经污染的饲料和饮水传播:即通常所说的病从口入。易感猪采食了被传染源的分泌物、排出物和病畜尸体及其流出物污染了的饲料、饲草和水源,可以引起感染。以消化道为主要侵入途径的传染病很多,有猪瘟、口蹄疫、副伤寒、猪丹毒、猪痢疾、仔猪黄痢和白痢等。

(3)经污染的土壤传播:随病畜的排泄物或其尸体一起落入土壤中而且能生存很久的病原微生物,如炭疽、破伤风等病菌,可形成抵抗力很强的芽孢;猪丹毒杆菌和结核杆菌虽不能形成芽孢,但对干燥、腐败等环境因素有较强的抵抗力,能在土壤中生存较长的时间。因此,对于能通过污染土壤而传播的传染病,要特别注意这类病畜的排泄物所污染的环境、物体和尸体的处理,防止病原体落入土壤,以免形成永久性的疫源地,其后患无穷。

(4)经活的媒介物传播

①节肢昆虫:包括蚊、蝇等。通过这些昆虫传播疾病的特点是有明显的季节性,如炎热的夏季,蚊子孳生,也是猪乙型脑炎、猪丹毒等疾病的流行高峰期,因为这些疾病可以通过蚊子传播。家蝇虽不吸血,但活动于猪群与排泄物、病死尸体和饲料之间,可机械性地携带和传播病原。由于这些昆虫都能飞翔,不易控制,能将疾病传到较远的地区。

②野生动物和其他畜禽:可以感染多种动物的共患病,如伪狂犬病、李氏杆菌病等,这些疾病也可传染给猪。有些猪病是由于机械性的携带病原而引起流行的,如猪瘟、猪口蹄疫等病,其中以鼠的危害最大。此外狗、猫及各种飞鸟、家禽也易进入猪场,可能传播弓形虫病、猪囊尾蚴病等。因此,要求猪场内禁止狗、猫、家禽等动物入内,重视灭鼠,避免飞鸟飞进猪舍。

③人也能传播猪病:饲养人员、猪场的管理人员、兽医人员以及参观者,若不遵守防疫卫生制度,随意进出猪场,都有可能将污染在手上、衣服上、鞋底上的病原体传给健康猪。有些人畜共患病如布氏杆菌病、结核病等,还能由病人直接传播给猪,所以猪场工作人员要定期进行体检。

(5)经用具传播:传染源排出的病原体,可污染饲养设备、清洁用具、诊疗器械,特别是注射针头、体温计等与病猪接触密切的物品,若消毒不严,可引起人为的传播,在实践中这样的例子不少,教训颇为深刻。

猪传染病的传播途径虽然多种多样,但就目前所知,病原体在更迭其宿主时只有三种方式。

①垂直传播:是指母猪体所患的某种疾病其病原体可经卵巢、胎盘直接传播给仔猪,如猪瘟、伪狂犬病、细小病毒感染等。

②水平传播:这是一种最常见最普遍的传播方式,即病猪和健康猪之间通过直接或间接接触在同一代猪之间的横向传播。如猪传染性胃肠炎、仔猪白痢病、猪丹毒等大多数传染病,都属于此种类型的传播。

③混合传播:指水平传播与垂直传播交替出现的一种传播方式,如伪狂犬病、猪繁殖与呼吸综合征等,属于此类型。

三、易感畜群

畜群的易感性是指一群牲畜对某种传染病容易感染的程度。一个地区畜群中易感个体所占的百分率和易感性的高低,直接影响到传染病是否能造成流行以及疫病的严重程度。家畜对传染病易感性的高低,不仅与病原体的种类和毒力强弱有关,还受到畜体的遗传特征、特异免疫状态等因素的影响。

1. 畜群的内在因素

不同种类的家畜对于同一种病原体的易感性是不一致的,这是由遗传特性决定的,如猪不感染鸡瘟等。某一种病原体可能使多种家畜感染而引起不同的表现,如猪感染丹毒后可产生败血症致死,而牛、羊感染后只有轻微的局部反应。即使同一品种的不同品系,对于某些病原体的感受性也有差别。例如,地方品种的猪

(二花脸、梅山猪等),对气喘病的易感性大于外来品种的猪(约克夏、长白猪等);而萎缩性鼻炎对外来品种猪的易感性大于本地猪。

不同日龄的家畜对某些疾病的易感性也有差别。例如,仔猪黄痢、白痢对新生仔猪较敏感,青年猪易发生猪肺疫和丹毒,而成年母猪对布氏杆菌病易感。

2. 畜群的外在因素

外在因素范围很广,包括饲料、饲养、环境条件等应激因素。如寒冷有利于病毒的生存,易使传染性胃肠炎等病毒病流行;夏秋季节蚊子孳生,增加了乙型脑炎的感染机会;环境恶劣可降低猪的抵抗力,易诱发仔猪白痢、猪肺疫等疾病。

3. 畜群的特异免疫状态

这是影响畜群易感性的一个重要因素。特异性的免疫力来自两个方面:一是该疫病自然流行后耐过的家畜,或经过无症状感染后获得特异性免疫力,所以在某些疾病易发生地区,当地家畜的易感性低,或呈隐性感染,如猪气喘病;但若将这种猪引进易感猪群,则可引起该病的急性暴发。另一方面是取决于人工免疫,使猪对某疾病产生一定的抵抗力,这是一项十分重要的工作,猪的许多疾病的防治目前主要靠人工免疫的方法而获得特异性的免疫力。

第二章　猪场疫病的综合防控

"预防为主、养防结合、防重于治"是疫病防治的基本方针。综合性预防措施是控制疫病的关键措施,其主要内容包括场址的选择、场舍的设计、建筑及合理的布局;引进健康无病的种群,科学的饲养管理,严格的卫生消毒制度,合理的免疫接种和预防用药程序等。只有坚持综合性防疫措施,才能使猪群少发病或不发病,保证养猪获得好的经济效益。

第一节　猪场环境的综合控制

一、场址的选择和布局控制

1. 猪场建设场址的选择

(1)地形地势:猪场一般要求地形整齐开阔,地势较高、干燥、平坦或有缓坡,背风向阳。

(2)交通便利:猪场必须选在交通便利的地方。但因猪场的防疫需要和对周围环境的污染,又不可太靠近主要交通干道,最好离主要干道500米以上,同时,要距离居民点500米以上。如果有围墙、河流、林带等屏障,则距离可适当缩短些。禁止在旅游区及工业污染严重的地区建场。

(3)水源水质:猪场水源要求水量充足,水质良好,便于取用和进行卫生防护。水源水量必须能满足场内生活用水、猪只饮用及饲养管理用水(如清洗调制饲料、冲洗猪舍、清洗机具、用具等)的要求。

(4)场地面积:猪场占地面积依据猪场生产的任务、性质、规模和场地的总体情况而定。生产区面积一般可按每头繁殖母猪40~50平方米或每头上市商品猪3~4平方米计划。

2. 合理布局

(1)生产区:生产区包括各类猪舍和生产设施,这是猪场中的主要建筑区,一般建筑面积约占全场总建筑面积的70%~80%。种猪舍要求与其他猪舍隔开,形成种猪区。种猪区应设在人流较少和猪的上风向,种公猪在种猪区的上风向,防止母猪的气味对公猪形成不良刺激,同时可利用公猪的气味刺激母猪发情。分娩舍既要靠近妊娠舍,又要接近培育猪舍。育肥猪舍应设在下风向,且离出猪台较近。在设计时,使猪舍方向与当地夏季主导风向成30°~60°角,使每排猪舍在夏季得到最佳的通风条件。总之,应根据当地的自然条件,充分利用有利因素,从而在布局上做到对生产最为有利。在生产区的入口处,应设专门的消毒间或消毒池,以便进入生产区的人员和车辆进行严格的消毒。

(2)饲养管理区:饲养管理区包括猪场生产管理必需的附属建筑物,如饲料加工车间、饲料仓库、修理车间;锅炉房、水泵房等。它们和日常的饲养工作有密切的关系,所以这个区应该与生产区毗邻建立。

(3)病猪隔离间及粪便堆存处:这些建筑物应远离生产区,设在下风向、地势较低的地方,以免影响生产猪群。

(4)兽医室:应设在生产区内,只对区内开门,为便于病猪处理,通常设在下风方向。

(5)生活区:包括办公室、接待室、财务室、食堂、宿舍等,这是管理人员和家属日常生活的地方,应单独设立。一般设在生产区的上风向,或与风向平行的一侧。此外猪场周围应建围墙或设防疫沟,以防兽害和避免闲杂人员进入场区。

(6)道路:对生产活动正常进行,对卫生防疫及提高工作效率起着重要的作用。场内道路应净、污分道,互不交叉,出、入口分开。净道的功能是人行和饲料、产品的运输,污道为运输粪便、病猪和废弃设备的专用道。

(7)水塔:自设水塔是清洁饮水正常供应的保证,位置选择要与水源条件相适应,且应安排在猪场最高处。

(8)绿化:绿化不仅美化环境,净化空气,也可以防暑、防寒,改善猪场的小气候,同时还可以减弱噪声,促进安全生产,从而提高经济效益。因此在进行猪场总体布局时,一定要考虑和安排好绿化。

二、水源质量的控制

猪有机体含有65%以上的水分,水分虽不是猪的能量来源,但它对猪体具有特殊的生理作用。水是组织液、淋巴液和血液的主要成分,维持着各种体液的循环作用,体内绝大部分的生理生化过程都依赖于水的存在。而水分主要由饮水和食物中的水分及体内生物氧化所产生的水分组成,而大部分的来源是由饮水而得。所以饮用水的水源质量就成为猪健康及提高养猪经济效益的关键之一。自然界的水在不断循环过程中,往往受自然和人为的污染,尤以人为污染严重,如各种工业废水、农药、各种重金属及病原微生物等,都会造成水质恶化,若猪长期饮用被污染的水,将会导致猪体机能紊乱、物质氧化不全、虚弱、生长停滞、中毒甚至造成死亡。因此要采取措施对水源进行保护。

水质的保护首先是要先从合理选择地址着手,然后是减少猪场生产中污水的排放量,并进行认真治理,达标排放。

1. 水源水质条件纳入猪场选址的重要内容

良好水质和供水丰富的水源是保证生产正常进行的重要条件,不管以何种水源作为用水,都必须满足水量充足和水质符合卫生要求两个条件。一方面,规模猪场选址时,要首先查明附近地面或地下的水源情况,便于取用和进行卫生防护,取水点附近不宜有化工厂、屠宰场等污水排放点,地面水要进行沉淀、过滤、消毒处理。水量必须满足场内生活、生产用水的要求。另一方面,要避开猪场生产污水流向对居民取水点造成的影响,并对污水进行处理后达标排放。

2. 猪场用水量、饮用水及污水排放标准

养猪场应根据饲养规模和总需水量建造供水设施(猪群用水量可参考表 2-1)。猪场饮水质量应达到饮用水的要求。

表 2-1　每头猪平均日耗水量参数表　单位:升/(头、天)

猪群类别	总耗水量(吨)	其中饮用水量(吨)
空怀及妊娠母猪	25.0	18.0
哺乳母猪(带仔猪)	40.0	22.0
培育仔猪	6.0	2.0
育成猪	8.0	4.0
后备猪	15	8.0
种公猪	40.0	22.0

注:总耗水量包括猪饮用水量、猪舍清洗用水和饲养调制用水量,炎热地区和干燥地区耗水量参数可增加 25%~30%。

3. 水质保护与水质净化措施

(1)从污染源头抓起,以人工清粪为主、水冲为辅的清粪方式,是减少污染程度的有力措施,与全冲洗清粪方式相比,排污量减少近2/3,有机物含量减少约1/3,既节约水源,又有很好的清洁效果。在生产过程中大力推广运用有利于生态环保建设方面的养猪新技术:如利用氨基酸平衡日粮法和添加酶制剂,减少粪水中氮磷含量;尽量利用中药及微生态类型的动物保健剂,严格控制重金属元素物质的使用,降低污染浓度。

(2)猪场在猪舍建筑时要配置两条排水系统,排污沟尽可能避免雨水流入,排污沟同雨水沟分开,要及时修理或更换漏水的水龙头和饮水器,提倡节约用水,减少污水排放量。

(3)在修建猪场时对排污处理系统进行整体规划,建立有效的污水处理系统,采用先进的工艺流程和污水处理方法对污水进行处理净化,达标排放。

(4)猪场水质的净化处理,猪只饮用水必须符合饮用水卫生要求。由于猪场用水量大,一般要自己解决饮用水,地下水质量较好,但供应量不稳定,地面水的水质必须要进行沉淀、过滤、消毒处理,并定期对水质进行监测和清洗水池。

三、空气质量的控制

随着养猪业的集约化密闭式饲养的兴起,猪舍空气中的污染日趋严重,这就提示养猪者必须对猪舍空气质量予以关注,因为猪舍空气污染威胁着工作人员的健康和猪的安全,严重时会导致呼吸系统疾病的发生。

1. 猪舍空气的污染源

猪舍空气污染物可分为三类:一是粉尘,二是有害气体,三为有害微生物。

(1)粉尘:近年来,由传统熟食稀喂改为生料干饲的改革,猪的饲料多为干粉料和颗粒料,饲料粉尘必然增多。在投喂饲料过程中,猪只相互抢食、呼气冲击饲料等都会带来粉尘飞扬,这在晴天阳光照进猪舍时会看得清清楚楚。

猪的肌体正常生理活动如皮肤细胞因新陈代谢而不时地脱落,连同被毛碎片都会飞进空气中,特别是猪在猪栏墙蹭痒时,产生的皮毛尘埃更多。

有的猪场在猪舍内采用垫料御寒,垫料被猪撕咬、踩压时,也会产生大量尘埃,经测定,由此产生尘埃可使空气中粉尘含量增加10倍。

(2)有害气体:猪排泄粪尿和呼吸运动还会产生恶臭有害气体等进入空气,若得不到及时地清洗与排除,会带来空气中硫化氢、二氧化碳、氨气、一氧化碳、二氧化硫、酪酸、吲哚、硫醇、酚类、粪臭素、甲烷气体含量增加。

(3)微生物:空气中微生物的来源有猪的呼气、饲料、垫料、粪尿排泄和体表携带,有时外来的空气和生物(昆虫和鼠)也会带入,其中有害微生物(细菌、病毒、真菌)的增加势必引发疾病。

2. 猪舍空气污染的控制

要想完全解决猪舍空气污染是十分困难的事,但要想办法尽量降低尘埃和有害气体的含量和危害。

(1)搞好猪场绿化可以减轻空气污染,净化场区空气。猪舍排出的污浊空气中有相当一部分是二氧化碳,绿色植物可通过光合作用吸收这些二氧化碳并放出氧气。许多植物还可吸收空气中的有害气体,使氨、硫化氢、二氧化碳、氟化氢等有害气体的浓度大大降低,恶臭也明显减少。此外,某些植物对铅、镉、汞等重金属元素有一定的吸收能力。植物叶面、树叶等还可吸附、阻留空气中的大量灰尘、粉尘,而使空气净化。许多绿色植物还有杀菌作用,场区绿化可使空气中的细菌减少22%~79%;绿色植物还可降低场区噪声。

绿化可调节场内温湿度、气流等,改善场区小气候状况。在夏季,绿色植物的叶面水分蒸发可吸收大量热量,使周围环境温度降低,散失的水分可调节空气湿度,高大树冠可为猪舍遮荫,草地和树木可吸收大量的太阳辐射,有利于夏季防暑;在冬季树木可阻挡风沙,绿化有利于猪场的防火防疫。种植隔离林带,可防止人畜任意往来而引起的疫病传播,含水量大的树木起防风隔离作用。

(2)在保证正常生理要求下,磨粗的比磨细的饲料好,饲喂湿料好于干料。

(3)夏季打开猪舍窗户,做到空气流通;冬季定时开通排风装置排出污浊空气。

(4)冬季猪舍启用喷油(植物油)装置,夏季启用喷水装置,每天执行5~8次喷雾,可使猪舍内尘埃减少40%~70%。

(5)人在进入猪舍后,应戴上口罩将鼻口遮住,能防止部分尘埃吸入肺内。

(6)及时清除粪尿,清洗地面,能降低氨气、硫化氢、二氧化碳等空气中的含量。

(7)按要求做好猪的体表寄生虫防治,减少猪的蹭痒带来的皮屑断毛的飞扬。

(8)杀灭猪舍内昆虫和鼠类,减少带入有害微生物的机会。

(9)尽量不用或少用垫料,既可减少尘埃又能节约开支。

(10)合理的光照。太阳紫外线能杀灭空气中有害病菌。

四、粪尿处理与利用

妥善处理猪场粪污,可避免对环境造成污染,同时,将其作为再生资源利用,可以变废为宝。

(一)处理与利用的原则

无论集约化或小规模养猪生产,由于粪污处理不当导致的环境污染,不仅直接影响周围环境和本场猪群的生产力和健康,而且间接影响产品品质、生产成本和效益,成为制约养猪生产可持续发展的关键。因此畜禽养殖污染防治应遵循减量化、无害化、资源化的原则。

1. 减量化

首先要从猪场生产工艺上进行改进,实现污水量和污水中污染物含量的减量化,干清粪工艺是实现减量化的最佳方案,并可使固体粪污的肥效得以最大限度的保存和便于其处理利用。

2. 无害化

猪场的高浓度有机废水处理要做到无害化并不存在技术问题,但考虑到猪场属于低效益行业的经济承受能力,以及猪场污水中的有机质和各种养分是极其宝贵的资源,如果处理达到直接排放的标准,不仅投资大、运行费高,而且是资源的极大浪费,故应当充分利用当地的自然条件和地理优势,利用附近废弃的沟塘、滩涂,采用投资少、运行费用低的自然生物处理法,净化程度以达到利用要求为限,并须注意避免二次污染。

3. 资源化

在农业生态系统中,猪场粪便、污水进入无机环境(土壤),被分解者(微生物等)转化为养分和土壤肥力,供生产者(绿色植物)利用并通过光合作用转化为有机产品,这虽是生态系统物质循环的最简单形式,却足以说明粪污是极其宝贵的资源,但如果不进行处理或处理不当则会成为污染源,如果仅为防止污染而将其处理到达标并排放，不仅是对资源的极大浪费，而且必然会加大处理投资和能耗，因此，必须根据资源化利用方向来决定处理工艺和方法，以减少处理投资和能耗，如本场无多级利用条件时，可处理后作活性有机肥或做有机无机复合肥及液肥销售；有条件的场可酌情做沼气、种植桑菜果、养鱼、养蚯蚓、养蝇蛆、蘑菇等，实现资源化多级利用和转化，取得更好的经济效益，并可进一步争取做到污染物的零排放，实现清洁生产，改善养猪环境，提高猪群生产力和健康水平，保障产品品质，这是作为低效益行业的养猪场走生态猪场建设的可行之路。

(二)粪尿清理

粪尿处理与利用要从猪场建设和管理中入手。清粪方式应选择干清粪，即采取粪、尿(污水)分流，干粪集中人工收集运出舍外统一用于种植业，尿及冲洗栏舍的污水经粪沟流入污水处理设施净化处理，尽量防止固体粪便与尿及污水混合，以简化粪污处理工艺及设备，且便于粪污的利用。其方法可采用有一定坡度的实体地面猪床、低处设污水沟(明沟或上盖铁箅子)的猪栏设计。

有条件的猪场产房和仔猪舍可采用网床，其他猪群采用缝隙地板，其下可不设水冲或水泡的粪沟，而设清粪通道及排粪沟，网床及缝隙地板靠排粪沟一侧用水泥柱支撑，网床或缝隙地板下的地面设10%的坡度，尿和水由网或缝隙地板落下，沿斜坡流入排粪沟，再由沟底最低处的侧地漏经地下排污系统排至污水处理场；漏下的粪便则留在斜坡上，用与粪沟同宽的耙子将其淘入粪沟，再推至单元墙外的集粪池，再及时推至粪处理场。

为了便于掏粪，网床或缝隙地板下的有效操作高度以0.5米左右为宜，故清粪通道的标高应比饲喂通道低0.5~0.8米。这种设计不但避免了上述实体地面干清粪存在的问题，又使饲养员不必推粪车去粪便处理场，避免了由此途径引起的单元间、猪舍间的交叉感染。

(三)粪污处理

规模化猪场产生的粪尿处理方法主要有物理、化学和生物方法。其中生物方法是对规模化猪场粪尿进行处理的一种比较有效的方法,它主要依靠微生物对畜粪污水中有机物的降解作用,来降低畜粪对环境的污染程度,包括厌氧生物处理和好氧生物处理。通过厌氧生物处理,可大量除去可溶性有机物(去除率可达85%～90%),而且可杀死传染性病菌,有利于防疫,这是物理处理方法如固液分离或沉淀等不可取代的;好氧生物处理在于粪便用于农田或排入河道之前的气味控制及降解有害物质。猪粪尿及其污水的处理必须要综合采取以上几种方法,处理后才能较有效的达到排放标准,使综合处理与综合利用相互结合。

1. 物理处理法

物理处理法主要利用物理作用,将污水中的有机物、悬浮物、油类及其他固体物质分离出来。

(1)过滤法:过滤主要是污水通过具有孔隙的过滤装置以达到使污水变得澄清的过程。这是猪场污水处理工艺流程中必不可少的部分。常用的简单设备有格栅或网筛。猪场过滤污水采用的格栅由一组平行钢条组成,略斜放于污水通过的渠道中,用以清除粗大漂浮和悬浮物质,如饲料袋、塑料袋、垫草等,以免堵塞后续设备的孔洞、闸门和管道。

(2)沉淀法:利用污水中部分悬浮固体密度大于1的原理使其在重力作用下自然下沉并与污水分离的方法,这是污水处理中应用最广的方法之一。沉淀法可用于在沉砂池中去除无机杂粒;在一次沉淀池中去除有机悬浮物和其他固体物;在二次沉淀池中去除生物处理产生的生物污泥;在化学絮凝法后去除絮凝体;在污泥浓缩池中分离污泥中的水分,使污泥得到浓缩。

(3)固液分离法:这是将污水中的固性物与液体分离的方法,可以使用固液分离机。目前常见的分离机有旋转筛压榨分离机和带压轮刷筛式分离机,其他的还有离心机、挤压式分离机等。

2. 化学处理法

化学处理法是利用化学反应的作用使污水中的污染物质发生化学变化而改变其性质,最后将其除去。

(1)絮凝沉淀法:这是污水处理的一种重要方法。污水中含有的胶体物质、细微悬浮物质和乳化油等,可以采用该法进行处理。常用的絮凝剂有无机的明矾、硫酸铝、三氯化铁、硫酸亚铁等,有机高分子絮凝剂有十二烷基苯磺酸钠、羧甲基纤维素钠、聚丙烯酰胺、水溶性脲醛树脂等。在使用这些絮凝剂时还常用一些助凝剂,如无机酸或碱、漂白粉、膨润土、酸性白土、活性硅酸和高岭土等。

(2)化学消毒法:猪场的污水中含有多种微生物和寄生虫卵,若猪群暴发传染病时,所排放的污水中就可能含有病原微生物。因此,采用化学消毒的方式来处理污水就十分必要。经过物理、生物法处理后的污水再进行加药消毒,可以回收用作冲洗圈栏及一些用具,节约了猪场的用水量。目前用于污水消毒的消毒剂有液氯、次氯酸、臭氧和紫外线等,以氯化消毒法最为方便有效,经济实用。

3. 生物处理法

生物处理法根据微生物呼吸过程的需氧要求可分为好氧处理和厌氧处理两大类,也可根据是否利用自然资源分为自然生物处理法和工厂化生物处理法。

(1)氧化塘:氧化塘是将自然净化与人工措施结合起来的污水生物处理技术。主要是利用塘内细菌和藻类共生的作用处理污水中的有机污染物。污水中的有机物有细菌进行分解,而由细菌赖以生长、繁殖所需的氧,则由藻类通过光合作用来提供。根据氧化塘内溶解氧的主要来源和在净化作用中起主要作用的微生物种类,可分为好氧塘、厌氧塘、兼性塘和曝气塘 4 种。氧化塘可利用旧河道、河滩、无农用价值的荒地、鸭场防疫沟等,基建投资少。氧化塘运行管理简单、费用低、耗能少,可以进行综合利用,如养殖水生动植物,形成多级食物网的复合生态系统。但氧化塘占地面积较大处理效果受气候的影响,如越冬问题和春、秋翻塘问题等。如果设计、运行或管理不当,可能形成二次污染,如污染地下水或产生臭气。因此氧化塘的面积与污水的水质、流量和塘的表面负荷等有关,须经计算确定。

(2)活性污泥法:由无数细菌、真菌、原生动物和其他微生物与吸附的有机及无机物组成的絮凝体称为活性污泥,其表面有一层多糖类的黏质层。活性污泥有巨大的表面能,对污水中悬浮态和胶态的有机颗粒有强烈的吸附和絮凝能力,在有氧气存在的情况下,其中的微生物可对有机物发生强烈的氧化分解作用。利用活性污泥来处理污水中的有机污染物的方法称为活性污泥法。该法的基本构筑物有生物反应池(曝气池)、二次沉淀池、污泥回流系统及空气扩散系统。

(3)厌氧生物处理法:厌氧生物处理法相当于沼气发酵。根据消化池运行方式的不同,可分为传统消化池和高速消化池。传统消化池投资少、设备简单,但消化速率较低,消化时间长,易受气温的影响,污水须在池内停留 30~90 天,多为南方小规模养殖场和养殖专业户采用。高速消化池设有加热和搅拌装置,运行较为稳定,在中温(30~35℃)条件下,一般消化期约 15 天左右,常被大型养殖场广泛采用。近年来根据沼气发酵的基本原理,发展出一种填充介质沼气池,如上流式厌氧污泥床、厌氧过滤器等。其特点是加入了介质,有利于池中微生物附着其上,形成菌膜或菌胶团,从而使池内保留有较多的微生物量,并能与污水充分接触,可提高有机物的消化分解效率。

(四)粪污利用

猪粪通常有两种利用方式,一种用作肥料,另一种作为能源物质,如生产沼气等。尿和污水经净化处理后作为水资源或肥料重新利用,如用于农田灌溉或鱼塘施肥。

猪场不同的清粪工艺,对粪污的后处理影响较大,采用粪尿分离方式,污水量小,粪含水量较低,粪和污水都易处理;采用水冲清粪或粪尿混合方式,污水量大,粪污稀,需经固液分离后,再分别处理,处理难度大。

1. 用作肥料

猪场粪污的最佳利用途径是作肥料还田,粪肥还田可改良土壤,提高作物产量,生产无公害绿色食品,促进农业良性循环和农牧结合。猪粪用作肥料时,有的将鲜粪作基肥直接施入土壤,也可将猪粪发酵、腐熟堆肥后再施用。一般来说,为防止鲜粪中的微生物、寄生虫等对土壤造成污染,以及为提高肥效,粪便应经发酵或高温腐熟处理后再使用。

自然堆肥是腐熟堆肥过程也就是好气性微生物分解粪便中有机物的过程,分解过程中释放大量热能,使肥堆温度升高,一般可达 60~65℃,可杀死其中的病原微生物和寄生虫卵等,有机物则大多分解成腐殖质,有一部分分解成无机盐类。

腐熟堆肥必须创造适宜条件,堆肥时要有适当的空气,如粪堆上插秸秆或设通气孔保持良好的通气条件,以保证好气性微生物繁殖。为加快发酵速度,也可在堆底铺设送风管,头 20 天经常强制送风;同时应保持 60% 左右的含水量,水分过少影响微生物繁殖,水分过多又易造成厌氧条件,不利于有氧发酵。另外,须保持肥料适宜的碳氮比(26~35):1,碳比例过大,分解过程缓慢,过低则使过剩的氮转变成氨而散失掉。鲜猪粪的碳氮比约为12∶1,碳的比例不足,可加入秸秆、杂草等来调节碳氮比。

自然堆肥效率较低,占地面积大,目前已有各种堆肥设备(如发酵塔、发酵池等)用于猪场粪污处理,效率高、占地少、效果好。

2. 生产沼气

固态或液态粪污均可用于生产沼气。沼气是厌气微生物(主要是甲烷细菌)分解粪污中含碳有机物而产生,沼气是一种混合气体,其中甲烷约占60%~75%,二氧化碳占25%~40%,还有少量氧、氢、一氧化碳、硫化氢等气体。沼气可用于照明、作燃料等,发酵后的沼渣再用作肥料。厌氧发酵过程中也可杀死病原微生物和寄生虫。

在我国推广面积较大的是常温发酵,因此,大部分地区存在低温季节产气少,甚至不产气的问题。此外,用沼液、沼渣施肥、施用和运输不便,并且因只进行沼气发酵一级处理,往往不能做到无害化,有机物降解不完全,常导致二次污染。如果用产生的沼气加温,进行中温发酵,或采用高效厌氧消化池,可提高产气效率,缩短发酵时间,对沼液用生物塘进行二次处理,可进一步降低有机物含量,减少二次污染。

五、猪场鼠、虫的控制

1. 灭鼠

猪场的鼠害十分普遍,损失也相当严重,表现在咬伤仔猪、盗食饲料、毁坏器物、传播疾病等。因此,灭鼠是猪场一项重要的、长期的和艰巨的任务。

(1)防止鼠类进入建筑物:鼠类多从墙基、天棚、瓦顶等处窜入室内,在设计施工时注意墙基最好用水泥制成,碎石和砖砌的墙基,应用灰浆抹缝。墙面应平直光滑,防鼠沿粗糙墙面攀登。砌缝不严的空心墙体,易使鼠隐匿营巢,要填补抹平。为防止鼠类爬上屋顶,可将墙角处做成圆弧形。墙体上部与大棚衔接处应砌实,不留空隙。用砖、石铺设的地面,应衔接紧密并用水泥灰浆填缝。各种管道周围要用水泥填平。通气孔、地脚窗、排水沟(粪尿沟)出口均应安装孔径小于1厘米的铁丝网,以防鼠类窜入。

(2)器械灭鼠:器械灭鼠方法简单易行,效果可靠,对人、畜无害。灭鼠器械种类繁多,主要有夹、关、压、卡、翻、扣、淹、黏等。近年来还采用电灭鼠和超声波灭鼠等方法。

(3)化学灭鼠:化学灭鼠效率高、使用方便、成本低、见效快,缺点是能引起人、畜中毒,有些鼠对药剂有选择性、拒食性和耐药性。所以,使用时需选好药剂和注意使用方法,以保证安全有效。灭鼠药剂种类很多,主要有灭鼠剂、熏蒸剂、烟剂、化学绝育剂等。鼠尸应及时清理,以防被畜误食而发生二次中毒。选用鼠长期吃惯了的食物作饵料,突然投放,饵料充足,分布广泛,以保证灭鼠的效果。

2. 灭昆虫

猪场易孳生蚊、蝇等有害昆虫,骚扰人、畜和传播疾病,给人、畜健康带来危害,应采取综合措施杀灭。杀虫、驱虫的方法很多,如拍、打、压、砸、捕、黏以及使用毒饵、毒药等。有的猪场采用黑光灯灭蝇、蚊(黑光灯是一种特制的电光灯,灯光为紫色,苍蝇有趋向这种光的特性,当飞扑触及到带有正负电极的金属网时,即被电击而死)。也可使用蝇毒磷(0.05%乳剂)、敌百虫(1%水溶液)、除虫菊(0.2%煤油溶液)喷洒。也可将药液掺入食物制成毒饵或制成熏烟剂。但要注意防止人、畜中毒。也有的单位使用捕蝇笼,或在猪舍安装纱门、纱窗,防止蚊、蝇飞入等。

(1)环境卫生:搞好猪场环境卫生,保持环境清洁、干燥,是杀灭蚊蝇的基本措施。蚊虫需在水中产卵、孵化和发育,蝇蛆也需在潮湿的环境及粪便等废弃物中生长。因此,填平无用的污水池、土坑、水沟和洼地,保持排水系统畅通,对阴沟、沟渠等定期疏通,勿使污水储积。对贮水池等容器加盖,以防蚊蝇飞入产卵。对不能清除或加盖的防火贮水器,在蚊蝇孳生季节,应定期换水。永久性水体(如鱼塘、池塘等),蚊虫多孳生在水浅而有植被的边缘区域,修整边岸,加大坡度和填充浅塘,能有效地防止蚊虫孳生。鸡舍内的粪便应定时清除,并及时处理,贮粪池应加盖并保持四周环境的清洁。

(2)化学杀灭:化学杀灭是使用天然或合成的毒物,以不同的剂型(粉剂、乳剂、油剂、水悬剂、颗粒剂、缓释剂等),通过不同途径(胃毒、触杀、熏杀、内吸等),毒杀或驱逐蚊蝇。化学杀虫法具有使用方便、见效快等优点,是当前杀灭蚊蝇的较好方法。

①马拉硫磷:为有机磷杀虫剂,它是世界卫生组织推荐用的室内滞留喷洒杀虫剂,其杀虫作用强而快,具有胃毒、触毒作用,也可作熏杀,杀虫范围广,可杀灭蚊、蝇、蛆、虱等,对人、畜的毒害小,故适于畜禽舍内使用。

②敌敌畏:为有机磷杀虫剂,具有胃毒、触毒和熏杀作用,杀虫范围广,可杀灭蚊、蝇等多种害虫,杀虫效果好。但对人、畜有较大毒害,易被皮肤吸收而中毒,故在畜舍内使用时,应特别注意安全。

③合成拟菊酯:是一种神经毒药剂,可使蚊蝇等迅速呈现神经麻痹而死亡。杀虫力强,特别是对蚊的毒效比敌敌畏、马拉硫磷等高 10 倍以上,对蝇类,因不产生抗药性,故可长期使用。

六、病死猪的无害化处理

病死猪,尤其是患传染病及寄生虫病的病死猪,不仅对经济造成一定的损失,同时对养猪业及人类的生存具有很大毁灭性和威胁性。例如,猪瘟是由猪瘟病毒引起的一种高度传染性和致死性的疾病,传播快,死亡率极高,对猪场具有毁灭性。口蹄疫是人畜共患病,人感染以后出现低热、咽喉疼痛、口黏膜潮红、手、足、趾间皮肤出现水疱,严重者危害心脏。猪囊尾蚴感染人后,引起全身肌肉疼痛,严重者引起脑水肿,甚至死亡。

1. 病死猪无害化处理的原则

(1)消毒要彻底:发现病、死猪,立即诊断,疑似为传染病时,对被污染的场地及病、死猪的排泄物要进行彻底消毒。硬化场地的消毒可使用氢氧化钠(1%~3%)、石灰乳(10%~20%)等,没有硬化的地面,暂时停用,深翻后,浇洒 20% 石灰乳或 10%~20% 漂白粉。排泄物深埋烧毁或发酵消毒。

(2)隔离要及时:疑似为传染病、寄生虫病的猪,如有治疗价值或治愈希望,及时将其隔离,用专人饲养,不得随意出入。

(3)急宰、深埋、焚烧:没有治愈希望、没有治疗价值,且不经肉感染人或不感染人的病猪,进行急宰,肉及内脏经高温蒸煮后再利用。死亡猪或经肉能感染人的病猪应深埋或焚烧。

2. 病死猪无害化处理的方法

(1)深埋

①深埋点应远离居民区、水源和交通要道,避开公众视野,清楚标示。

②坑的覆盖土层厚度应大于 1.5 米,坑底铺垫生石灰,覆盖土以前再撒一层生石灰。坑的位置和类型应有利于防洪。

③病死猪尸体置于坑中后,浇油焚烧,然后用土覆盖,与周围持平。填土不要太实,以免尸腐产气造成气泡冒出和液体渗漏。

④饲料、污染物等置于坑中,喷洒消毒剂后掩埋。

(2)焚化、焚烧

①疫区附近有大型焚尸炉的,可采用焚化的方法。

②处理的尸体和污染物量小的,可以挖 1.5 米深的坑,浇油焚烧。

(3)发酵:饲料、粪便可在指定地点堆积,密封发酵。

以上处理应符合环保要求,所涉及的运输、装卸等环节要避免撒漏,运输装卸工具要彻底消毒。

七、消毒控制

利用物理(清扫冲洗、通风干燥、太阳暴晒、紫外线照射、火焰喷射)、化学(喷雾法、擦拭法、浸渍法、熏蒸法)或生物学方法(发酵处理)杀灭或清除猪舍内外环境中的病原体,从而切断其传播途径,防止猪病的流行。猪场中的消毒主要有平时的预防性消毒,发生传染病时的临时消毒等。预防性消毒一般 1~3 天进行一次,每 1~2 周还要进行一次全面大规模消毒。临时消毒为猪场发生传染病时采取的临时消毒措施,消毒对象主要为患病动物所在的畜舍、隔离场地,被患病动物分泌物、排泄物污染和可能污染的一切场所、用具和用品。为了做到消毒真正有效,应制定比较合理的切实可行的消毒方案。

(一)猪场常用消毒剂的种类

化学消毒剂的种类很多,如氢氧化钠、石灰、高锰酸钾、漂白粉、次氯酸钠、乳酸、酒精、碘酊、紫药水、煤酚皂溶液、新洁尔灭、福尔马林、苯酚、过氧乙酸、百毒杀、威力碘等多种化学药品都可以作为化学消毒剂,而消毒的效果如何,则取决于消毒剂的种类、药液的浓度、作用的时间和病原体的抵抗力以及所处的环境和性质,因此在选择时,可根据消毒剂的作用特点,选用对该病原体杀灭力强,又不损害消毒的物体、毒性小、易溶于水,在消毒的环境中比较稳定以及价廉易得和使用方便的化学消毒剂,有计划地对猪生活的环境和用具等进行消毒。

1. 酚类消毒剂

高浓度的酚能穿透和损坏细菌细胞壁,进而凝聚积淀菌体蛋白,低浓度的酚主要是使细菌的主要酶系统灭活而死亡。不同类型的酚类消毒剂,其杀菌能力差别较大。温度和浓度愈高,杀菌效果愈好,加入适量的乙醇、氯化物或阴离子外表活性剂能加强杀菌能力。本类消毒药对皮肤、黏膜有一定的毒性,通常仅作为环境消毒,不可直接喷于动物身上。

(1)苯酚(石炭酸):本品杀菌作用不强,毒性较大,主要在实验室使用。用5%溶液浸泡外科器械、解决污物,2%~5%溶液喷雾或湿抹用具,在生物制品中加入0.5%作为防腐剂。忌与碘、溴、高锰酸钾、过氧化氢等配伍使用。不能用于创伤、皮肤消毒。

(2)复合酚(农福、消毒净、消毒灵):本品对多种细菌和病毒均有杀灭作用,可用于环境、畜舍的消毒。以水稀释100~300倍后用于环境、畜舍、用具的喷雾消毒。稀释用水温度不宜低于8℃,禁止与碱性药物或其余消毒药液混用。

(3)来苏儿(甲酚皂溶液):本品杀菌作用比苯酚强,毒性较低,主要用于畜舍、用具、污染物的消毒。用3%~5%溶液浸泡外科器械、解决污物,2%溶液用于术前、术后洗手和皮肤消毒。留意事项同复合酚。

(4)氯甲酚溶液(菌球杀):本品杀菌作用较强,毒性较小,主要用于畜舍、用具、污染物的消毒。以水稀释30~100倍后用于环境、畜禽舍的喷雾消毒。留意事项同复合酚。

2. 酸、碱类消毒剂

酸类消毒剂在水中游离出氢离子,呈一定强度的酸性,使细菌、病毒蛋白质变性;碱类消毒剂在水中游离出氢氧根离子,呈一定的碱性,使细菌、病毒的蛋白质及核酸变性,并可损坏菌体的酶系统而发挥杀菌消毒作用。酸和碱类消毒剂不能混在一起使用。具备广谱的杀菌、抑菌的效果,有些能杀灭病毒和芽孢。酸性及碱性愈强,其腐蚀性和刺激性愈强。

(1)乳酸:为乳酸的水溶液,有酸臭味,具备抑菌作用。主要用于空气消毒,50~100毫升乳酸以水稀释为20%浓度熏蒸或喷雾消毒100立方米空间。不可与碱性物质一起使用,进行熏蒸消毒时,相对湿度宜大于60%。

(2)醋酸(乙酸):有杀菌、抑菌作用,主要用于空气消毒。20~40毫升醋酸(36%~37%)熏蒸或喷雾消毒100立方米空间。留意事项同乳酸。

(3)氢氧化钠(烧碱):常用2%~4%的浓度,用于猪圈、地面、运输车船、饲糟的消毒及用作猪场进出口消毒池的药液。本品对口蹄疫、猪瘟等的病毒及巴氏杆菌、沙门菌等多种细菌都有较强的消毒作用。碱还有皂化去垢作用,无臭无味,对木质、金属笼具也没有严重的腐蚀作用。本品对人、畜的皮肤和纤维有一定的灼伤和损害,所以在运输及使用过程中要注意安全防护。消毒猪舍时,应驱出猪只,消毒后6~12小时,用清水冲洗饲槽和地面后,方可进猪。

(4)石灰:使用新鲜呈块状的氢氧化钙,若存放过久,吸收了空气中的二氧化碳,即成为碳酸钙,则失去了消毒作用。一般用其20%的石灰乳涂刷墙壁、栏杆、地面等处,也可直接将石灰洒在阴湿的地面、粪池周围及污水沟等处进行消毒。有的猪场在场门进出口放置石灰干粉,这对鞋底是不能起消毒作用的,仅可起到吸收水分和除湿的作用,若是猪只通过,反而会使蹄部干燥开裂。

(5)氨水:氨水价廉易得又可增加粪便污水的肥效。据试验,以5%的氨水(用含氨量18%的农用氨水2.5升,加常水6.5升配成),喷洒消毒,对常见的细菌、病毒都有较强的杀灭作用。本品有强烈的刺激臭味,喷洒消毒时工作人员应戴用2%硼酸湿润的口罩和风镜,以减少对黏膜的刺激。

3. 过氧化物消毒剂

过氧化物消毒剂因为其具备强大的氧化能力使细菌、病毒的蛋白质变性而起消毒作用。有机物、血液、牛奶及复原剂(如硫代硫酸钠、亚硫酸钠)的存在可降低杀菌效能。本类消毒剂的缺陷是对被消毒物品有一定的腐蚀和漂白作用,高浓度的消毒剂溶液有一定的刺激性和毒性,消毒剂溶液不稳定,宜现配现用。

(1)过氧乙酸(过醋酸):本品属广谱、高效杀菌剂,常配置成0.5%溶液消毒猪舍及环境,能杀死细菌、霉菌、芽孢及病毒。过醋酸的原液对动物的皮肤和金属有腐蚀性,其稀释液对人、畜的呼吸道、眼结膜有刺激性,对有色纺织品有漂白作用,使用时应引起注意。

(2)双氧水(过氧化氢溶液):本品为过氧化氢的水溶液,市售浓度通常为25%～30%的溶液。有强的氧化性,在组织或血清中的过氧化酶的作用下,迅速分解产生出初生态氧而起杀菌作用。主要用于创口的消毒和冲刷,使用时配成3%的溶液。浓度高于3%时,对组织有刺激性。

4. 含碘消毒剂

碘是活性很强的元素,有较强的浸透性能,可直接卤化菌体蛋白质,产生积淀,使微生物死亡。消毒溶液pH值偏酸性时,游离的碘更多,杀菌作用加强;过多有机物存在可导致消毒效能下降。本类消毒剂对细菌、霉菌、病毒和芽孢均具备强大的杀灭作用。本类消毒剂对金属设施及用具的腐蚀性较低,低浓度时可用于饮水消毒和带畜消毒。因为成本较高,在使用上有一定的局限。

(1)碘酊:本品含有碘化钾,为红棕色澄清液体,杀菌力强,主要用于手术部位及注射部位的消毒,也可用于饮水消毒。手术部位及注射部位用碘酊棉球擦拭消毒;饮水消毒,每升水加2%碘酊

0.4毫升。碘对皮肤和黏膜有一定的刺激性,使用后要用酒精脱碘。碘酊中的碘容易挥发,应置阴凉处密闭保留。

(2)复合碘溶液:本品是由碘、碘化钾与酸及适量的佐剂配制成的水溶液,为红棕色黏稠液体,含活性碘通常为1%～3%,对病毒、细菌、芽孢有较强的杀灭作用,可用于畜舍、场地、用具、车辆、污染物的消毒。畜舍、器械的消毒,用水将消毒剂稀释100～300倍的浓度使用;饮水消毒,用2%浓度的碘溶液,每升水加入0.4毫升。宜现配现用,对金属用品有一定的腐蚀性。

(3)碘伏(聚维酮碘):本品为碘与聚乙烯吡咯烷酮的络合物,深棕色粉末,含碘量约为10%。常用制剂通常含聚维酮碘5%～10%(即相当含碘量为0.5%～1%),腐蚀性、刺激性较小,水溶液相对较稳定。对病毒、细菌、芽孢有较强的杀灭作用,可用于畜舍、场地、用具、车辆、污染物的消毒。以0.015%的水溶液(以有效碘计)用于环境、用具消毒。

5. 季铵盐类消毒剂

季铵盐类消毒剂其杀菌机理主要是经过其所具备的外表活性作用,使菌体细胞膜的浸透性发生改变甚至破裂,抑制某些酶系统,影响新陈代谢,使蛋白质变性。肥皂水及血清、粪便、牛奶等有机物的存在可影响此类消毒剂的杀菌效能。消毒溶液呈碱性,杀菌效果好;消毒溶液呈酸性,杀菌效果差。杀菌浓度较低,毒性与刺激性小,无腐蚀性和漂白作用,水溶性好,水溶液稳定,使用便捷并具备去污功能。对流感病毒等效果好。通常只用于杀灭微生物滋生体,对芽孢菌效果不佳。

(1)新洁尔灭(苯扎溴铵):本品为苯扎溴铵的水溶液,市售商品的浓度通常为5%,为无色或淡黄色液体,震摇产生大量泡沫。属阳离子外表活性剂,对革兰阳性菌和阴性菌有杀灭作用,对芽孢菌的作用较弱,主要用于皮肤、黏膜、器械及创口的消毒。皮肤、器械的消毒用0.1%的溶液(以苯扎溴铵计),黏膜、创口的消毒用0.02%以下的溶液消毒。忌与碘、碘化钾、过氧化物等合用,亦不可与普通肥皂配伍。不适用于粪便、污水消毒及芽孢菌的消毒。

(2)百毒杀(癸甲溴铵溶液):本品为癸甲溴铵的溶液,市售浓度通常为10%,为双链季铵盐外表活性剂,主要用于杀灭细菌病原,消毒能力强,刺激性小、毒性小,可用于环境、饮水、器械及创口的消毒和带畜消毒。带畜消毒,以水稀释1000~2000倍后喷雾;饮水消毒,每吨水加10%的溶液100~200毫升。留意事项同新洁尔灭。

6. 醛类消毒剂

醛类消毒剂是一类强的蛋白质变性剂,能使细菌、病毒蛋白质变性而发挥杀菌消毒作用。温度和浓度增长,可提高消毒剂的杀菌效能,消毒溶液中含有一定浓度的乙醇或异丙醇能提高杀菌效能。具备广谱、高效、速效的杀菌、杀芽孢、杀病毒作用。一定浓度的甲醛在杀灭细菌、病毒时对其抗原性的影响很小,被广泛运用于灭活疫苗的制备。对皮肤和黏膜有一定的刺激性,在进行熏蒸消毒时,家畜和人员必须远离消毒环境。

(1)福尔马林(甲醛溶液):对细菌、病毒、霉菌、芽孢有强大的杀灭作用,可用于畜舍、器械的消毒以及室内空气的熏蒸消毒。10%福尔马林溶液(含甲醛4%)用于通常消毒和器械消毒。畜舍熏蒸消毒,每立方米空间用甲醛溶液15毫升、高锰酸钾7.5克,加7.5毫升水,密闭熏蒸4~10小时。熏蒸消毒应杜绝明火;熏蒸的环境湿度不能低于70%,温度宜高于20℃;熏蒸的物体应在密闭的条件下,且作用足够的时间;不得在带动物情况下采取喷雾消毒。

(2)戊二醛:无色油状液体,有微弱的甲醛味道,挥发度较低。对细菌、病毒、霉菌、芽孢均有杀灭作用,毒性比甲醛低,对皮肤和黏膜的刺激性较弱。酸性溶液稳定,弱碱性溶液(pH7.5~8.5)杀菌作用最强。因为本品相对较为昂贵,主要用于诊断用品及器械的消毒。常用2%碱性溶液(加0.3%碳酸氢钠)用于诊断用品及器械的消毒。溶液宜现配现用,不可长时间保留,放置2周后即失效。

7. 含氯消毒剂

含氯消毒剂在水中形成次氯酸,有很强的氧化作用和氯化作用,使细菌蛋白质及某些关键的酶系统被损坏而死亡。所产生的次氯酸浓度愈高,则杀菌作用愈强。pH值偏酸性时,杀菌作用加强;杀菌力与有效氯的浓度和温度成正比,与有机物浓度成反比;氯溶液中含有少量的碘或溴,能加强其杀菌力。本类消毒剂对细菌和病毒具备强大的杀灭作用,高浓度时可杀死芽孢。本类消毒剂对金属设施及用具有一定的腐蚀性,低浓度时可用于饮水消毒和带畜消毒。

(1)漂白粉:本品为次氯酸钙与氯化钙的混杂物,含有效氯25%~30%,用于环境和用品的消毒以及病死畜尸体的无害化处理。环境消毒用5%~20%混悬液,亦可用干粉撒布;食槽、玻璃器皿、非金属用具消毒用1%~5%的澄清液;饮水消毒,每50升水加1克。宜现配现用,以免失效。

(2)氯亚明:本品为有机氯消毒剂,其水溶液逐步离解为次氯酸而起杀菌作用,含有效氯24%~26%。本品刺激性和腐蚀性较小,除用于环境和用具的消毒外,还能用于皮肤和黏膜的消毒。食槽、器皿消毒用0.5%~1%溶液;排泄物与分泌物消毒用3%溶液;饮水消毒,1升水用2~4毫克;黏膜消毒用0.1%~0.5%溶液。配制消毒溶液时,如加入等量的氯化铵,可使消毒溶液活化,大大提高消毒能力;活性溶液应于使用前1~2小时配制,时间过长,效果下降。

(3) 优氯净：本品为有机氯消毒剂，含有效氯 60% 左右，是一种安全、广谱、长效的消毒剂，杀菌力强，可用于饮水、环境、用具及粪便消毒，也可用于水、加工厂、车辆、餐具等的消毒。0.01%～0.02% 溶液用于环境、用具消毒；饮水消毒，每升水 4 毫克。本品水溶液不稳定，宜现配现用。

(4) 二氧化氯（超氯、消毒王，二元复配型高效消毒剂）：主要成分为二氧化氯及活化剂，有液体和粉状两种剂型，制剂有效氯含量多为 5%。具备高效、低毒、除臭能力强、无残留等特点，可用于畜舍、场地、用具、饮水消毒及带畜消毒。使用前，先将二氧化氯粉或溶液，用适量的干净水稀释，加入活化剂，搅匀后再稀释到使用浓度用于消毒。有效氯含量为 5% 时，环境消毒，1 升水加药 5～10 毫升，喷雾消毒；饮水消毒，100 升水加药 5～10 毫升；用具、食槽消毒，1 升水加药 5 毫克搅匀后，浸泡 5～10 分钟。二氧化氯使用时须用酸活化，现配现用，不得过期使用；为加强稳定性，二氧化氯溶液在保留时加入碳酸钠、硼酸钠等。

8. 其余消毒剂

(1) 高锰酸钾（灰锰氧）：本品为黑紫色结晶或颗粒，有蓝色的金属光泽，是强氧化剂，遇有机物易发生强烈燃烧或爆炸。高锰酸钾经过氧化菌体内活性基团而发挥杀菌作用，能杀灭细菌、病毒，在高浓度时能杀灭芽孢。独自使用作为消毒剂或者和福尔马林一起用作熏蒸消毒，可用于畜舍、器械的消毒以及室内空气的熏蒸消毒（与福尔马林合用）；通常消毒用 0.1% 的溶液。宜现配现用，忌与复原剂配伍。

(2) 酒精：即乙醇，为无色透明的液体，易挥发和燃烧。一般微生物接触酒精后即脱水，导致菌体蛋白质凝结而死亡。杀菌力最强的浓度为 75%。酒精对芽孢无作用，常用于注射部位、术部、手、皮肤等涂擦消毒和外科器械的浸泡消毒。

(3)紫药水:紫药水对组织无刺激性,毒性很小,市售有1‰～2‰的溶液,常用于外伤的消毒。

(二)消毒方法

1. 非生产区消毒

进猪场大门处必须设立门卫、消毒室、大门消毒池。消毒池的长度为进出车辆车轮2个周长以上,消毒池上方要建顶棚,防止日晒雨淋;最好设置喷雾消毒装置,对车辆车顶及车身进行消毒,并有人专职负责管理。

(1)人员消毒:凡需进入养殖场的人员(来宾、工作人员等)必须走专用消毒通道,按规定消毒。

①体表消毒:在大门消毒室人员出入通道必须设置消毒装置,如紫外线、高压喷雾消毒装置等。紫外线消毒成本低,但对人体可能有害,有时因紫外线灯管安放位置不合理,影响消毒效果。高压喷雾消毒装置效果比较确实,在人员进入通道门时,即可进行喷雾,使通道内充满消毒剂气雾,人员进入后全身黏附一层薄薄的消毒剂气溶胶,能有效地阻断外来人员携带的各种病原微生物。

②鞋底消毒:人员出入通道地面应做成浅池形,池中垫入有弹性的室外型塑料地毯,消毒药随时适量添加保持水位,每天更换一次。消毒剂3～4月互换一次。

③手消毒:大门消毒室设置洗手盆,凡进入猪场的人员必须洗手消毒,消毒盆内消毒液每天更换一次。

(2)车辆消毒:除饲料运输车外其他社会车辆一律不能进场。

①饲料运输车:进入养殖场的饲料运输车必须严格消毒,特别是车辆的挡泥板和底盘必须充分喷透,驾驶室等必须严格消毒。

②运猪车:运猪车不得进入猪场生活区;在装猪台靠近前经清洗、干燥和消毒后方可装猪。

(3)办公室及生活区环境消毒:办公室、会客室可以设置紫外线灯和臭氧装置,在人员离开时进行消毒。正常情况下,宿舍、厨房、冰箱等必须每周消毒一次,卫生间、食堂餐厅等必须每周消毒两次。疫情暴发期间每天必须消毒1~2次。

2. 生产区消毒

生产区更为重要,不同区域消毒要求有所不同。

(1)人生产区人员的消毒:猪场员工和来访客人进入生产区更换一次性的工作服并换胶鞋,如有条件,可以先更衣洗澡。

(2)生产区内部不同地面和通道消毒:生产区内部不同地面和通道主要包括入口消毒池、道路、空地、排污沟、赶猪通道、装猪台消毒等,不同地点消毒方法有所不同。

①生产区入口消毒池:每周更换2次。消毒剂可选用烧碱、酚制剂,两种消毒剂3~4月互换一次。

②生产区场内道路、空地、运动场等:使用高压清洗机,每周用消毒液对厂区道路、空地、运动场进行1~2次喷雾消毒,也可以每个月用烧碱和石灰水对道路、运动场定期消毒。

③赶猪通道、装猪台消毒:每次赶猪前必须消毒,赶猪后必须清洗、消毒,以防止交叉感染。消毒剂可选用碘制剂、酚制剂、季铵盐等,每3~4个月互换一次。

(3)分娩舍消毒:母猪在预产前1周经过驱除体内外寄生虫、清洗、消毒后转入分娩舍。经人工助产的母猪,必须严格碘制剂消毒液冲洗、消毒,灌注抗生素以保证母猪生殖系统健康。仔猪断脐消毒可采用不同消毒剂,涂布脐带消毒,包括碘制剂等。断尾、去势等手术创口直接用碘制剂反复涂抹消毒。产房也可以采用带猪消毒,但必须选择无毒无刺激的消毒剂,用专用喷粉机或人工方法将适宜浓度的消毒剂充分喷洒在产房地面、产床上。保温箱内可以撒一层爽安粉,可起到干燥、杀菌消毒、驱赶蚊蝇等作用。也可每周二次用碘制剂或过氧化物制剂喷雾消毒,夏天可直接对仔猪喷雾消毒,冬天气温较低时,向上喷雾,水雾(滴)要细,慢慢下降,仔猪不会感到冷,注意喷雾一定要细。

(4)保育舍消毒:进猪前用专用喷粉机或人工将石灰水、爽安粉充分喷洒在保育室高床、地面保温垫板上,可起到干燥、杀菌消毒、驱赶蚊蝇、防止擦伤等作用。仔猪转入保育舍1周后,每周2次用碘制剂或过氧化物制剂喷雾消毒,夏天可直接对仔猪喷雾消毒,冬天气温较低时,向上喷雾,注意喷雾的雾滴一定要适宜。

(5)配种舍及公猪舍的消毒:每周2次用碘制剂或过氧化物制剂喷雾消毒。周边出现疫情时,每天1次用碘制剂或过氧化物制剂喷雾消毒。

(6)采精、配种时的消毒:采精、配种时,先用清水清洗母猪外阴和公猪包皮,后用蘸有消毒药水的湿毛巾擦拭母猪外阴和公猪包皮。

(7)育肥猪舍的消毒:用碘制剂或过氧化物制剂喷雾消毒,每周2次。周边出现疫情时,用碘制剂或过氧化物制剂喷雾消毒,每天消毒1次。

(8)病猪(病猪隔离室)的消毒:用碘制剂或过氧化物制剂喷雾消毒,每天1~2次。病死猪最好焚烧处理,也可深埋,用生石灰和烧碱拌洒,深埋。

此外,出入猪舍的各种器具、推车,如小猪周转箱(车)等,必须经过严格的消毒,同时各种饲喂工具每天必须刷洗干净,定期消毒。进入生产区的药物、饲料等物料外表面(包装)也应进行消毒。对于不能喷雾消毒的药物、饲料等物料可用紫外线照射消毒(在晚上进行),有条件的可采用密闭熏蒸消毒,物料使用前除去外包装。注射器械可用高温消毒。手术器械在使用后用消毒药水浸泡消毒,再用洁净水冲洗晾干备用。每次使用后的活疫苗空瓶应集中放入有盖塑料桶中灭菌处理,防止病毒扩散。

3. 空栏(舍)清洗消毒

空栏(舍)清洗消毒对规模化养猪场全进全出饲养管理十分重要,操作步骤如下:

(1)清扫:尽可能拆除及移走围栏、料槽、垫板、网架等设备;尽可能移走畜舍内所有物品;彻底清除排泄物、垫料和剩余饲料,确保清扫干净。

(2)清洗:先用消毒药水对高床、垫板、栏杆、地面、墙壁和其他设备充分喷雾湿润或浸泡,然后用高压水枪冲洗干净即可。对拆下的各种设备,可以先用碘制剂或酚制剂浸泡消毒,浸泡30~60分钟后,用高压清洗机冲洗干净,晾干即可。

(3)消毒:待栏舍干燥后用消毒药水自上而下喷雾使其充分湿润,保证空间、墙壁、地面及设备均得到消毒;墙体、地面也可用2%的烧碱和生石灰水涂刷。

(4)清除寄生虫(卵):如上批猪发生寄生虫害(球虫)较严重,必须严格清除杀灭栏舍内的寄生虫卵,特别注意清除杀灭拐角处的昆虫、螨虫、甲虫等;消毒剂可以选用一种具有杀虫功能的消毒剂或多种联合使用;杀虫时,可以使用菊酯类安全杀虫剂。

4. 消毒注意事项

(1)猪舍进行大消毒前,必须将全部猪只移出。

(2)猪舍中有机物的存在,可使药物的杀菌作用大为降低,而且有机物被覆于菌体上,阻碍细菌与药物接触,对细菌起着机械的保护作用,因此,对猪舍中的有机物,包括粪便、分泌物、排泄物、饲料残渣等,必须清扫、冲洗干净。试验表明:清扫猪圈可除掉20%的细菌,高压冲洗可除掉50%的细菌,消毒药只能杀灭20%的细菌,三者相加可使猪舍内的细菌减少90%以上。

(3)影响消毒药物作用的因素很多。一般来说,消毒药液的浓度、温度和作用时间与消毒杀菌的效果成正比,即消毒药液的浓度越大、温度越高、作用时间越长,其消毒效果越好。此外,消毒效果与消毒剂的物理状态有关,只有溶液才能进入菌体与原生质接触,而固体、气体都不能进入细菌的细胞。所以,固体消毒剂必须溶于水中,气体消毒剂必须进入细菌周围的液层中,才能呈现杀菌作用。

(4)每种消毒剂的消毒方法和浓度各有不同,应按产品说明书配制。对于某些有挥发性的消毒药(如含氯制剂),应注意其保存方法是否适当,是否已超过保存期,否则效果减弱或失效。

(5)有些消毒剂具有刺激性气味,如甲醛等,有的消毒剂对猪的皮肤有腐蚀性,如氢氧化钠等,当猪舍使用这些消毒剂后,不能立即进猪。有的消毒剂有挥发性气味,如来苏儿等,应避免污染饲料、饮水,否则影响猪的食欲。

(6)几种消毒剂不能同时混合使用,以免影响药效。但在同一场所,用几种消毒药先后搭配使用,则能增加消毒效果,如用喷雾消毒剂后又用熏蒸消毒剂。

(7)有条件的猪场,应开展对消毒效果的细菌学测定。

八、应激的防止

猪的应激是养猪生产过程中不可避免出现的问题,应激造成的危害既有单一的,也有综合的,且其影响是多方面的。如能针对不同的具体情况,妥善做好各项预防措施,必将大大降低应激引起的损失。

1. 应激源

凡能引起机体出现应激反应的刺激源称为应激源或激源。

(1)饲养管理因素:包括监禁、密饲、捕捉、转群与运输、争斗、营养不良、免疫接种、去势、打耳标、断尾等。

(2)环境因素：包括酷暑、严寒、强辐射、低气压、有毒有害气体、尘埃、湿气、强风与贼风、噪声等。

(3)微生物感染因素：细菌、病毒、寄生虫、支原体及衣原体等。

(4)其他人为因素：如对生产性能的强度利用、对机械和设备不适等。

(5)遗传因素：隐性氟烷基因纯合体猪，易于发生应激综合征。

2. 应激的危害

(1)猪肉品质降低。

(2)免疫力低下：在应激的情况下，导致胸腺、脾脏和淋巴组织萎缩，使嗜酸性白细胞、T淋巴细胞、B淋巴细胞的产生和分化及其活性受阻，血液吞噬活性减弱，体内抗体水平低下，从而抑制了机体的细胞免疫和体液免疫，导致机体免疫力下降、抗病力减弱。大肠杆菌、巴氏杆菌等细菌迅速繁殖，毒力增强，侵入血液，引起猪胃溃疡、菌血症、倒毙综合征等。

(3)生产性能降低：应激时，机体必须动员大量能量来对付应激源的刺激，而使机体蛋白质、碳水化合物、脂肪等分解代谢增强，合成代谢降低，糖皮质激素分泌增加，导致生长停滞、体重下降、饲料转化率降低，表现为运输过程中及候宰期间家畜严重掉膘。

(4)繁殖力下降：应激可使卵泡激素、促乳激素等分泌减少；幼猪性腺发育不全，成年猪性腺萎缩、性欲减退，精子和卵子发育不良；并可影响受精卵着床及胎儿发育，造成早期吸收、流产、胎儿畸形或死胎。

(5)在高密度饲养的情况下会引发同类相残的行为。

(6)在长途运输的过程中，容易使猪发生急性支原体肺炎、日射病、热射病等，表现为精神沉郁、体温升高、呼吸加快、黏膜发绀、肌肉震颤、口吐泡沫或呕吐引起死亡。

3. 减少应激效应的措施

(1)不同的猪对应激的敏感性不同,购买、引进猪苗时,应注意挑选抗应激性能强的品种。

(2)猪舍建筑结构要科学合理,改善舍内小环境条件。

(3)根据猪只的不同生长期,科学地配给日粮饲料营养水平要能满足动物的需要,定时定量饲喂。不喂发霉变质饲料,饮水要清洁消毒,饲槽及水槽设施充足,注意卫生,避免抢食争斗及采食不均。同时可在以下方面做好工作:

①适量的碳水化合物和脂肪:在生长猪日粮中加入2%植物油,并相应降低碳水化合物的含量,从而可以减少猪体增热,减轻猪的散热负担,可缓解高温应激。

②合理的蛋白质和氨基酸:有报道认为平衡氨基酸、降低粗蛋白摄入量是缓解猪热应激的重要措施。喂给赖氨酸代替天然的蛋白质对猪有益,因为赖氨酸可减少日粮的热增耗。炎热气候条件下,若以理想蛋白质为基础,增加日粮中赖氨酸含量,饲料转化率可得到改进,猪生产性能、胴体品质与常规日粮相比,无显著差异。

③添加维生素:炎热天气,在每150千克饲料中添加100克应激素,有助于降低热应激对精子质量和受精率的影响;可调节猪体内物质代谢,增强免疫功能,提高抗应激能力,降低肉猪在热应激时的体温和呼吸次数,并可有效改善肥育猪的生产性能;还可起到有效预防因缺乏维生素E而发生的腹泻。

④使用微量元素:补铬对抗应激、提高生产性能、调节内分泌功能、影响免疫反应及改善胴体品质均具有一定作用;铜具有抗微生物特性,而且铜与抗菌剂合用可起到协同作用;仔猪日粮中添加砷制剂能有效地控制腹泻,促进增重;硒是畜禽体内谷胱甘肽过氧化酶的组成成分,通过此酶把过氧化物变成无害的醇类,以防止细胞脂膜的不饱和脂肪酸受过氧化物的侵害,添加有机硒有积极

效果。

⑤药物防治应激：为了提高机体的抗应激能力，防治应激，可通过饲料和饮水或其他途径给予抗应激药物。抗应激药物是目前抗应激研究中最活跃的领域，已取得了长足的发展。

⑥预防运输、屠宰时发生应激：运输前最好禁食，可在 300 千克饮水中添加 100 克应激素。可预防在运输中拥挤、日晒、风吹和雨淋等不利因素的影响。候宰时间长短要适当等。

第二节 做好基础免疫与药物预防

随着规模化、集约化养猪业的发展，猪的免疫接种越来越受到人们的重视，一个猪场需要接种哪些疫苗，它们的性能如何，怎样选购，都是养猪工作者所关注的问题。疫苗属特殊的专控商品，目的在于保证质量，因此有关部门规定其产品必须由主管部门定点的厂家生产，每种产品应有批准文号。但是近几年来由于种种原因，猪的传染病有所增加，而有关厂家所生产的疫苗无论在品种上和技术服务上都满足不了市场的需求。随着现代科学技术的发展，一些兽医研究单位和高等院校，结合当前生产需要不断试制出新的猪用疫苗，其中不乏受到用户欢迎的新产品。

一、基础免疫

防疫程序的制定必须结合当地猪病的具体流行情况、本场猪群的疾病情况和各种疫苗的性能而制定。

1. 常见病的疫苗防疫

(1)猪瘟弱毒活疫苗：免疫接种是预防和控制猪瘟的主要手

段。目前我国养猪生产中广泛使用的是猪瘟弱毒活疫苗。该疫苗有组织苗和细胞苗两种类型,生产中大量使用的是细胞苗,但细胞苗存在效价低,按规定的免疫剂量达不到产生足够免疫效果的作用。

①生产母猪在仔猪断奶前后,注射猪瘟免化细胞苗5~6头份,后备猪在参与配种前30~15天注射猪瘟免化细胞苗5~6头份。

②种用公猪每年需进行2次猪瘟疫苗的免疫接种,即每年的3、9月份各进行1次,每次注射猪瘟免化细胞苗5~6头份。

③仔猪的猪瘟免疫方案十分复杂,要根据猪场以前是否发生过猪瘟以及母源抗体的高低而定。曾经发生过猪瘟的猪场,应采取超前免疫的方法,即仔猪出生后,立即注射猪瘟免化细胞苗两头份,待1.5小时以后再吃初乳;仔猪于断奶前2~3天进行二免,注射4头份猪瘟免化细胞苗;三免在二免进行后的1个月左右进行,每头猪注射4~5头份。未曾发生过猪瘟的猪场,仔猪于断奶前2~3天进行首免,注射4头份猪瘟免化细胞苗,二免在首免进行后的4周左右进行,每头猪注射4~5头份猪瘟免化细胞苗。

④后备种猪在配种前1个月再免疫1次。

(2)猪伪狂犬病疫苗:猪伪狂犬病目前在猪场内的流行日益严重,必需作好猪伪狂犬病的防疫。中小规模猪场、养猪专业户在对种猪防疫伪狂犬病时最好选用基因缺失浓缩灭活苗,因为其具有免疫原性好、保护率高、便于进行实验室的鉴别诊断、有利于猪场净化伪狂犬病等特点。

①后备猪、种公猪、生产母猪的伪狂犬病的防疫:后备猪在参与配种前1个月运用伪狂犬基因缺失浓缩灭活苗肌内注射3毫升;种公猪1年2次免疫,每次肌内注射3毫升;生产母猪于产前30~45天、产后20~30天分别肌内注射3毫升。

②仔猪伪狂犬病的免疫:对于以前曾发生过伪狂犬病的猪场,

或因引种不慎，将伪狂犬病阳性种猪引入，但临床尚未有发病表现的猪场，需对仔猪进行超前免疫，即在仔猪出生后运用伪狂犬双基因缺失活疫苗进行滴鼻或注射免疫，每头仔猪1头份，必要时在仔猪40～50日龄时进行二免；对从未发生过猪伪狂犬病的猪场，仔猪只需在40～50日龄时运用伪狂犬双基因缺失活疫苗免疫1次即可。但对于留种用仔猪在70～75日龄时需再免疫1次。

（3）口蹄疫灭活疫苗：我国生产的猪口蹄疫灭活疫苗有两种，一种是传统的灭活疫苗，一种是经生物浓缩技术制成的浓缩苗。采用耳根后肌内注射。传统的灭活疫苗的免疫期为6个月，浓缩苗的免疫期为1年。

①仔猪35日龄首免，70日龄二免，肥猪90～100日龄再免1次。

②后备母猪经过35日龄、70日龄2次免疫后，配种前再免疫接种1次。

③繁殖母猪和种公猪分别在每年的1月、5月、9月各免疫接种1次。

（4）猪细小病毒病疫苗：细小病毒病的防疫只需作好公、母猪的防疫即可。接种本疫苗2周后产生免疫力，免疫期6个月。注意本疫苗必须于配种前注射，配种后注射无效。

①后备猪在参与配种前1个半月、半个月分别免疫1次细小病毒灭活苗，每次肌内注射3毫升。

②种公猪每半年免疫1次，每次3毫升。

③生产母猪于产后半个月免疫1次。

（5）猪乙型脑炎疫苗：猪流行性乙型脑炎疫苗有灭活疫苗和活疫苗两种。

①种公、母猪于每年在蚊虫来临前（中原地区，在每年的3～4月份）运用兽用乙型脑炎活疫苗间隔2～3周免疫2次即可，每次1～2头份。

②后备种猪于配种前 30 天、15 天分别免疫 1 次,每次 1~2 头份。

(6)猪传染性胃肠炎与猪流行性腹泻疫苗:猪场可根据猪传染性胃肠炎、猪流行性腹泻的流行情况,冬、春两季实施疫苗免疫接种。主动免疫接种后 14 天产生免疫力,免疫期为 6 个月。

①妊娠母猪于产前 20~30 天注射猪传染性胃肠炎与猪流行性腹泻二联灭活疫苗 4 毫升,其所产仔猪于断奶后 7 日内注射疫苗 1 毫升。

②体重 25 千克以下的仔猪每头注射 1 毫升;25~50 千克的育成猪 2 毫升;50 千克以上成猪 4 毫升。

(7)猪传染性萎缩性鼻炎疫苗:猪传染性萎缩性鼻炎灭活疫苗的免疫接种,能够减轻猪鼻甲骨萎缩程度,减少临床发病率,但不能完全预防细菌在鼻腔的定居和繁殖。

①商品猪场:妊娠母猪产前 1 个月颈部皮下注射疫苗 2 毫升,仔猪可通过初乳获得被动免疫力。

②种猪场:除免疫妊娠母猪外,可对免疫母猪所产仔猪进行免疫接种,于 7 日龄和 21~28 日龄分别(颈部皮下注射)接种 1 次。

(8)仔猪大肠杆菌病灭活疫苗:用于预防仔猪黄痢。母猪产前 2 周肌内注射 1 次。

(9)猪气喘病疫苗:猪气喘病疫苗有灭活疫苗和活疫苗两种。

①灭活疫苗:妊娠母猪产前 2 周进行免疫接种,仔猪于 7 日龄和 21 日龄各免疫 1 次,肌内注射,每头 2 毫升,免疫期为 6 个月。公猪每半年免疫 1 次。也有的公司产品推荐在仔猪 28 日龄免疫 1 次即可,可减少 1 次免疫接种。

②活疫苗:胸腔接种,可用于 7 日龄以后的各个月龄猪、怀孕母猪和种公猪。

(10)猪传染性胸膜肺炎灭活疫苗

①仔猪 35~45 日龄时首免,肌内注射,每头 0.5 毫升,2~4

周后进行二免,每头1毫升。

②后备母猪配种前1个月接种1次。

③繁殖母猪产前1个月进行接种,每头2毫升。

④种公猪每半年接种1次。

(11)猪梭菌性肠炎灭活疫苗:母猪分娩前35~40天和10~15天各肌内注射1次,每次2毫升。新生仔猪可通过初乳中的母源抗体获得被动保护。

(12)猪丹毒疫苗:猪丹毒疫苗有灭活疫苗和活疫苗两种,免疫期均为6个月。

①灭活疫苗:体重在10千克以上的断奶猪皮下或肌内注射5毫升;未断奶仔猪注射3毫升,间隔1个月,再注射3毫升。

②活疫苗:用于断奶猪,皮下注射,每头猪1毫升,也可口服,但剂量加倍。

(13)仔猪副伤寒疫苗:仔猪在28日龄左右时进行免疫,由于注射会使仔猪的反应较强烈,建议口服,可用仔猪副伤寒活疫苗,每头猪1.5头份,如果猪场的卫生与保温工作做的理想,可不进行免疫。

(14)猪多杀性巴氏杆菌病疫苗:多杀性巴氏杆菌病疫苗有活疫苗和灭活疫苗两种。

①活疫苗:采用口服免疫,用冷开水稀释疫苗,混于少量饲料内,使其自服,不论猪大小,每头口服1头份,免疫期为10个月。

②灭活疫苗:皮下或肌内注射,断奶猪,不论大小均注射5毫升,免疫期为6个月。

(15)猪丹毒、肺疫疫苗

①后备种猪在参与配种前3~4周注射猪丹毒、肺疫二联活疫苗2头份;种公猪、生产母猪按季节每年免疫2次,即3月、9月各1次,每次3头份。

②仔猪于断奶后2周免疫猪丹毒、肺疫二联活疫苗,每头猪2

头份即可。如果猪场以前曾发生过猪肺疫,需在第一次免疫后的3周进行第二次免疫,每头猪2～3头份。

(16)蓝耳病疫苗

①成年母猪:每胎妊娠期60天免疫一次灭活苗。

②仔猪:14～21日龄免疫一次弱毒苗。

③后备猪:配种前免疫一次灭活苗。

(17)猪败血性链球菌病活疫苗:皮下注射或口服。用20%氢氧化铝胶生理盐水或生理盐水稀释,每头注射1毫升,或口服4毫升。

(18)猪繁殖与呼吸综合征疫苗:猪繁殖与呼吸综合征疫苗有灭活疫苗和活疫苗两种。灭活疫苗免疫效果较差,建议母猪接种,可在配种前注射2次,间隔20天,每次每头4毫升。活疫苗免疫效率高一些,但存在毒力返强危险,应慎重使用。

(19)猪丹毒、猪巴氏杆菌病二联灭活疫苗:采用皮下或肌内注射,体重在10千克以上的断奶猪,注射5毫升,未断奶猪注射3毫升,间隔1个月再接种3毫升。

(20)猪瘟、猪丹毒、猪多杀性巴氏杆菌三联活疫苗:断奶半个月以上猪,不论猪大小,每头肌内注射1毫升;断奶半个月以前仔猪可以注射,但须在断奶2个月左右再注射1次。

(21)猪败血性链球菌病活疫苗:皮下注射或口服。用20%氢氧化铝胶生理盐水或生理盐水稀释,每头注射1毫升,或口服4毫升。

(22)猪圆环病毒疫苗:目前用于预防猪圆环病毒的疫苗主要是灭活疫苗,我国将开始进口部分猪圆环病毒灭活疫苗。母猪产仔前注射2次,间隔20天;仔猪在2～3周龄首免,2～3周后加强免疫1次。

(23)副猪嗜血杆菌灭活疫苗:副猪嗜血杆菌灭活疫苗有进口灭活疫苗和国产灭活疫苗。国产疫苗为种公猪每半年接种一次;

后备母猪在产前8~9周首免,3周后二免,以后每胎产前4~5周免疫一次,仔猪在2周龄首免,3周后二免。进口疫苗为母猪需全部免疫,并在3周后再次免疫,以后每隔6个月加强免疫一次;小猪及断奶仔猪3~4周龄进行首免,并在3周后再次免疫。

(24)猪链球菌病活菌苗:按瓶签头份,每头份加入生理盐水1毫升,或用生理盐水稀释,每猪口服2头份。1月龄以上的猪均可使用。

(25)仔猪红痢氢氧化铝菌苗:怀孕母猪首次免疫于分娩前30天左右,15天后进行第二次免疫。肌内注射。剂量为每头5~10毫升。

2. 疫(菌)苗使用方法

疫(菌)苗和类毒素是属于生物药品类,用细菌制成的叫菌苗,用病毒制成的叫疫苗,用细菌毒素制成的叫类毒素。疫(菌)苗又分为死疫(菌)苗和活疫(菌)苗,应用于预防传染病的发生。免疫血清是用病毒、细菌或细菌毒素多次大剂量给动物注射,使动物体产生对这种病原微生物的抗体后所获得的血清制品,给动物注射后能很快获得免疫力。

疫苗、菌苗、类毒素和抗病血清都是特殊的生物药品,不同于普通的化学药品。其化学成分多为蛋白质,有些制品还是活的微生物。因此,它们一般易被光和热所破坏,保存和运输要严格遵照生物药品厂的要求来做,一般应注意以下几点:

(1)疫(菌)苗应保存在干燥阴凉处,避免阳光照射。温度对生物制品的影响特别重要,高温容易损害疫(菌)苗和血清的效能,最适宜的保存温度是2~8℃,有些制品需要在低温下保存,才能更好地保持它的效力。如干燥猪瘟免化弱毒疫苗在0~8℃条件下能保存6个月,而在10~25℃时,最多不超过10天就会失效。而猪肺疫氢氧化铝最低不得低于零度,冻结后不能使用。

(2) 运输活苗(疫苗、菌苗)时,应将疫(菌)苗装入有冰的广口保温瓶中,途中避免日晒和高温,尽快送到目的地,缩短运输时间,大量运输需用冷藏车。

(3) 接种疫(菌)苗前,应对当地动物疫病的发生和流行情况有所了解,针对流行情况,拟定本场户每年的预防接种计划,制定符合实际的免疫程序。

(4) 预防接种前,应了解当地有无疫情。有疫情时,应对尚未发病的动物进行紧急免疫接种。如无疫情,则按原计划进行定期免疫接种。瘦弱、有慢性病、怀孕后期或饲养管理不良的猪不宜接种。

(5) 使用疫苗前,要看清疫苗是否为国家批准生产的疫苗及疫苗的生产日期和失效日期,了解储运的时间和方法。凡疫苗瓶子有裂纹、瓶塞松动、色泽、物理性状等与说明书不一致的药品不能使用。各种疫(菌)苗保存和运输的温度均应遵照说明书的要求,严防日晒和高温,特别是冻干苗,要求低温保存,氢氧化铝、生理盐水等稀释液及乳油剂苗不能冻结,否则会失去效力。

(6) 要仔细阅读疫苗使用说明书,检查说明书与瓶签是否相符,明确疫苗瓶内装量、稀释液、稀释度、每头(只)剂量、使用方法及有关注意事项。使用疫苗时应登记疫苗批号、注射日期及动物数量,并保存同批样疫苗两瓶。

(7) 注射疫苗时要做好充分的消毒准备,针头、注射器、镊子等必须事先消毒,准备好,酒精棉球需在 48 小时前准备。免疫时,每注射一头猪要换一枚针头,以防带毒、带菌。同时,在猪群免疫注射前后,还要避免大搞消毒活动和使用抗菌药物。

(8) 接种弱毒疫(菌)苗时前 1 周和注射后 10 天,不得饲喂或注射任何抗菌类药物。液体疫苗使用前应充分摇匀,每次吸苗前再充分摇匀。冻干苗加稀释液后,充分振摇,待全部溶解方可使用。

（9）有的疫苗能引起过敏反应,若发生严重过敏反应时,应立即以肾上腺素等药物脱敏,以免引起死亡。活疫苗作饮水免疫时,不得使用含氯等消毒剂的水,忌用对微生物活性有危害的容器作饮水免疫。

（10）免疫接种工作结束后应立即用清水洗手并消毒,剩余药液及疫苗瓶应以燃烧或煮沸等方法消毒处理,不得随处乱扔。接种疫苗期间,应严格控制环境卫生,因为接种后一般需5～7天(油苗需15天左右)才能产生抗体,此期间环境不清洁,可能造成尚未完全产生免疫力之前感染强毒而导致免疫失败。

（11）疫苗是一种弱病毒,能引起母猪流产、早产或死胎。对繁殖母猪,最好在配种前一个月注射疫苗,既可防止母猪在妊娠期内因接种疫苗而引起流产,又可提高出生仔猪的免疫力。

（12）免疫接种最好上午进行,便于连续观察。若接种后,猪只出现颤抖、抽搐、口吐白沫、皮肤充血时,立即肌注地塞米松、肾上腺素或可的松三者中的一种。

3. 免疫失败的原因及对策

在对猪进行免疫接种疫苗后,有时仍不能控制传染病的流行,即发生了免疫失败,引起免疫失败的原因主要有以下几个方面:

（1）猪只本身免疫功能失常,免疫接种后不能刺激猪体产生特异性抗体。

（2）母源抗体的干扰。母源抗体能干扰疫苗的抗原性,因此在使用疫苗前,应该充分考虑猪体内的母源抗体水平,必要时要进行检测,避免这种干扰。

（3）没有按规定免疫程序进行免疫接种,使免疫接种后达不到所要求的免疫效果。

（4）猪只有病,正在使用抗生素或免疫抑制药物进行治疗,造成抗原受损或免疫抑制。

(5)疫苗在采购、运输、保存过程中方法不当,使疫苗本身的效能受损。

(6)在免疫接种过程,疫苗没有保管好或操作不严格,或疫苗接种量不足。

(7)制备疫苗使用的毒株血清型与实际流行疾病的血清型不一致,也不能达到良好的保护。

(8)在免疫接种时,免疫程序不当或同时使用了抗血清。

总之,免疫失败原因很多,要进行全面的检查和分析,为防止免疫失败,最重要的是正确使用疫苗及严格按免疫程序进行免疫。

二、药物保健

引起中小规模猪场、养猪专业户经济效差的最大原因是仔猪的死亡率高、僵猪多。要解决这一问题,猪场除了做好防疫之外,还必须有一套完整的药物保健方案以确保母猪产前、产后正常和仔猪能够顺利渡过断奶关。

1. 母猪产前、产后的保健方案

为了防止母猪在产仔、哺乳过程中把过多的病原菌传染给仔猪,必须在母猪产前7天至产后7天的饲料中添加一定量的抗生素或磺胺类药物,如强力霉素、土霉素、阿莫西林、泰乐菌素、利高霉素、氟甲砜霉素、磺胺类药物等。为了增加抗生素的效果和降低生产成本,可进行适当的药物配合使用,如四环素类配合磺胺增效剂、阿莫西林配合氟甲砜霉素、泰乐菌素配合磺胺药等。

在天气变化快的季节或外界猪病流行时,可根据实际情况,定期在饲料中添加抗生素以减少病原菌的繁殖和感染猪群的机会。

2. 仔猪的保健方案

为了防止或减少仔猪在出生后发生腹泻以及断奶仔猪发生腹泻、发热、消瘦等，仔猪在出生后应采取注射＋饮水加药＋饲料加药的保健方案，即选用长效抗菌药物，如长效土霉素、氟甲砜霉素针剂、第三代头孢等，在1、3、7日龄进行肌内注射以防止仔猪早期感染细菌性疾病；在诱食阶段，在仔猪的饮水中添加可溶性抗生素如阿莫西林以防止呼吸系统的早期感染；断奶前后的仔猪饲料中添加一定量的抗生素如强力霉素、利高霉素、氯甲砜霉素等以防止断奶仔猪衰弱综合征的发生。

由于多数中小型猪场或养殖专业户没有设置保育床，保育条件差，所以在断奶后3～4周需在饲料中添抗生素以防止因仔猪抵抗力下降而感染猪胸膜肺炎、副猪嗜血杆菌、巴氏杆菌、附红细胞体病等。

3. 猪场的驱虫方案

目前猪场内猪附红细胞体病、仔猪渗出性皮炎等疾病大面积的发生，都与寄生虫有着重要的关系。以往人们仅仅注重寄生虫对猪增重和饲料转化率的影响，很少关注寄生虫在疾病传播中的重要作用。特别是中小型猪场和养猪专业户对驱虫工作认识不足，而导致猪场的附红细胞体病等疾病连绵不断，无法控制，最终导致死淘率大大增加，经济效益直线下降。

(1) 母猪的驱虫方案：空怀母猪、后备母猪在配种前驱虫一次，即在饲料中添加阿维菌素（按说明书），连喂7天，也可用左旋咪唑按10毫克/千克体重进行驱虫；怀孕母猪于产前2～6周进行两次驱虫，即在饲料中添加阿维菌素（按说明书），连喂7天，间隔两周后再连喂7天。当然，运用伊维菌素针剂进行皮下注射驱虫，效果也十分明显。

(2) 商品猪的驱虫方案：仔猪在45～60日龄和75～85日龄分

别进行一次驱虫,每次在饲料中添加阿维菌素(按说明书)连喂一周。

如果育肥猪的体表寄生虫明显,也可以用1%的敌百虫进行喷雾驱虫,但在使用时应注意先清洗圈舍与猪只,待干燥后方可进行喷雾驱虫。

第三章 猪疫病的诊断

及时而准确的疾病诊断是预防、控制和治疗家畜疾病的重要前提与环节,要达到快速而准确的诊断,需要具备全面而丰富的疾病防治和饲养管理知识,运用各种诊断方法,进行综合分析。家畜疾病的诊断方法有多种,而实际生产中最常用的是临床检查技术、病理学诊断技术和实验室诊断技术。各种家畜疾病的发生都有其自身的特点,只要抓住这些疾病的特点运用恰当的诊断方法就可以对疾病做出正确的诊断。

第一节 猪的保定

在对猪病的诊疗过程中,患猪保定非常重要,特别是在静脉输液、外科处理等需要较长时间处理时显得更为关键。常用的保定方法主要有以下几种,可根据防病、治病的目的和猪体大小灵活应用。

1. 徒手保定

徒手保定主要适合10千克左右的仔猪。

(1)两手握住猪两后肢关节,向上提举,使其腹部向前方,呈悬倒立,用两条腿将背部夹住固定。

(2)两手抓住猪的两耳,向上提举,猪腹部向前,两腿夹住猪的背腰使其固定。

(3)把猪抓住后,用右手提举后腿,头朝下。

(4)把猪抓住后,左手抓住两耳,右手捉住猪尾。

(5)把猪抓住后,用双手抓住猪后腿,双腿抵地夹住猪体。不能坐在猪身上。

(6)把猪抓住后,用双手抓住前腿,双腿抵地夹住猪体。不能坐在猪身上。

2. 绳套保定

把绳一端做一个活套,在猪张口时,用绳套套住上腭,勒紧,由一人拉紧,或将绳的一端拴在栏杆或木桩上,这时,猪呈现用力后退姿势,可保持安全站立状态。这种方法适用于中猪打针、胃管投药及其他疗法。

3. 横卧保定

一人抓住猪的后腿,另一人握住猪耳尖,两人同时向一侧用力将猪扳倒,一人按压猪头颈部,另一人用绳拴住四肢加以固定。横卧保定适用于大猪侧胸部的手术或去势等。

4. 大群猪注射时保定方法

对健康猪群进行预防注射时,可用一扇门将猪拦在一角,由于猪互相挤在一起,不能动弹,即可逐头进行注射。最好是注完一头后马上用颜色水液标记,以免重注。

第二节 猪疫病的鉴别

猪比较胆小,一般不愿意接近人。人为抓捕和刺激,会造成其应激。所以,检查时应尽可能地在其自由状态下进行观察检查。

一、流行病学调查

1. 流行病学诊断的意义和价值

流行病学诊断是在流行病学调查的基础上进行的。通过询问调查、查阅病史资料和现场察看,取得丰富的第一手资料,然后进行归纳整理和分析判断,从而可以初步明确是传染病还是普通病,是群发性疾病还是散发性疾病,是急性病还是慢性病,是一种疾病还是多种疾病混合感染,为进一步诊断提供可靠的依据和线索。更为重要的是,可借以查明传染病发生、发展的过程,弄清传染源、易感动物、传播途径、影响传播的因素、疫区范围、发病率和死亡率等,以便制定出有效的防治措施。

2. 流行病学调查的内容

(1)流行概况:最初发病的时间、地点,传播蔓延情况,目前疫情的分布,发病猪的数量、性别、年龄,猪群各年龄组的发病率和病死率,疾病在猪群的流行过程如何;疾病是急性的还是慢性的或隐性的,最先受害的是哪些猪;除了猪以外,是否还有其他动物发病;疾病是散发性的还是流行性的,是突然大批发生还是缓慢地发生;发病猪是否是同窝、同栏或是同幢;是整窝发病还是窝内呈散发性的;在疾病发生前,饲养管理上是否有重大改变等。

(2)疾病的发展情况:病猪症状的发展进程如何,疾病的初期表现与后期症状是否有差异,疾病是加剧了还是减轻了;最初发病猪的年龄多大;疾病持续多久,病猪的预后如何;曾用何种药物治疗,剂量多少,效果如何。

(3)饲养管理情况:饲料从何而来,饲料配方是否合理,饲料如何贮存,是否含有腐败发臭的变质饲料;猪群的饲养密度是否恰当;猪舍的设备是否完善;猪舍的温度、通风换气、粪便及污水处理如何,有无鼠类危害;近期是否从外面引进猪只,新入群猪的检疫和隔离措施如何;采取什么措施来控制人和猪的接触;母猪进入产仔区前产房是否经过清洗消毒,每窝的产仔数、仔猪的出生重、仔猪存活率等。

(4)免疫接种、驱虫及药物预防情况:常用何种疫苗,何时进行免疫;哪些猪进行过免疫,免疫效果如何。对母猪、公猪和架子猪是否定期驱虫。饲料中用了哪些药物添加剂,是否是多种药物轮换使用等。

二、临床检查

1. 体型体态检查

体型体态与动物的营养状况有关,但也可以反映动物的健康状况。架子猪背弓腹圆,体表不应有明显的骨结构,如果过分弓背或驼背,且脊柱、肋骨或盆骨外凸均属异常。健康的猪腹部应充盈,但不膨胀;成年猪站立时背部平直或微弓,两侧腹壁平坦或微凸,通过视诊或触诊坐骨、肋骨、脊背和尾根,可估计出猪的脂肪沉积状况,判定动物的营养状况和疾病的严重程度或发病的时期。

2. 姿势行为检查

猪的某些特定姿势常可反映某种疾病的性质,应注意仔细观察。猪的卧地姿势有侧卧和平卧两种,如果有心脏疾病,则一般不侧卧,如果动物极度疲乏或过热时,常取侧卧姿势卧地。当处于寒冷状态时,猪的四肢缩于腹下而平卧,以减少身体与寒冷地面的接触。如果猪呈犬坐姿势,提示有呼吸困难,常见于肺炎、心功能不全、胸膜炎或贫血。如果站立时头颈向前伸直,也表示有呼吸障碍。如果患有胸膜炎,则通常呈弓背站立。如果有跛行,通常不愿站立或是倚栏而立。如果有严重的前肢跛行,常常以鼻触地来避免前肢负重。如果猪的头颈歪斜或做圆周运动,通常提示有中耳炎或内耳炎,严重时则可形成脑脓肿或脑膜炎。

3. 运动检查

患肢检查必须放到最后,主要检查蹄、跗关节、膝关节和髋关节是否正常。检查时,首先观察猪的运步姿势,神经性的运动机能障碍通常表现为运动无力、不全麻痹、共济失调、平衡失控、强直性痉挛,而创伤或感染引起的运动机能障碍多表现为步幅变短、姿势改变和减免患肢负重。为减免患肢负重,猪的姿势出现异常,表现出明显的弓背、患肢不同程度屈曲、肢体位置异常(或悬于腹下,或向外伸展)等。

蹄部检查应注意有无挫伤、开放性伤口、蹄裂或感染,蹄壳的坚实程度以及蹄壳是否有过度增生或磨损。

关节检查应将患肢与健肢相应关节进行比较,注意关节大小,观察其是否发热、疼痛以及是否有捻发音。

4. 身体部位检查

(1)皮肤:观察猪全身皮肤的颜色,尤其要注意鼻、耳、腹下、股内侧、外阴和肛门部位皮肤的颜色(自然光下或白炽灯下观察)。白猪皮肤的颜色变蓝提示循环障碍;变红提示充血、发热或有感染;苍白提示贫血;黄染提示肝脏功能不全或溶血;呈灰色或出现结痂则提示寄生虫侵袭或营养失调。健康猪被毛光滑平整,如被毛粗乱则提示猪冷、有病或营养不良。如果发现皮肤有损伤,则应注意是局部的还是均匀分布的。病变部位是平坦的还是凸起的,是弥漫性的还是界限分明的,同时,注意患猪是否经常摩擦皮肤。如果有特征性的皮肤损伤,则应从损伤边缘刮取皮屑进行检查。当怀疑有疥癣时,应从耳道内取皮屑进行检查。

(2)鼻镜:健康猪只鼻镜湿润,常有微小汗珠,活动时尤为明显。如果发现猪鼻镜干燥甚至龟裂,则可能体温偏高,缺乏饮水,或患有某些炎性疾病或传染病;如果鼻中流出浆性或脓性鼻液,则可能患有感冒,或上呼吸道疾病;如果一侧鼻孔流出脓性鼻液,且脸面部歪向一侧,则可能患有传染性萎缩性鼻炎。

(3)耳朵:健康猪的耳朵对外界音响反应灵活,手摸耳根有光滑湿润感,病猪耳根发热或有冷感,耳朵不灵活。

(4)眼睛:健康猪眼睛明亮有神,结膜粉红。如果结膜苍白则可能患有某种血液病或营养不良;如果结膜潮红,眼屎较多,说明体温偏高,可能患有某种炎性疾病;如果结膜发绀(蓝紫色),则可能患有中毒性疾病,或传染病的后期,血液循环发生了障碍;如果眼睑水肿,且在断奶前后,则可能患有仔猪水肿病。

(5)口腔:猪只保定后,助手抓住猪的两耳,将猪的开口器平直伸入口角,然后压下开口器的手柄,使口张开。检查口腔时,应注意口腔色泽、温度、气味、唾液分泌、舌及牙齿的状态以及口腔黏膜的完整性等。口腔黏膜发红、温度高、疼痛、肿胀、唾液多,无其他病理变化多为口炎;舌面上有糠麸状舌苔,同时臭味大,不吃食,多是胃炎;口舌发白、微发黄、耳鼻冷则为外感风寒的表现。

(6)肛门:肛门周围不干净,被许多粪便污染的猪,均患有消化道疾病。

(7)尾巴:健康猪的尾巴卷起,左右摆动,凡是尾巴下垂或不动者为病态。

(8)乳房:应注意其皮肤颜色、质地、热度及疼痛反应。仔猪的行为可以反映母猪乳汁充足与否,仔猪吵闹不安、不时拱乳房通常提示吮乳不足。如果怀疑母猪有传染性乳房炎时,可采取乳汁做细菌分离培养和白细胞数测定。母猪乳头应突起,不应该有瞎乳头。乳腺应均匀分布于腹线两侧,并充分前伸。

(9)母猪生殖系统:外观检查一般限于外阴检查。阴门应稍稍隆起,并呈一定角度以便于交配。健康母猪阴道黏膜的颜色为粉红色。有时可见外阴肿胀、撕裂或血肿等异常情况。产后母猪从阴道内会排出一定量的恶露,但恶露过多或呈脓性或难闻的臭味,则表明有异常情况。

(10)公猪生殖系统:着重检查两个睾丸是否大小一致,阴囊皮肤呈什么颜色,是否完整。触诊可发现发热、疼痛和质地异常。对阴茎的检查应先拉出阴茎,然后察看是否有损伤、溃疡、畸形、粘连和系带紧张等异常现象。检查包皮应注意包皮憩室是否有溃疡,是否蓄积尿液。交配行为的检查主要包括动物的性欲、攻击性以及爬跨交配的能力等。

5. 精神状态检查

(1)精神:精神状态可以直接反应猪的健康状况。健康猪两耳竖立或前伸,如果两耳下耷或后贴,则表明猪的精神状态不佳。胡冲乱撞或对外界声音无反应,均提示猪可能已聋或已瞎。但发病初期,一般不容易观察分辨。所以,观察时可以将病猪与同栏的健康猪进行比较,以判断是精神沉郁、倦怠,还是兴奋,骚动不安。通常,局部性的疾病(如跛行)只是引起轻微的警觉状态,全身性疾病则会引起明显精神状态异常。

(2)呼吸:健康猪的呼吸均匀,正常呼吸次数范围为每分钟10~20次,肺炎、心肺功能不全、胸膜炎、贫血、劳累和疼痛均可引起呼吸加快;肺炎和胸膜炎可引起腹式呼吸,有时呼吸道疾病还会引起声音改变,出现一时性或持续性变尖。

(3)叫声:健康猪的叫声清脆;病猪则叫声嘶哑、哀鸣。

6. 生理消化状态检查

(1)食欲:健康猪只食欲旺盛,有一定的规律,患病的猪食欲不振,或食欲废绝,饮欲不佳,如果猪不吃料或只吃几口,每天数次饮水,则可能患有热性疾病,如肠炎或慢性猪瘟等。

(2)饮水:健康猪的饮水,一般在采食后有规律的饮水;如出现无规律的饮水或饮水量过大及不饮水则为病态。

(3)异食：如猪经常啃食泥土、炭块、圈舍地面及栅栏等为病态。

(4)粪便：健康猪粪便成团，松散。若粪便稀而干，色泽异常，则为病猪。粪便呈黄白色，且无血无臭无黏液，多为一般性腹泻；先便秘后腹泻或带血，多为急性胃肠炎或仔猪副伤寒；粪稀如水，且伴有较多的血液和黏膜，则为猪瘟；稀粪带血，猪体消瘦。

(5)尿液：尿液在光滑洁净的水泥地面上还是易于观察的，但是在泥泞肮脏的圈面和漏缝地板上却很难观察仔细。正常的尿液颜色如干净的水。如果尿液落地后内容物中有白色物质，则说明猪群存在子宫炎。如果尿液落地后内容物发红或带血，则需仔细观察。只是在排尿初期带血，说明尿道有损伤；在排尿中段有血，说明子宫颈口附近有损伤；整个尿液中带血，说明病变在肾脏或膀胱，往往与传染病相关。

(6)体温：猪的正常体温范围38～40℃，偏高偏低都为异常。

(7)直肠温度：猪的直肠温度波动较大，测定直肠温度时，不能驱赶和刺激猪体。必须在安静状态下或当猪处于躺卧状态时进行。尽管如此，由于猪受刺激后肛温会很快升高，所以，有时直肠温度测定结果不太准确，应尽量避免误差。

三、检查后的处理

1. 隔离

通过临床检查，对病猪或可疑病猪，进行隔离观察或治疗，当发现烈性传染病时，可将猪群划分为三类，分别进行处理。

(1)病猪：包括有典型的临床症状、类似症状，或经其他特殊检查呈阳性的病猪，这些猪是重要的传染源。若是烈性传染病，则应按国家有关的规定处理；如果是一般传染病，只需隔离即可。隔离舍应选择不易散播病原、便于消毒和尸体处理的地方,若病猪的数量较多,可留在原地隔离。对于隔离舍要注意消毒,禁止闲人进出,加强对病猪的护理,对于危害严重或没有治疗价值的猪,要及早淘汰。

(2)可疑感染猪:曾与病猪及其污染环境有过明显接触而又未表现出症状的猪,如同群、同圈或同槽进食的猪。这类猪可能正处于潜伏期,故应另选地方隔离观察,要限制人员随意进出,密切注视其病情的发展,必要时可进行紧急免疫接种或药物防治,至于隔离的期限,应根据该传染病的潜伏期长短而定。若在隔离期间出现典型的症状,则应按病猪处理;如果被隔离的猪只安康无恙,则可取消限制。

(3)假定健康猪:除上述两类外,在疫区或在同一猪场内不同猪舍的健康猪,都属此类。假定健康猪应留在原猪舍饲养,不准这些猪舍的饲养人员随意进入岗位以外的猪舍,同时对假定健康猪进行被动或主动免疫接种。

2. 封锁

当暴发某种烈性传染病时,要把人、畜和各种动物都固定在一定的区域,不使与外界发生直接联系,这就叫封锁。根据我国兽医防疫条例的规定,对于猪瘟、口蹄疫、炭疽等传染病都要进行封锁,以防止疫情向安全区扩散。封锁是一种行政措施,要强制执行,因此必须由主管业务部门和地方政府下令,划定封锁的疫区范围,一般可分为三个区域:①疫点:即病畜所在的畜舍和运动场所;②疫区:病畜所在的牧场、养殖场或自然村;③威胁区:在疫区以外20～75千米以内的地方,还要根据地形、交通情况来划定。

执行封锁应掌握"早、快、小、严"的原则。

第一,在封锁区的边缘设立明显的标志,指明绕道路线,设置监督岗哨,禁止易感动物通过封锁线。在交通路口应该设立检疫消毒站,对必须通过的车辆、人员和非易感动物进行消毒检疫,以期将疫病消灭在疫区之内。

第二,在封锁区内采取的主要措施:①根据疫病的性质和病情,分别采取治疗、急宰、扑杀等处理,对污染的饲料、饲草、垫料、粪便、用具、畜舍场地、道路等进行严格的消毒,病死尸体应深埋或化制,并做好杀虫、灭鼠工作;②暂停集市和各种畜禽集散活动,禁止从疫区输出易感动物及其产品和污染的饲料、饲草等;③疫区内的易感动物应及时进行紧急接种,建立免疫带;④在最后1头病畜痊愈、急宰或扑杀后,经过一定的封锁期(根据该传染病的潜伏期而定),再无疫情发生时,经过全面的终末消毒后,方可解除封锁。封锁解除后,有些疾病的病愈家畜在一定时间内仍有带毒现象,因此对这些病愈家畜应限制其活动范围,特别应注意不能将其调到安全区去。

第三,受威胁区应采取的主要措施:①对受威胁区内的易感动物应及时进行预防接种,以建立免疫带;②管好本区内的易感动物,禁止进入疫区,并避免饮用从疫区流过来的水;③禁止从封锁区内购买牲畜、饲料和畜产品,即使从解除封锁不久的地区购买时,也要注意隔离观察和必要的无害化处理。

第四,对封锁区以外但较靠近疫区的猪场,要执行"双边封锁",即一边是病畜群的封锁,另一边是健康畜群的封锁。对于规模化的猪场来说,即使在无疫病流行的安全地区,平时也应与外界处于严密隔离的状态下饲养,所不同的是,这种猪场内饲养的猪是可以自由调出的。

第三节 病理诊断

病理剖检是临床上诊断疾病的重要手段,尤其是一些常见病、多发病根据剖检病变并结合流行病学调查和临床检查就能做出初步诊断,剖检主要是通过检查组织器官的颜色、气味、性质的变化,为正确诊断提供信息。

剖检活猪时,提倡尽量采用巴比妥酸盐麻醉、CO_2 致昏放血或电击法致死。

剖检要求兽医人员具有一定的实践技能,并采用合适的工具,包括胶皮手套、靴子、固定刀柄的解剖刀、广口容器、塑料袋、细绳和采样拭子、不锈钢刀、载玻片、尺子、灭菌注射器、标签、单刃刀片及注射针头等。

为了获得正确诊断,剖检时应根据需要,分别采集不同组织样品,供病理组织学检查、病原学检查或毒物学检查。

一、病理诊断的一般原则

剖检的基本原则是要有一致性和全面性,虽然临床诊断可能会提示某一特定器官和系统的疾病,但剖检者必须对全身各系统进行全面的检查,以免遗漏某些最基本的病变或与此有关的其他病变。同时,对每一个器官一定要进行彻底解剖,包括对其外表和剖面的观察及样本采集(供组织学、细菌和病毒学检验)。在一个器官没有完全检查完毕之前不要去检查其他器官。

二、病理诊断流程

1. 外观检查

在剖检之前应先做全面的外观检查,包括皮肤的损伤(分布、颜色、形状、增生性病变、扁平的还是溃疡性的病变)、关节状况(肿胀、溃烂)、蹄及耳的状况(咬伤、坏死)等,将猪置左侧卧姿势。注意观察其脱水程度,判断其死亡时间,如角膜已混浊及腹下发绿,则无剖检价值。

2. 解剖过程

(1)从右侧腋下进刀,向前将切口延伸到下颌骨,向后沿腹中线右侧延伸到肛门。

(2)切断右侧肩胛骨下的肌肉及相邻的皮下组织,将前肢外展与躯体分离,检查腹股沟淋巴结和腋下淋巴结。

(3)切掉髋股关节周围的肌肉,检查关节液,将后肢外展。

(4)分离右膝上的皮肤和皮下组织,将刀从膝盖骨内侧刺入一定的深度后,用向外挑的方法水平切开膝关节,并打开右侧肩关节和跗关节。注意:如果在打开前一个关节提示有脓毒症的变化(关节液增多、关节液浓稠混浊、含纤维蛋白或滑膜突出等),则应尽可能清洁地打开下一个关节,用注射器或培养拭子采集关节液做培养。

(5)沿肋弓后缘剪开腹壁并沿腰旁延伸到达右侧骨盆,再在耻骨前缘横行切开腹壁。将腹壁翻向解剖人员一侧,检查腹腔是否有脓毒症的病变(腹水、混浊液体、纤维素等)。

(6)剪开横膈膜,切除肋骨背缘和肋软骨连线的肌肉,用骨剪剪除肋软骨,将肋骨沿背缘剪断,并将肋骨与躯体分离。取一根肋骨,完全剥离附着其上的肌肉,将肋骨用力折断,粗略地估计猪骨骼的强度。

(7)细致地检查胸腔和腹腔,同时注意观察动物的营养状况。肌肉消耗明显,缺乏脂肪或存在脂肪的浆液性萎缩(呈明胶样),一般提示慢性病变,而急性病例一般营养充足。此时还可以检查新生仔猪的脐带。如果怀疑有菌血症,应无菌采集肝、脾和肺的组织块(3~4平方厘米),以防其后的操作过程造成污染。最后检查胃肠道系统。但如果临床症状提示胃肠道疾病(如新生仔猪腹泻),应先检查胃肠道系统,以免因其快速自溶而产生人为病变。

3. 系统检查

(1)头、颈和胸部:在原位切开心包膜检查包液是否增多,是否有纤维渗出和粘连。沿两侧下颌骨内侧切开口腔的肌肉和皮肤,用一个指头钩住舌头向后腹侧牵拉,切断其他的连接物,用刀或肋骨剪切断舌软骨,将舌往胸腔一端拉出,同时从颈部肌肉上分离出食道与气管,在靠近胸腔入口处抓住食道和气管并向后拉,切断心、肺与胸壁的所有连接物;将保持完整的舌头和胸腔器官拉出体外。检查口腔是否有损伤(腭裂、溃疡、糜烂、水疱等),如果需要,可采集咽旁的扁桃体作为检查样品。此时,可以用剪子或刀打开食道。

①肺脏:先仔细观察肺脏病变,并按压检查其弹性,注意观察有无实变,准确描述和记录其分布、大小、质地、颜色,并采集样品做组织学检查或微生物培养,以正确辨别疾病。然后用剪子剪开气管、支气管及以下的主干气体通道,切开肺脏,检查其切面,观察有无出血、气肿等变化。如果有特殊需要,有时可以用洗出法采集支气管肺泡液。此外,多种传染性疾病可以引起肺脏表面出现纤维性炎症、粘连和胸腔积液。

②心脏:主要检查心包有无积液,心脏表面是否有出血,脂肪浆液性萎缩和心腔增大。然后分别打开右心室和左心房,检查心

室和左侧房室瓣,观察有无异物。

(2)腹部:如果发现有与肠扭转相似的肠袢颜色改变或者结肠膨胀,应仔细触诊病变部位和肠系膜,判断器官变位情况。然后,压迫胆囊观察其是否通畅。从直肠内挤出粪便,切断直肠并将其拉出腹腔外,牵拉直肠切断胃肠道和肠系膜根部与背侧体壁间的所有连接物,切断胃肝韧带及食道,将胃肠道拉出腹腔,放于一侧。

①肾脏:从两肾的前端找到肾上腺,取出后纵向切开,固定在福尔马林内。取出左右肾脏,去掉包膜,仔细观察其颜色,有无出血和坏死,然后纵向切开肾脏至肾盂处,仔细观察有无出血和肾盂肾炎。随机取两块5毫米厚的切块保存。

②肝脏:取下肝脏,检查其表面和多个切面,将有病变的部位取样,或随机取两块5毫米厚的切块保存。

③脾脏:胃旁取下脾脏做整体和切面检查。

④其他:根据需要,取出膀胱和生殖道,并对其进行检查。

(3)脑和眼:许多疾病侵害青年猪的中枢神经系统,但一般肉眼病变不明显,因而剖检时应注意采集样品,固定在福尔马林内,以备组织病理学检查。

①打开寰枕关节:分离头颈部的皮肤、肌肉和耳,横切颈部肌肉,暴露寰枕关节,从此处入刀,切断脊髓,向内、向下绕着寰枕关节切一圈,防止碰着骨头,将猪头靠在桌子边沿上,用一只手握住颈部,另一只手用力向下压,此时寰枕关节会大大地张开,剩余的连接物随即可被切断。

②打开颅盖:成年猪用屠锯或骨锯,幼年猪的颅盖很薄,用骨钳或骨剪即可打开。固定头部,确定额骨位置(新生仔猪靠近眼眶,成年猪稍靠后),横向切开(第一切口);第二个切口是从枕骨髁的内角切向第一个切口的外侧缘,这一切线与头颅的中轴约成45°角,在另一边做同样的第二切口,然后轻轻地撬开颅盖。

③取出脑组织:可用手固定颅骨,将枕骨髁置于坚实的平面上

敲,切断嗅束,随着脑慢慢移出,在颅穹隆腹侧面切断所有的脑神经。

④检查与取样:观察脑膜是否有脑膜炎,通常以在小脑和脑腹侧面表现最明显,呈白色-黄色病灶或有纤维素瘤和纤维束存在。如果临床症状提示有中枢神经系统疾病,则应采取带有脑膜的脑组织块做细菌学和病毒学检查。

(4)胃肠道系统:胃肠系统在猪的疾病发生上具有重要地位,应做系统检查。首先沿胃大弯打开胃,观察食管部是否有糜烂或角化。然后,观察十二指肠、空肠、回肠和盲肠,根据需要,分别将肠管剪开,在翻动肠管时要小心,以防造成人为损伤,当发现有眼观病变时,应将其与邻近的无病变区同时取下送检。需要送检的肠段不要剪开肠管,长度一般为3~10厘米。如未发现明显病变,则应取一块胃组织、带有胰腺的十二指肠、近端和远端空肠,以及带有盲肠的空肠送检。同时,检查肠系膜淋巴结。

(5)骨骼和肌肉系统:主要检查运动性关节,观察有无关节炎。猪萎缩性鼻炎最常见的病变是腹鼻甲下褶萎缩,需要沿前臼齿水平线剪开鼻腔观察。

①骨髓炎较少见于猪,一旦侵袭则可以产生跛行或脊椎的病理性骨折,从而压迫脊髓。可在台锯上将骨纵向切开来观察病变。

②猪骨软骨病常见,但其临床意义不大。检查时可以选择股骨远端及肱骨的近端或远端关节面。

③多数肌病主要表现于心肌,一般不做骨骼肌检查,但应激综合征的患猪会出现骨骼肌变白、多水和变软的现象(苍白、呈煮肉样或鱼肉样)。

(6)剖检记录:系统检查后,应及时对所有的病变做简要的描述性记录,并将记录复制一份随病料一起送去做组织病理学检查。记录时,不用诊断学术语,对病变不做出任何解释。如果能提出印象诊断或有疑问,可以单独描述。

三、病料采集、保存

病料采集对是否能够做出正确诊断十分重要。第一,怀疑某种传染病时,则采取该病常侵害的部位。第二,提不出怀疑对象时,则采取全身各器官组织。第三,败血性传染病,如猪瘟、猪丹毒等,应采取心、肝、脾、肺、肾、淋巴结及胃肠等组织。第四,专嗜性传染病或以侵害某种器官为主的传染病,则采取该病侵害的主要器官组织,如狂犬病采取脑和脊髓,猪气喘病采取肺的病变部位,呈现流产的传染病则采取胎儿和胎衣。第五,检查血清抗体时,则采取血液,待凝固析出血清后,分离血清,装入灭菌小瓶送检。

1. 病料的采集

(1)血样的采集:猪的皮下脂肪组织比较厚,静脉和动脉不容易接触到,所以猪的血样采集比较困难,可根据需要,选择不同采血方法。但如果采集血样的样品数较多、血量又比较大,则必须掌握猪的前腔静脉和颈静脉采血技术。

①前腔静脉采血:根据猪的大小,选择站立提鼻法或手握前肢倒提法,进行保定。采血时,猪的站立位置相当重要,头要上举,身体要直,前肢向后伸。此时,颈静脉沟的末端刚好处于胸腔入口处前方所形成的凹陷处,将针从此凹陷处向对侧肩关节顶端刺入。多使用注射器采样。前腔静脉采血一般选择右侧采血,因为右侧的迷走神经分布到心脏和膈的分支比左侧的少。如果正好刺伤迷走神经,猪会表现呼吸困难,全身发紫和抽搐。

②颈静脉采血:同前腔静脉采血一样,可将猪行站立保定,针从颈静脉沟刺入,以稍偏中线的方向向背侧直刺。

③头静脉采血:将猪仰卧保定,将两前肢稍后向外掰开即可从静脉内采集血样,该静脉在皮下清楚可见,以指压则怒张明显。

④耳静脉采血:用一橡皮带扎住耳基部使耳静脉怒张,迅速用注射器刺入以防静脉滚动。也可以用小刀将耳腹侧静脉切一个小口,用试管在此切口下采集自然流出的血样。

(2)内脏器官与组织样品的采集:一般结合病理剖检时进行。

①病理组织学检查样品的采集:除进行肉眼病变观察外,有时需要进行组织病理学观察,才能正确诊断。所以,临床上,在进行病理剖检时,需要采集少量组织样品,并用10%的中性缓冲福尔马林溶液固定,保存组织备用。组织学检查的病料的厚度以小于5毫米为宜(脑、脊髓和眼除外)。长度和宽度一般以3厘米×4厘米大小为佳,组织与福尔马林的最佳体积比为1:10。10%的中性缓冲福尔马林溶液(1000毫升)配置方法是:将900毫升水与100毫升40%的甲醛溶液相混合,再加6.5克Na_2HPO_4和4克NaH_2PO_4,混合均匀即可。

②病原学检查病料的采集:取新鲜实质器官样品,如肝、肺和淋巴结组织,切成片状,大小约3~4平方厘米,以便实验室技术员按无菌操作从组织块中央采样。肠管长约6厘米,结扎两端。样品组织应置于塑料袋中,贴上标签,冷藏保存和运输。如果需要进行病毒学检查,样品组织可置于一个单独的容器内,冷冻保存。

③毒物学检查样品的采集:根据不同的可疑毒物而采集相应的病理组织,大小约5平方厘米。一般中毒时多采集胃内容物,以及肝、肾、尿、血清和饲料做毒物分析,但有机磷中毒时应采脑组织做检验。采集的组织样品冷冻保存。

(3)其他样品的采集:采集粪便样品时最好戴上一次性手套直接从直肠里采取。粪样可留在翻转的手套中。扁桃体活组织采集方法比较特殊,需要借助开口器和组织刮取器,刮取少量组织。

采集皮屑,可以用解剖刀刮取皮屑至微微出血。将皮屑从皮肤上转移到玻片上或试管内,加入少量矿物油、10%氢氧化钾或甘油保存。

2. 病料保存

欲使实验室检查得出正确结果,除病料采取要适当外,还需使病料保持新鲜或接近新鲜的状态。如病料不能立即进行检验,或须寄送到外地检验时,应加入适量的保存剂。

(1)细菌检验材料的保存:将采取的组织块,保存于饱和盐水或30%甘油缓冲液中,容器加塞封固。

①饱和盐水的配制:蒸馏水100毫升,加入氯化钠38~39克,充分搅拌溶解后,用数层纱布过滤,高压灭菌后备用。

②30%甘油缓冲溶液的配制:纯净甘油30毫升,氯化钠0.5克,碱性磷酸钠(磷酸氢二钠)1克,蒸馏水加至100毫升,混合后高压灭菌备用。

(2)病毒检验材料的保存:将采取的组织块保存于50%甘油生理盐水或鸡蛋生理盐水中,容器加塞封固。

①50%甘油生理盐水的配制:氯化钠8.5克,蒸馏水500毫升,中性甘油500毫升,混合后分装,高压灭菌备用。

②鸡蛋生理盐水的配制:先将新鲜鸡蛋的表面用碘酊消毒,然后打开,将内容物倾入灭菌的容器内,按全蛋9份加入灭菌生理盐水1份,摇匀后用纱布过滤,然后加热至56~58℃持续30分钟,第2日和第3日各按上法加热1次,冷却后即可使用。

(3)病理组织学检验材料的保存:将采取的组织块放入10%的福尔马林溶液或95%酒精中固定,固定液的用量须为标本体积的5~6倍以上,如用10%福尔马林固定,应在24小时后换新鲜溶液1次。严寒季节为防组织块冻结,在送检时可将上述固定好的组织块取出,保存于甘油和10%福尔马林等量混合液中。

3. 病料送检

(1)病料的记录和送检单:送检单注明送料单位及地址;病猪品种、年龄、发病时间;采料时间、死亡时间、病料名称、编号、病料中有何种保存液；主要临床症状；病理剖解的主要变化；治疗情况；流行病学情况；送检的目的、要求。

（2）病料包装：将装病料的容器加塞并蜡封，贴上标签，注明病料名称与编号。装入塑料袋内扎紧，装箱或放入加冰的广口保温瓶内送运。

（3）病料运送：为防止病原微生物死亡，应避免高温和日晒。为此可按每100克碎冰，配加33克食盐之比例，混合后放入装病料的保温瓶内，可降温至21℃。如无冰块，可在保温瓶内加入冰水，并加等量的硫酸铵（化肥），搅拌，使其溶解，可使水温降至零下。夏季运送，若途中时间较长，应更换降温材料1~3次。还可在保温瓶内放入氯化铵450克，再加水1500毫升，能保持零度达24小时之久。

第四节　实验室诊断

实验室检查又称实验室诊断，是在临床诊断的基础上，利用仪器和化学药物进行病原体分离、培养、鉴定、寄生虫检查以及毒物分析、测定等，可提供准确的判断，比现场检查更完善。

一、微生物学诊断

（一）细菌学诊断

1. 细菌的形态鉴定

细菌微小，必须借助于光学显微镜才能看到。细菌从形态上可分为球状、杆状和螺旋状三种基本类型。细菌细胞的基本构造是由细胞壁、胞浆膜、细胞浆、细胞核等部分构成。有的细菌除具有基本构造外，还能形成荚膜、芽胞、鞭毛、柔毛等特殊构造。细菌的形态、大小及染色是鉴定细菌的重要标志。

(1)不染色标本的制备和检查：不染色标本主要用于观察活体微生物的状态和运动性，例如压滴标本。压滴标本是取洁净载玻片一张，在其上加一滴生理盐水（如是液体材料可以不加水），再用接种环在火焰上灼烧灭菌后蘸取适量的待检材料，然后在水滴上加盖一张洁净的盖玻片（注意不可有气泡）。检查时将标本置于显微镜载物台上，先用低倍镜测定位置，然后用高倍镜或油镜观察。

(2)染色标本的制备

①抹片标本的制作：对于固体培养物，取一滴蒸馏水或生理盐水于清洁无尘玻片一端。左手持菌种管，右手持接种环于火焰上灭菌，右手小指与无名指夹住菌种管棉塞并取下，管口迅速通过火焰灭菌，以灭菌的接种环自菌种管内挑少许培养物，与蒸馏水混合，涂布成约直径为1厘米的涂片，涂片应薄而均匀。对于液体培养物不必加蒸馏水或生理盐水直接以无菌操作采用液体培养物1~2环作涂片即可。对于组织脏器，右手持无菌镊子夹住一块组织（如肝脾），左手用无菌剪刀剪取所夹组织，右手随即以新鲜切面在玻片的一端触及压印涂片。

涂片最后在室温中令其自然干燥。冬天气温较低或急用时，可将标本面向上，小心在酒精灯火焰近处略烘，加速水分蒸发，但勿紧靠火焰以免标本烤枯。

②抹片的固定：手执玻片的一端，即涂有标本的远端，标本面向上，在火焰包层快速地来回通过三次，约3~4秒钟，每次通过火焰后以手背不烫为宜。待冷后进行染色。固定的目的是杀死细菌，使菌体蛋白凝固于玻片上，不至于染色时被水冲去，便于着色。组织触片不宜用火固定，用化学法（如甲醇）固定。

(3)染色方法

①单染色法:如亚甲蓝染色法,取经干燥、固定的涂片滴加亚甲蓝染液2~3滴,使染液盖满涂片面,1~2分钟后吸去染色液,用细小水流冲去多余染液,晾干或用滤纸轻轻吸干。结果是菌体呈蓝色,荚膜呈粉红色。

②复染色法:如革兰染色法,其操作步骤是取干燥并经火焰固定的涂片滴加草西酸铵结晶紫2~3滴于涂面上,染色1分钟后水洗,并将玻片上积水轻轻拭净。加革兰碘溶液2~3滴于涂片上媒染1分钟后,倒去碘液轻轻拭净,再加95%酒精3~5滴于涂面上,频频摇晃水溶液(或石炭酸复红溶液)复染30秒,水洗后用油镜观察。结果是革兰阳性菌呈紫色,革兰阴性菌为红色。

③姬姆萨染色法:触片经自然干燥后,不用火焰固定,直接滴加姬姆萨染色液数滴(染液中有甲醇,能起固定作用),经2分钟后再加等量蒸馏水,轻轻摇晃使之与染液混合均匀。5分钟后水洗干燥,或将玻片浸入盛有染色液的缸中,染色数小时或过夜,取出水洗、干燥、滴油镜检。

④芽胞染色法:取干燥火焰固定的涂片,滴加5%孔雀绿水溶液于涂片上,加热使其产生水蒸气,以不产生气泡为佳,约30~60秒,水洗30秒,以石炭酸复红(或沙黄水溶液),复染30秒,水洗、吹干镜检。菌体呈红色,芽胞呈绿色。

⑤鞭毛染色法:染色液有甲液(0.5%苦味酸)1毫升、乙液(20%鞣酸液)1毫升、丙液(5%钾明矾液)0.5毫升、丁液(11%复红酒精溶液)0.15毫升。各液在使用前,按顺序混合好可使用。染色法是取10~12小时的幼龄培育菌,用1%福尔马林液制成菌液,固定24小时后,于载玻片上涂成薄片。待自然干燥后,用上述染色液加温染色30秒至1分钟,然后静置1~2分钟,水洗、干燥、镜检。结果菌体呈深红色,鞭毛为淡红色。

⑥抗酸染色法:在固定后的涂片上,滴石炭酸-品红染色液,在

载玻片下用火焰加热至发生蒸汽但不能产生气泡,约3~5分钟后用3%盐酸酒精脱色,至无红色脱落为止(约1~3分钟),再水洗后,以碱性亚甲蓝染液复染1分钟。水洗,吸干,镜检。结核杆菌和副结核杆菌均为抗酸性细菌,故可以用此染色法和其他细菌相区别。结果是抗酸性菌染成红色,其他菌为蓝色。

⑦负染色法(墨汁衬色法):于干净的载玻片上加1滴苯胺黑(或优质绘图墨汁),用灭菌的接种环取待检材料(以纯培养或病料)少许,均匀混合于苯胺黑(或墨汁)中,并立即将其涂散,使成薄的涂片,待其干后不用水洗即直接镜检,可见在黑色的背景上,出现不着色透明菌体,所以称负染色法。结果是螺旋体无色发亮,背景呈黑色。

⑧雷别格尔荚膜染色法:涂片、干燥,滴加2%~3%福尔马林龙胆紫染液,染色20~30分钟,立即水洗,干燥,镜检。结果荚膜呈淡紫色,菌体为深紫色。

⑨螺旋体染色法(刚果红法):染色液是2%刚果红水溶液及1%~2%盐酸酒精液,染色是在载玻片上滴加螺旋体的标本和2%刚果红水溶液各1滴,混匀,涂成薄片。干燥后滴加1%~2%盐酸酒精液,刚果红则由红变蓝,干燥后不必再用水冲洗,镜检。在蓝色背景下见有透亮未染色的螺旋体。

2. 细菌的生化特性鉴定

各种细菌具有各自独立的酶系统,所以在相应的培养基上生长时,产生不同的代谢产物,据此可鉴定各种细菌。进行生化性状检查,必须用纯培养菌进行。生化性状检查的项目很多,应按诊断需要适当选择。常用的生化检测方法如下:

(1)糖(醇、糖苷)类发酵试验:将待检菌的纯培养物接种入各种糖发酵培养基中,置37℃培养,培养时间多数1~2天,长的1周至1个月不等,应视该菌的分解速度和试验要求而定。其间要定时观察,如产酸时,则指示剂呈酸性反应,则培养液由紫色变为黄色;如不分解糖,则仍呈紫色;如分解后产气,则小管内积有气泡。

(2) V-P 试验:所用培养基为含 0.1% 葡萄糖的蛋白胨水,pH7.6。接种菌后于 37℃ 培养 2～3 天取出,按 2 毫升培养液加 V-P 试剂 0.2 毫升,置 48～50℃ 水浴 2 小时或 37℃ 水浴 4 小时,充分震荡,呈红色者为阳性。

(3) 甲基红试验:其培养基和培养方法与 V-P 试验相同,向培养基内加入数滴甲基红试剂,混匀后判定。培养物中 pH 值低时呈红色,即为甲基红试验阳性。pH 值较高的培养物呈黄色,即为甲基红试验阴性。

(4) 靛基质形成试验:将细菌接种于蛋白胨水中,37℃ 培养 2～3 天,沿试管壁滴加试剂(对二氨苯甲醛)约 1 毫升于培养液表面,如该菌能产生靛基质,则两液接触处变成红色为阳性,黄色为阴性。

(5) 硫化氢产生试验:将细菌穿刺接种于醋酸铅琼脂培养基中,37℃ 培养 24 小时,穿刺线出现黑色者为阳性,无黑色为阴性。

(6) 硝酸盐还原试验:将细菌穿刺接种到硝酸盐培养基内,并同时接种已知阳性菌做对照,于 37℃ 培养 4～5 天,加入试剂甲液和乙液各 5 滴,轻摇培养基,混合均匀。在 1～2 分钟内若硝酸盐还原变为红色者为阳性,无颜色变化为阴性(甲液为氨基苯磺酸,乙液为 α-萘胺)。

(7) 亚甲蓝还原试验(细菌脱氢酶的测定):于 5 毫升肉汤培养基中加入 1% 亚甲蓝液 1 滴,将被检菌接种于培养基中,在 37℃ 下培养 18～24 小时观察结果,完全脱色为阳性,绿色为弱阳性,不变色者为阴性。

(8) 尿素酶试验:将被检菌接种于含有酚红指示剂的尿素培养基中,于 37℃ 温箱中培养 24～48 小时后观察结果,如细菌能分解尿素则培养基因产碱而由黄变为红色。

(9)明胶液化试验:取蛋白胨水2毫升,加温至37℃,用白金耳蘸取菌液,并在上述蛋白胨水中制成混悬液。然后加入一块木炭明胶圆片,放37℃水浴中,通常在1小时内看到液化现象。

3. 细菌的药敏试验

对分离出的病菌进行药物敏感试验,筛选出高度敏感的药物用于防治该菌引起的感染。方法是将分离的纯培养物涂布普通琼脂或鲜血琼脂平板培养基表面(磺胺类药物的药敏试验要用无蛋白肉汤琼脂平板),尽可能涂布致密均匀,然后用无菌镊子将已制好的干燥药物纸片(或商品纸片)分别贴于平板培养基表面,一般9厘米直径的平皿可同时贴6~9片。最后将平皿底部向上置于37℃温箱内培养18~24小时,取出观察结果。经培养后,凡对该菌有抑制能力的抗菌药物,在纸片四周出现一个无细菌生长的圆圈,称为抑菌圈,按照抑菌圈大小来判定敏感度的高低。抑菌圈直径大于20毫米为极敏感,15~20毫米为高敏,10~15毫米为中敏,小于10毫米为低敏,无抑菌圈为不敏感。

(二)病毒学诊断

1. 病毒的形态观察

病毒不具备细胞结构,只能在活组织细胞内生长繁殖,其形态甚为微小,但均有各自的外形和结构。病毒的形态观察常借助电子显微镜,在电子显微镜下,病毒的形态有圆形、丝状和子弹状等。各种病毒的大小和形态结构是鉴定病毒的初步依据之一。

电子显微镜常用技术包括超薄切片、负染技术和真空喷镀术等。电子显微镜的具体操作可参阅相关专业书籍。

2. 病毒的分离培养

病毒没有独立的酶系统,不能在无生命的培养基上生长,常用的分离培养方法有实验动物试验、鸡胚和组织细胞培养三种。当今细胞培养成为常用的病毒培养检查手段,已往常用的鸡胚和实验动物已大为减少。

(1)实验动物试验:实验动物试验是病毒分离及研究中一种古老而又常用的方法,主要用于病毒的分离和培养,测定动物的敏感范围,进行中和试验和保护试验以鉴定病毒及不同毒株间的抗原关系等。此外,还可用作继代保存病毒,培养弱毒株,测定病毒的LD_{50}(半数致死量),以及大量繁殖病毒制造疫苗。

动物实验中所用动物有同种与异种之分,同种动物必须选择来自未发病的地区,实验前先经血清学检查,确认无相应的抗体才可使用。异种动物常用的有小鼠、大鼠、仓鼠、豚鼠、家兔、犬、猫、猴和小型猪等。实验动物必须健康、品种纯。同一实验动物年龄、体重和营养状态要一致。根据病毒的不同性质,应选用最敏感动物及不同接种途径。每个试验应尽可能多用几个动物,并设立对照组,尽量避免因个体差异造成的错误结果。

接各材料必须无菌,如无法确定无菌,可在其接种液中加青霉素、链霉素各 1000 国际单位/毫升混悬液离心后取上清液,必要时可通过细菌滤器除菌,然后接种。接种后的动物应严格隔离饲养,根据试验要求,定期观察,采血检验或解剖检查其组织变化。

(2)鸡胚培养

①鸡胚选择和孵化:应选择无病鸡群中的新鲜受精蛋,鸡群的鸡对所要接种的病毒应无免疫力,最理想的为无特定病原体鸡群。以莱航鸡蛋或其他白壳蛋为好,因照蛋时易于观察,孵化温度宜在 37.5℃,湿度为 60% 左右,每日翻蛋至少 3 次,开始时将鸡蛋横放,接种前 2 天竖放,大头朝上,此时应特别注意鸡胚位置,以近中央为好,不要过分偏离于一侧,若发现胚胎过分偏于一侧时,照蛋后将偏一侧的胚胎朝下。活的鸡胚血管及主要分支明显,呈鲜红色,其胚胎可以活动,死胚血管模糊不清呈暗红色。鸡胚接种日龄

为6～12天,这是根据接种病毒的特性而定的。

②接种前的准备和接种:接种材料应确认无菌,在蛋壳上用碘酒消毒后,标上接种位置的记号。以结核菌素注射器注射其材料,接种后用石蜡封闭针孔。

根据接种目的不同要求,鸡胚接种又分为绒毛尿囊腔内接种、卵黄囊内接种、绒毛尿囊上接种和羊膜腔内接种等方法。

③接种检查:每隔6小时照蛋1次,接种后24小时内死亡的鸡胚应丢弃并做无害化处理。24小时后死亡的鸡胚,置于冰箱内1～2小时,取出收获材料,同时检查鸡胚胚变。

④鸡胚材料的收获:以无菌操作去除气室顶壳,用镊子撕去部分蛋壳膜,再撕破绒毛尿囊膜而不得破羊膜,用镊子轻轻按压胚胎,以注射器吸取绒毛尿囊液置于无菌试管内,收集的尿液应为清亮,混浊者则往往是细菌污染所致,此液不得继续使用。羊膜腔内接种者,在先收完绒毛尿囊液后,再将注射器插入羊膜腔内吸取其液,做无菌检验;卵黄囊接种者,先收取绒毛尿液和羊囊液,再收取卵黄液,无菌检查,并将整个内容物倾入无菌平皿中,剪取卵黄膜保存之。

(3)组织细胞培养:组织培养最初是动物和植物组织块的体外培养,随着现代人工培养技术的发展,组织培养的确切说法应包括组织培养、器官培养和细胞培养。由于应用最广的为细胞培养,现作简介如下:

①鸡胚成纤维细胞培养

鸡胚的处理:选用10～13日龄的鸡胚,在气室部用5%碘酊消毒,按无菌操作的要求用镊子敲破气室部的蛋壳,撕破壳膜、绒毛膜及羊膜,用眼科镊子钩住鸡胚头部,取出鸡胚置于灭菌平皿内,剪去喙、翅、脚、眼球及内脏,用Hank's液洗净外表血液,移至小烧杯内,将鸡胚剪成1～2毫米的细块,加适量Hank's液轻轻振动,静置使组织块下沉,吸去混有红血球及碎片的悬液,如此洗涤2~3次,直至上清液不再混浊为止。

消化:将0.25%胰蛋白用碳酸氢钠调至pH7.6~7.8,然后加入鸡胚碎块(鸡胚和胰酶用量比为1:4左右),置于37℃水浴锅内加温,每5分钟振动1次,直至组织块不易下沉具有黏稠现象为止,一般约20分钟。消化后取出静置1~2分钟,吸去胰酶液,加入Hank's液轻摇,用吸管吹吸6~7次,使细胞分散,静置1~2分钟,待组织块下沉后,小心地将细胞悬液吸出置另一瓶内,如此反复数次,使细胞尽量从组织块上脱落下来。将各次所得的细胞悬液合并在一起。

细胞计数:将细胞悬液振匀,吸出少量滴入血球计数板上,按白细胞计数法,计算四角大方格内完整细胞的总数。

分装:根据细胞总数,用营养液配成50万~70万个/毫升细胞的悬液,装入培养瓶内。青霉素小瓶,每瓶1毫升,小方瓶每瓶5毫升,瓶口用橡皮塞塞紧,不得漏气。将培养瓶卧置于培养盘中,勿使营养液触及瓶塞,置37℃培养24~48小时,可长成单层细胞。

②病毒的接种与鉴定

接种病毒:长成的单层细胞即可接种病毒,待检病料预先应无菌处理,接种时先倾去原来的培养液,加入待检病料,病料以原倍和10倍稀释,每个稀释度接种2~3个细胞培养瓶,接种量以能盖住细胞层为度。置37℃作用30分钟,使病毒充分吸附于细胞表面。取出后倒弃病毒液,加上和原来液体相同量的维持液,置培养箱内培养,每天观察细胞病变。

鉴定病毒:判定病毒是否增殖的方法有观察细胞病变、电子显微镜观察、红细胞吸附、病毒间的干扰现象及抗原性测定。

细胞病变是病毒增殖常用的识别指征,不同的病毒产生细胞病变(CPE)所需时间不同,快者接种后24~48小时开始出现CPE,慢者需数周后才出现CPE,有的病毒产生CPE不明显,甚至不出现 CPE；电子显微镜观察是一种快速有效的方法，在电镜下可看到病毒粒子，且可根据病毒形态，初步确定为哪一种病毒科（属）；红细胞吸附是感染正副病毒及被盖病毒的细胞，具有吸附红细胞的特性，当空白对照细胞不吸附红细胞，而接种病毒吸附红细胞时，说明有病毒增殖；病毒间的干扰是一种病毒在一种细胞中增殖后，常能抑制随后另一种病毒的增殖，称为干扰现象，这种方法可用于识别不产生 CPE 的隐性病毒感染；抗原性测定是在培养细胞中如有病毒增殖，其培养物中含有特异性的病毒抗原，应用相应血清学方法可检测到这些抗原，以此既可判定有无病毒增殖，又可识别病毒种类。测定病毒的方法常用补体结合试验，沉淀反应以及荧光抗体和酶标抗体方法。

(三)血清学诊断

血清学诊断是建立在抗原与相应抗体发生可见反应这一原理的基础上，有的反应是不可见状态，可应用补体、溶血以及荧光素、酶和同位素标记等指示系统，使其成为可见或可测状态。血清学方法具有严格的特异性和较高的敏感性，在传染病的诊断、病原微生物的分类和鉴定以及抗原分析等方面，均具有广泛的应用。用已知的抗体，可以对分离获得的病原微生物予以鉴定。相反，通过已知的抗原对康复家畜、隐性感染家畜以及接种疫苗后的家畜的抗体加以定性或定量测定。血清学检查方法有很多，本书仅对畜病诊断中常用方法做较为详细的介绍，其余概要论述。

1. 直接凝集试验

细菌、红血球等颗粒性抗原与相应的抗体在电解质参与下，发生反应相互凝集形成团块，这种现象称凝集反应。参与反应的抗体叫凝集素、抗原称为凝集原。按试验方法分试管法、玻片法、玻板法及微量凝集法等。

(1)玻片凝集反应:玻片凝集反应又称快速凝集反应,为一种定性试验。在流行病学调查中较为常用,现以此例说明其操作方法。

先用滴管吸取诊断液1滴(约0.05毫升)滴在洁净的玻片或普通厚玻璃上。刺破猪耳或翅静脉采血1滴(约0.04毫升),将二液混匀,可用牙签搅拌均匀,或微微摇动玻板,时时变动玻板水平位置,使抗原与血液充分混合。阳性反应,在1~3分钟内细菌和红细胞从混合液滴的边缘开始逐渐凝集成较大的颗粒或呈片状、团块状,将红细胞凝集成许多小区,余下透明的液体,外观呈花斑状。如果在2~3分钟之内不出现凝集现象,则为阴性反应,此时可见玻板上的混合液保持原来的状态,或是中间部分较浓,四周为较稀薄的混悬物。反应需在没有风沙处,气温在20~30℃。冬季可在玻板下装一只25瓦左右的灯泡加热玻板,或在玻板下通电。

此外,还可用血清快速凝集反应,其操作方法是在一块置于加温设施上衬有黑色底板的载玻片上,滴一滴血清或相当凝集价的稀释血清,并与细菌混悬液均匀混合,如为阳性反应,则细菌于几分钟之内凝集成块;如为阴性反应,则液体保持一致混浊的红色。

(2)试管凝集试验:为一种定量试验,常用于检测待检血清中的相应抗体及其效价,协助临床诊断及流行病学调查。操作时,将待检血清用生理盐水做倍比稀释,加入等量已知抗原,置于37℃水浴锅内数小时观察,并以-(不凝集)、+(25%凝集)、+++(75%凝集)、++++(100%凝集)表示凝集情况。以其++以上的血清最高稀释度为该血清的凝集价。

(3)玻板凝集试验:在洁净的玻片上,按试验要求划成数个小方格,用生理盐水倍比稀释血清,加入抗原,用牙签或火柴杆自血清稀释度最高的格依次向前搅拌混合,混合后用酒精灯稍微加温,使其达30℃左右,5~8分钟后判定结果,判定方法与试管凝集法相同。

(4)微量凝集试验:其方法与试管凝集试验基本类同,只是在微量反应板上进行,抗原、抗体用量很少,故称微量凝集试验。选用U型或V型微量反应板,用稀释棒将待检血清在反应板上作系列稀释,随后滴入抗原,振荡混合后,置37℃温箱4小时或室温静置4~8小时,判定结果。判定方法与试管凝集法相同。

2. 间接凝集试验

将可溶性抗原(或抗体)吸附于与免疫无关的小颗粒(载体)的表面,此吸附抗原(或抗体)的载体颗粒与相应的抗体(或抗原)结合,在有电解质存在的适宜条件下发生凝集现象,称此为间接凝集试验,亦称为被动凝集试验。常用的载体有动物红细胞,聚苯乙烯乳胶乃至细胞和活性炭等。吸附原抗原的颗粒称为致敏颗粒。

(1)乳胶凝集试验:利用聚苯乙烯乳胶的微球作为载体,吸附抗原(或抗体),用以检测相应的抗体(或抗原),称为乳胶凝集试验。

乳胶凝集试验有玻片法和试管法等。玻片法最好选用黑色玻片,因乳胶为乳白色。取待检血清(或抗原)和致敏乳胶各1滴,混匀,阳性者在5分钟内即出现凝集反应,但在20分钟时需要再观察一次,以免遗漏弱阳性。试管法是将待检血清(或抗原)做系列倍比稀释,后用1000克的离心力,低速离心3分钟(或室温放置24小时)观察结果,根据上述的澄清程度和沉淀颗粒多少,判定凝集程度。

(2)间接血凝试验:间接血凝试验是以红细胞为载体,将抗体(或抗原)吸附红细胞表面,用来检测微量的抗原(或抗体),吸附有抗体(或抗原)的红细胞称致敏红细胞。用抗体的致敏红细胞检测相应抗原的间接血凝试验,称反向间接血凝试验。

间接血凝目前多采用微量法,可选用U型或V型血凝板,将待检血清在血凝板上用稀释或定量移液管作倍比稀释,加等量致敏红细胞悬液,振荡混匀后,置室温2小时观察结果。以出现50%凝集的血清最大稀释度为该血清的血凝价。试验应设以下对照:①致敏红细胞加稀释液的空白对照;②已知阳性血清对照;③已知阴性血清对照。

反向间接血凝试验的方法与间接血凝相同只是用抗体的致敏红细胞检测抗原。试验应设如下对照:①抗体致敏红细胞加稀释液的空白对照;②已知阳性抗原对照;③正常IgG致敏红细胞加阳性抗原对照;④正常IgG致敏红细胞加待检抗原对照;⑤加已知抗原的抑制试验对照。

间接血凝抑制试验是用抗原致敏的红细胞和已知血清检测未知抗原,其原理与方法可参阅新城疫血凝与血凝抑制试验一节。

3. 血凝与血凝抑制试验

有许多病毒能够凝集某些动物和人的红细胞,而这种血凝作用可被特异性抗体所抑制。因此,可应用标准病毒悬液测定血清中的相应抗体或应用特异性抗体鉴定新分离的病毒。血凝与血凝抑制试验是诊断的重要手段,现以此为例介绍血凝与血凝抑制试验的基本方法。

(1)微量血凝试验:采用96孔V型微量板。待测抗原自1:10开始倍比稀释,每孔加入抗原0.05毫升,最后一孔不加抗原作对照。再吸取0.5%红细胞悬液依次加入各孔,每孔0.05毫升,置微型混合器上振荡1分钟或用手轻轻振荡血凝板,使血球和抗原充分混合。然后置室温(18~20℃)下30~40分钟,根据血球沉降图型判定结果,以出现完全凝集的抗原最大稀释度为该抗原血凝滴度。

出现血凝的微量板孔红血球会均匀分布于孔底周围。完全不出现血凝的则红血球全都集中于微量孔的最低点。不完全凝集的形态介于两者之间。此法主要用于检测抗原的效价。

(2)微量血凝抑制试验：采用固定抗原稀释法(即β法)。抗原用4个血凝单位的血凝价或按抗原说明书说明的血凝价稀释至一定浓度。血清直接在抗原中作倍比稀释。操作时先取4单位抗原依次加入2～11孔，最后孔滴加生理盐水。第一孔加抗原为8单位血凝价，然后用稀释器吸取待检血清0.05毫升于最后孔中(血清对照)，混合后吸取0.05毫升于第一孔，弃去0.05毫升，依次倍比稀释，则各孔均为4单位，置室温(18～20℃)下作用20分钟，再用稀释器滴加0.5%红血球悬液于各孔中，振荡混合后静置30～40分钟，判断结果。以完全抑制凝集的血清最大稀释度为该血清的血凝抑制(HI)滴度。通常以2为底的负对数($-\log 2$)表示，其HI滴度恰于板上出现完全抑制的最高孔数一致。如第6孔完全抑制则其HI价为6，此即为血清的HI价。

4. 沉淀试验

可溶性抗原与相应抗体结合，在有电解质存在时可形成肉眼可见的白色沉淀物，这个过程称为沉淀反应。参与沉淀反应的抗原称为沉淀原，抗体称为沉淀素。沉淀反应有液相和固相之分。液相沉淀反应中以环状沉淀反应最常用，固相沉淀反应主要有琼脂扩散试验，琼脂扩散试验与电泳技术相结合，又发展成免疫电泳技术。

(1)环状沉淀反应：是将沉淀素血清与相应的沉淀原在小反应管中重叠在一起，在两液面的交界处出现一层灰白色沉淀物。方法是将已知沉淀素血清用毛细管吸取，徐徐加入斜置的沉淀反应管内，然后用另一支毛细管吸取待检沉淀素，沿管壁缓慢注入到沉淀素血清上，随即将反应管直立，于1～5分钟观察。如于两液面交界处出现清晰、白色沉淀者为阳性反应。

(2)琼脂扩散反应：将抗原和抗体在含有电解质的琼脂凝块中扩散相遇，抗原抗体结合形成肉眼可见的沉淀线，称此为琼脂扩散反应。琼脂为一种含硫酸基的多糖体,高温时能溶于水,冷却后凝固形成凝胶。琼脂凝胶呈多孔结构,孔内充满水,其孔径大小决定于琼脂浓度,1%琼脂凝胶的孔径为85毫米,因此允许各种抗原或抗体在琼脂凝胶中自由扩散。当抗原和抗体相遇,且比例适当时,就会形成一条沉淀线。一对抗原和抗体只能形成一条沉淀线,故可用琼脂扩散反应鉴定抗原或抗体以及效价。

琼脂扩散试验分单相扩散和双相扩散两个基本类型。将抗原或抗体一方混于琼脂凝胶中,另一方直接接触和扩散于其中,称为单相扩散;使抗原和抗体同时在琼脂凝胶中扩散,称为双相扩散。

①琼脂双相扩散试验:称取0.6~1.0克琼脂、8克氯化钠加入pH7.4的0.01摩尔PBS液(磷酸盐缓冲液)至100毫升,在水浴中充分煮沸融化,加入0.01%硫柳汞,倒入直径85毫米的平皿,每个加入18~20毫升,待凝固后用外径为4毫米的打孔器,按六角形图案打孔,中心孔与周围孔的孔距为3毫米,将孔中的琼脂用6~8号针头插入,轻轻向上挑出。中间孔滴加抗原,周围孔滴加待检血清与阳性对照血清,加样完毕后放入38℃温箱保持一定湿度,经24~48小时培养后观察结果。抗原与抗体出现特异性沉淀线者判定为阳性,否则为阴性。

②琼脂单相扩散试验:将用0.01摩尔、pH7.4磷酸盐缓冲液配成的2%琼脂融化,吸取2.5毫升保持在60℃的水浴箱中;吸取标准阳性血清0.5毫升,加入0.01摩尔、pH7.4磷酸盐缓冲液2毫升,混合后预热至60℃,加入上述①2%琼脂中,混匀;吸取上述混合琼脂液4.5毫升,滴加在洁净的载玻片上,制成含有10%阳性血清的琼脂,冷凝后在琼脂板两侧打一个直径为4毫米的孔;用毛细管吸取待检抗原,加入孔中,加满为止;将琼脂板放入有湿纱布的带盖瓷盘内,置22~26℃ 3天,每天观察一次,用卡尺测量沉淀环大小;沉淀的直径(毫米)就是待检抗原的滴度。

(3)对流免疫电泳:由于抗原与抗体的等电点不同,在pH偏碱的环境中,抗原带负电荷,电泳时向正极移动,抗体带电荷弱,在电泳时由于电位差作用,向负极泳动。将抗体置于正极,抗原置于负极,电泳时,抗原抗体相向移动,并相遇形成沉淀线。由于抗原抗体的定向移动,不仅缩短了反应出现的时间,而且由于抗原和抗体的局部浓度增高,从而提高了反应敏感性。试验时,在琼脂凝胶板上打孔,孔径3毫米,孔距5毫米,一块6厘米×9厘米的玻板可打40孔,一张载玻片可打几个孔,同时检测多个样品。挑去孔内琼脂后,将抗原加入负极一侧孔内,抗体加入正极侧孔内。然后以电压4~6伏/厘米,电流3毫安/厘米宽度电场下电泳30~90分钟,观察结果。如沉淀线不清晰,可置37℃温箱数小时,增加清晰度。

5. 红细胞吸附和红细胞吸附抑制试验

该试验又称血球吸附和血球吸附抑制试验。某些病毒如正黏病毒、副黏病毒和痘病毒等,在培养的细胞内增殖后,可使培养的细胞吸附某些动物的红细胞,而且只有已感染细胞的表面吸附红细胞,不感染的细胞不吸附红细胞,因此,可以作为这些病毒增殖的指征。红细胞吸附现象也可被特异抗血清所抑制,故在病毒鉴定,尤其是对某些不产生细胞病变的病,常是一个较好的快速鉴定方法。

细胞经培养长成单层后,按常规接种病毒,经一定时间培养(随病毒种类而异),倾弃培养液,加入0.4%~0.5%已洗涤的红细胞悬液,室温下置10~15分钟(某些病毒置4℃或37℃),然后加入少量生理盐水,轻轻晃动洗涤,倒去吸附的红细胞,置低倍镜下观察。如红细胞黏附于单层细胞中的感染细胞表面,则为阳性。病毒大量增殖时,可使整个单层细胞粘满红细胞。进行抑制试验时,用Hank's液病毒接种培养后的培养液洗涤2次,然后加入1∶10稀释的抗血清,室温或37℃ 30分钟后,倾弃血清,加入红细胞悬液,如上进行红细胞吸附试验,镜检红细胞吸附强度,与对照相比,经完全抑制为阳性。

6. 补体结合试验

蛋白质、多糖、类脂质、病毒等,与相应抗体结合后,其抗原抗体复合可结合补体,但这一反应肉眼无法观察,如再加入溶血系统,通过观察是否出现溶血,来判断反应系统是否存在相应的抗原抗体,参与补体结合的抗体称为补体结合抗体。

补体结合试验包括两个反应系统:一为检验系统(溶菌系统),即已知的抗原(或抗体)和补体。另一为指示系统(溶血系统),包括红细胞、溶血素和补体。抗原与抗血清在试管内混合后,如二者是对应的,则发生特异性结合形成抗原抗体复合物,这时加补体,补体就与抗原抗体复合物结合而被固定,不再游离存在,当再加入溶血系统时,由于无游离的补体,不发生溶血现象。如果抗原抗体不对应或根本无抗体存在,则不能形成抗原抗体复合物,加入补体后,补体不被结合而固定,仍呈游离状态,加入溶血系统后,由于有游离补体存在,因而发生溶血现象。

7. 中和试验

病毒与相应的中和抗体结合后,可使病毒丧失感染力。中和反应不仅具有高度的种、型特异性,而且一定量的病毒必须有相应的中和抗体才能被中和。因此,中和试验不仅可用于病毒种类鉴定,还可用于中和抗体的效价滴定。

(1)常规中和试验

①毒价的滴定:过去衡量毒力或毒价单位多用最小致死量(MLD),但最小致死量不十分正确,现多采用半数致死量(LD_{50})作为毒价测定的终点。但病毒对实验动物的致病作用并不都以死亡为标志,如以感染发病作为指标,可用半数感染量(ID_{50});以体温反应作为指标者,可用半数反应量(RD_{50});用鸡胚测定时,则以

鸡胚半数致死量(ELD_{50})或鸡胚半数感染量(EID_{50})作为毒价单位；在细胞培养上测定时，用组织半数感染量($TCID_{50}$)；测定疫苗免疫性能时，则可用半数免疫量(IMD_{50})或半数保护量(PD_{50})。

半数剂量测定时，通常将病毒液进行10倍系列稀释，然后接种试验动物或培养细胞、鸡胚，每个稀释度接种3~6只。接种后，观察一定时间内的死亡数，出现细胞病变数或生存数。然后计算半数剂量。一般用Reed和Mench法计算半数剂量，现举例说明如下(表3-1)。

表3-1 病毒毒价滴定表(接种量0.1毫升)

病毒稀释	观察结果			累计结果			
	CPE数	无CPE数	%	CPE	无CPE数	CPE率	%
10^{-4}	6	0	100	13	0	13/13	100
10^{-5}	5	1	83	7	1	7/8	88
10^{-6}	2	4	33	2	5	2/7	29
10^{-7}	0	6	0	0	11	0/11	0

②中和试验：分两种方法。一是固定病毒稀释血清法，并以50%组织培养细胞或实验动物不致发生细胞病变或死亡的血清最高稀释度为该血清的中和效价。二是固定血清稀释病毒法，正常血清(作对照)和待检血清同时进行测定，并以这两份血清的中和效价的对数之差作为待检血清的中和指数。

病毒经毒价滴定后，稀释成200个$TCID_{50}$或LD_{50}，然后加入等量的不同稀释倍数的血清(一般作2×或10×系列稀释)，37℃水浴反应1~2小时，对照敏感的病毒可置40℃冰箱内反应。反应后接种培养细胞和动物，置于适当条件下，待充分出现感染效应，观察记录结果，计算按Reed和Mench法，与$TCID_{50}$相同，计算公式为:高于50%血清稀释度的对数－距离比×稀释系数的对数,然后将所得值换算成对数,即为该血清的效价。

固定血清稀稀病毒法,以中和指数来表示,计算时先计算出病毒加对照血清和未知血清的 $TCID_{50}$ 或 LD_{50},其差数的反对数就是被检血清的中和指数。

(2)蚀斑减数试验:将病毒作系列稀释,后将上述病毒与不同稀释度正常血清以及病毒与不同稀释度的待检血清混合物,经37℃感染1～2小时后,接种到单层细胞,随后覆盖营养琼脂,分别进行蚀斑计数,以试验组的蚀斑比对照组减少50%左右的血清的最高稀释度为该血清蚀斑减数试验效价。

一个比较简单的方法,先测定病毒在细胞培养上的蚀斑形成单位(PFU)。将病毒稀释成含200个PFU,加入等量不同稀释度的待检血清,使接种量约含100个PFU。另用同样稀释度的病毒,加等量如上述稀释的对照血清,分别置于37℃感作1～2小时后,接种单层细胞,并做蚀斑计数。与对照血清相比,能使蚀斑数减少50%的血清稀释度,就是该血清的蚀斑减数试验效价。

8. 免疫标记技术

利用某些能够通过某种特殊理化因素易于检测的物质标记抗体,这些被标记的抗体与相应抗原相结合,通过标记物的检测,从而确定抗原的存在部位,此即免疫标记技术。标记技术目前广泛应用于免疫荧光技术、同位素标记技术(即放射免疫沉淀)和免疫酶技术等,前者主要用于抗原定位,后两者不仅可以用于定性、定量,还可以用于定位。

(1)荧光抗体技术:一种物质当受到短波光线(如紫外线)激发后,能放出波长比激发光长的可见光,此种光称为荧光。染料经激发后放出荧光者称为荧光染料(荧光素)。将荧光染料连接到提纯的抗体分子上,此种抗体称为荧光抗体。荧光抗体与相应的抗原结合后,就形成带有荧光的抗原抗体复合物,可在荧光显微镜下检测,常用的荧光染料有异硫氰酸荧光黄和异硫氰酸罗丹明 B 等。荧光抗体技术主要有直接法、间接法和抗体补体法三种。

①直接法:将标记的荧光抗体,直接加于抗原标本,在一定条件下染色后,水洗以除去未参加反应的多余荧光抗体,室温干燥后封片,置荧光显微镜下检查。

②间接法:先制备荧光标记的抗体(第二抗体)。如检测未知抗原,再加未标记的特异抗体(第一抗体)于抗原标本上,37℃下30~60分钟,使抗原抗体反应,用水洗除去未反应的抗体,再加荧光标记的抗体,37℃下 30~60 分钟,洗涤,封片后镜检。如检测未知抗体,则抗原标本为已知的,待检血清为第一抗体,其他步骤和抗原检相同。间接法只需制备一种荧光抗体,即可用于多种抗原的检测。荧光亮度亦比直接法明亮,但由于因素增加,非特异性染色亦相应增多。

葡萄球菌 A 蛋白(SPA)是大多数金黄色葡萄球菌细胞壁上的一种蛋白成分,它可以和人及多种哺乳动物 IgG 的 Fc 结合,而不影响抗体分子的免疫特性,即仍能与相应抗体发生结合反应。如用荧光素标记 SPA,则可以代替抗体,这样不仅不受第一抗体种属的限制,而且亦简化了操作步骤。

③抗补体法:用荧光素标记抗补体抗体。当相应的抗原抗体复合物与补体结合后,再加入抗补体抗体染色,使之形成抗原-抗体-补体-抗补体抗体复合物。本方法只需制备一种抗补体抗体,即可用于各种抗原系统的检测。但由于参与反应的成分较多,制备特异性抗补体荧光抗体较困难,染色程序复杂,非特异性亦较强。

(2)同位素标记技术(放射免疫测定):由于许多抗原物质和抗体均可用放射性同位素^{131}I 和^{125}I 等进行标记,这种标记的抗原或抗体仍保持与相应抗体或抗原发生特异结合的能力,从而可以进行抗原或抗体的定位或定量检测。放射免疫测定敏感性很高,可达纳克乃至皮克水平,但由于需要特殊的实验设备和防备条件,且放射性同位素有一定的半衰期,标记物必须在半衰期内用完,故实际应用受到一定的限制。

放射免疫测定包括待检抗原,相应的标记抗原和特异性抗体三个主要成分。由标记抗原(Ag^*)与未标记(Ag)竞争地与特异性抗体(Ab)相结合,形成标记的抗原-抗体复合物(Ag^*-Ab)和未标记的抗原-抗体复合物(Ag-Ab)。当 Ag^* 和 Ab 的数量保持恒定,且 Ag^* 与 Ag 的相加量超过 Ab 上有效结合点的数目,则 Ag 与 Ag^*-Ab 之间存在函数关系,即 Ag 量增多时,则 Ag-Ab 的生成量增多,而 Ag^*-Ab 的生成量减少。将 Ag^*-Ab、Ag-Ab 复合物(以 B 表示)与游离的 Ag^*、Ag(以 F 表示)分离,测定 B 和 F 的放射活性,计算出 B/F 或 B/(B+F)值,由标准曲线和竞争标准曲线查出待检标本 Ag 的量。

(3)免疫酶技术:将酶通过化学方法与抗体(或抗原)结合,标记后的抗体(或抗原)仍具有与相应抗原(或抗体)相结合的免疫学活性以及酶的催化活性,与相应抗原(或抗体)结合后,形成抗原-抗体-酶复合物,复合物中的酶遇到相应的底物时,催化底物分解,生成有色物质。有色物质的形成,说明了酶的存在,根据有色物的有无及其浓度,可以推断被检抗原或抗体是否存在及其含量,以达到定性和定量的目的。由于酶具有极强的催化能力,只要极少量的酶就能使底物发生化学转化,从而使免疫酶技术具有极高的敏感性。免疫酶技术按其方法不同可分为免疫酶染色法和免疫酶测定法两种。

①免疫酶染色法:与荧光抗体法相同,只是以酶代替荧光素作为标记物,并以产生有色物作为指示标志。可分为直接法和间接法两种。

直接法是应用酶标记抗体,直接检测抗原。将含有抗原的组织和细胞标本固定并消除其中的内源性酶后,应用本酶标记抗体直接处理,滴加底物显色,进行镜检。

间接法是将含有抗原的组织或细胞标本,先用特异性抗体处理,充分洗涤后,再用酶标记的抗体处理,使其形成抗原-抗体-酶标记抗体复合物,最后滴加底物显色,镜检。亦可应用 SPA 代替抗体,制备酶标记物。

②免疫酶测定法:免疫酶测定法分固相与液相两类。液相免疫酶测定法不需要将游离的和结合的酶标记物分离,也不需要载体,直接从溶液中测定结果。将含有小分子半抗原的样品,酶标半抗原及相应抗体混合感作,随后测定酶活性。如样品中没有半抗原,则酶标半抗原与抗体结合,酶活性受抑制。如样品中有半抗原,则半抗原与抗体结合,而未与抗体结合的酶标记半抗原仍具催化活性,催化底物,出现颜色反应。主要用于激素、抗生素等小分子半抗原的检测。

固相免疫测定法需利用载体,以化学或物理的方法将抗原或抗体连接于载体上,形成免疫吸附,然后进行免疫酶测定,因此很容易将免疫复合物与游离成分分离。

Ⅰ.酶联免疫吸附试验:是以物理吸附法制定免疫吸附剂,包括间接法、双抗体夹心法和竞争法等。

间接法:将已知抗原吸附于载体,孵育后洗去未吸附的抗原,加入待检血清,感作后洗涤以去除未结合的物质,加入酶标记抗体,感作后洗涤,加入酶底物,出现颜色变化。根据颜色变化速度与程序,推算出抗体量。

双抗体夹心法:为检测抗原的方法。将特异性抗体吸附于载体表面,加入含有抗原的待检样品,使其与载体表面的表面抗原结合,洗去多余抗原,再加入酶标记的特异性抗体,感作后洗涤,加入酶底物显色,颜色改变与被测样品中的抗原量成正相关。

竞争法:利用未标记抗原和酶标记抗原共同竞争有限抗体的

原理,测定样品中的抗原含量。将抗体吸附于载体表面,孵育后洗涤,加入待检抗原样品和酶标记抗原(亦可先加待检样品,稍后加酶标记抗原)。对照只加酶标记抗原。感作后洗涤,加入底物溶液。仅含有酶标记抗原的对照出现颜色反应。而在待检系统,由于样品中抗原的竞争,相互抑制了颜色反应。待检抗原含量高时,对抗体的竞争力强,形成的不带酶的抗原-抗体复合物量亦多,带酶复合物的量相对减少,显色反应时颜色相对较浅。反之,待检抗原含量低,对抗体竞争力弱,形成的不带酶复合物量少,而带酶复合物量相对增多,显色反应时颜色相对较深。由此对待检抗原进行定时检测。

Ⅱ. 特定抗原基质球法:本法应用溴化氰活化的琼脂糖珠作为载体,将抗原结合其上,制成免疫吸附剂,再以这种免疫吸附剂检测抗体。基质球法亦可应用已知抗体制抗体吸附珠,用以检测相应的抗原。

(四)分子生物学诊断

分子生物学诊断技术是20世纪70~80年代发展起来的诊断方法,具有特异性强、敏感性和快速等优点。用于疫病诊断的分子生物学方法主要有快速斑点免疫结合试验、聚合酶链式反应、核酸探针技术、限制性内切酶片段长度多态性分析、序列分析。

具体方法请查阅其他相关资料。

二、寄生虫病诊断

1. 蠕虫的常规检验

(1)虫体检查法:肉眼观察粪便中有无虫体。将被检粪便加入10倍以上的清水,混匀沉淀,倒去上清液,反复数次,肉眼或放大镜在粪便中查找虫体,凭积累的经验或借助显微镜鉴别。

(2)幼虫检查:有些线虫随粪便直接排出幼虫,有些是蠕虫卵在外界环境中很快孵化出幼虫。对皮类寄生虫的诊断可采用以下方法。

①漏斗幼虫分离法:取直肠内容物或新鲜粪便,平铺于直径2~4厘米的漏斗内的筛上,漏斗下连接一根长约5~15厘米的橡皮管,橡皮管末端接一根小试管。在漏斗内加入38℃的清洁温水使液面与筛相接触,室温中放置1~2小时,新孵出的活泼幼虫沉于小试管底,弃上清液,将沉淀物置于载玻片镜检,可见活动的幼虫。

②平皿幼虫分离法:取待检粪便3~4克,置于平皿或表面玻璃中,加适量40℃温水,等5~10分钟后除去粪渣,用低倍镜检查平皿中的液体,观察有无活动的幼虫存在。

③幼虫培养检查法:圆形目的线虫虫卵,在形态结构及大小上相似,镜检往往难鉴别,为了确诊,常将幼虫经过培养,待发育成感染性幼虫后观测之。方法是将新鲜粪便塑成半球形置于平皿中,在25~30℃温度下(室内或温箱中,按情况每天加少量水)经几天,用漏斗幼虫分离法处理,查有无活动的幼虫。

(3)虫卵检查法

①涂片法:取50%甘油水溶液一滴置于载玻片上,然后用小玻棒或小柴梗取粪便一小块,与上述溶液混合,将较粗的粪渣推向一边后,均匀涂布,盖上盖玻片,即可镜检。如无甘油水溶液亦可用常水替代。本法简单,检出率不高,需反复检查才能证实。

②沉淀法:利用比重低于虫卵的水处理被检粪便,使虫卵沉淀集中。

自然沉淀法:取粪便2~5克,加水彻底混合使成悬液,用40~60目/英寸的铜丝筛滤取大块物质,静止15分钟后倾去上清液,如此反复直至上清液透明为止,弃去上清液,置沉淀物于载玻片,盖上盖玻片,镜检虫卵。

离心沉淀法:取粪便约 1 克置试管中,加入 5 倍量的水使其成混悬液,用 40 目/英寸的铜丝筛过滤入离心管中,以 800 转/分离心 3~4 分钟,吸取管底沉渣或小心弃去上清液,置沉渣于载玻片上,盖上盖玻片,镜检虫卵。

③漂浮法:采用比重大的溶液稀释粪便,使粪便中比重较小的虫卵漂浮集中到溶液的表面,再用显微镜检查。方法有如下几种:

饱和盐水漂浮法:先配制食盐饱和溶液,在 1000 毫升沸水中,加约 360~380 克食盐,使溶解,以纱布过滤冷却后,如有结晶析出,即为饱和溶液。取粪便数克,置于小杯或试管中,加少量饱和盐水,仔细搅和,并逐渐加入饱和盐水,当溶液满至边际时,立即用筷子除去漂浮的大块粪便,然后静置半小时,此时比饱和盐水比重轻的蠕虫卵大多浮在表面,用铂金耳或金属小环在液体表面蘸取液膜数次,抖落在载玻片上,盖上盖玻片,进行镜检。蘸取液膜用的金属小环用后应在火焰上烧灼,以免把蠕虫卵带到下一份材料中去。本法亦可将混合的粪液注满顶立的小试管中,在试管口盖上盖玻片,使与液面相接触,并使之不留气泡。静置 40~45 分钟,将盖玻片迅速取下,覆于载玻片上镜检。

硫酸镁饱和溶液:在 1000 毫升水中溶解 920 克硫酸镁。

硫代硫酸钠饱和溶液:在 1000 毫升水中溶解 1750 克硫代硫酸钠,溶液保存在不低于 15℃温度中。

筛滤法:本法是将粪便先制成悬液,使通过不同孔径的筛,先经过粗筛将粪便中较粗的渣滓(如食物纤维等)保留在筛上,而将虫卵和较细粪便保留于滤液中。再将此滤液通过极细的尼龙筛,将虫卵保留于尼龙筛上,而更细的粪渣和可溶性色素均随滤液通过。将尼龙筛上的内容物取出,进行镜检。一般粗滤可采用 40~60 目/英寸的铜丝筛,细筛可用 260 目/英寸的尼龙筛。此法多用于大型及中型虫卵的检查。

(4)蠕虫虫体的染色与鉴定

①吸虫:将收集所得的吸虫放置在盛有生理盐水的小瓶中,活的虫体可在生理盐水中放置一定时间,使其将内容物吐出,并轻摇小瓶,洗去虫体表面的黏液。这种虫体是半透明状,将其平铺于载玻片上,镜检观察,其内部构造隐约可见。但未经染色,虫体结构并不十分清晰,且其虫体不能保存。如欲保存,可将洗净后的虫体放入20%酒精或5%~10%的福尔马林溶液中。如欲制成染色装片标本,由虫体在固定前平铺于载玻片上,上覆盖另一载玻片,并用橡皮筋缚紧,使虫体平展,为防止虫体被过分压扁而破裂,可在玻片两端垫以适当厚度的纸片,而后放入上述固定液中,1~2天后取出,分开玻片,取出虫体,仍浸于原来的固定液中,以备染色制成装片。常用的染色装片法有以下两种。

苏木紫染色装片法:将存于福尔马林固定液中的虫体取出,在流水中冲洗,尽可能将福尔马林冲净。如虫体存于70%酒精中,则需将虫体先移入60%和30%酒精中各0.5~1小时,视虫体大小而定,大的虫体需时较长,最后移入蒸馏水中。将德氏苏木紫染液用水稀释10~15倍,使呈葡萄酒色。经上述处理过的虫体移至稀释后的染液中,放置过夜,直至虫体内部各器官均已被深染为止。将虫体移入酸酒精(将30%酒精100毫升加入盐酸1~2毫升制成),至虫体褐色或淡红色。再于弱碱中复色,至虫体恢复到淡紫色(一般自来水或井水均呈弱碱性,即可用;亦可用蒸馏水加数滴氨水使呈弱碱性)。水洗虫体后顺序通过30%、60%、80%、90%、95%各种浓度的酒精各0.5~1小时,而后移入100%酒精中半小时使完全脱水,最后放入二甲苯中使虫体透明,待透明后立即装片。一般在二甲苯中时间不超过半小时,将完全透明的虫体,置于载玻片上,滴加树胶,盖上盖玻片即成。如树胶过于干硬,可加入二甲苯调成饴糖状。

盐酸卡红染色装片法:将存于福尔马林中的标本取出,在流水中冲洗,洗去福尔马林,后依次经30%、50%和70%酒精中各0.5~1小时,保存于70%酒精中的标本,无需处理即可染色。将上述标本移入盐酸卡红染液内2~8小时,然后在酸酒精中成褐色。用70%酒精冲洗虫体,除去余酸。依次在80%、95%和100%酒精中各30分钟,再移入二甲苯中30分钟透明后,置载玻片上,滴加树胶,覆以盖玻片封固。

②绦虫:绦虫的收集和保存与吸虫基本相同,但收集绦虫必须注意保持头节的完整,因为头节是鉴定绦虫的主要依据之一,而头节相对在整个虫体来说比较细小,易于散失。对于大型虫体,其体节可达数百节,若做染色装片标本,只能选其中一段成熟体节或孕卵体节作为制作标本之用。绦虫节片染色装片标本的制作与吸虫相同,但头节无需染色,只要将头节固定于70%酒精中,而后依次经80%、95%和100%的酒精中各5~10分钟,使之脱水,再移入二甲苯中5~10分钟透明后,置于载玻片上,滴加树胶,覆以盖玻片封固。

③线虫:收集的线虫应置于生理盐水中,充分振荡以洗去附着的黏液,尤其是那些具有较大口囊的虫体更需要充分清洗,以除去口囊内的杂物,但对寄生于肺内组织内的线虫,因其比较脆弱,清洗时易于崩解,应很快加以固定。固定前,可立即置于显微镜下检查,这时虫体是透明的,内部结构清晰可见。线虫固定最后用70%酒精于烧杯中,为防止酒精挥发,使虫体变干,可加入10%的浓甘油,然后加热至底部有气泡升起(约80℃即可)。此外,亦可用福尔马林生理盐水(生理盐水90份加入福尔马林10份)固定虫体。固定后的虫体不透明,如欲观察内部结构,可加以透明,其透明方法有以下两种。

甘油透明法:将保存的虫体置于含有10%甘油的70%酒精的蒸发器内,置37℃温箱中,待酒精自然挥发后,虫体留于甘油中,虫体即已透明,可供检查。如欲快速检查虫体,可将上述蒸发皿水浴加温,促使酒精迅速挥发,而使虫体在短时间内达到透明的目的。以上经透明处理的虫体可长期保存于甘油中,随时可取出检查。

乳酸酚透明法:甘油 2 份、乳酸 1 份、石炭酸 1 份、水 1 份,混合即成乳酸酚透明液。先将线虫标本置于乳酸酚透明液 1 份和水 1 份的混合液中,半小时后移入纯乳酸酚透明液中,虫体很快透明,可供检查。检查后虫体应迅速放回原保存液中,否则虫体易于变黑。一般线虫不做染色装片标本,如有需要制法同吸虫。

(5)虫卵的保存:为了保存粪便中的蠕虫虫卵以利随时检查,可取粪便用沉淀法收集卵,将所得沉淀渣加入 60℃ 的福尔马林生理盐水中,再装入小瓶保存。

2. 原虫的常规检验

(1)血液检查:静脉采血,制成血涂片,然后用甲醇固定,用瑞氏、姬姆萨及伊红亚甲蓝等染色方法染色后镜检原虫。

(2)粪便检查:粪便中球虫卵囊的检查步骤与蠕虫卵的检查方法相同。如欲检查粪便中球虫卵囊的孢子形成过程及孢子化卵囊的形态,可将被检粪样放于平皿中,加入少量的水,最好加入 0.5% 重铬酸钾溶液,防止霉菌生长,于 18~25℃ 环境下,每天取粪样检查直至可见到卵囊已有孢子形成为止。如欲使卵囊保存在不发育状态,可在新鲜粪样中加入 5% 石炭酸溶液,以杀死其中卵囊,然后保存于玻璃瓶中。

(3)球虫直检:从病死畜的肠道病变部刮取米粒大小的肠黏膜,涂布于清洁的载玻片上,滴加生理盐水 1~2 滴,加盖玻片后在高倍镜暗视野下观察,可见大量球形像剥了皮的大蒜头似的裂殖体和蒜瓣形的裂殖体。另取少量肠黏膜做成薄的涂片,滴加甲醇液,待甲醇挥发后,用瑞氏染色 2 小时,然后在高倍镜下观察,可见裂殖体被染成浅紫色,裂殖子被染成深紫色,小配子体呈圆形紫红色,大配子体为圆形或椭圆形染成深蓝色。

3. 寄生虫病的血清学检验

寄生虫与病毒和细菌比较,因其个体大,抗原成分复杂,加上许多寄生虫在发育过程中发生各种逃避宿主免疫反应的能力,故其感染而产生的免疫力相对较弱。尽管如此,寄生虫对宿主机体来说是一种外界异物,机体对寄生虫必然存在或产生特异性和非特异性免疫。随着科学技术的发展,寄生虫病的血清学诊断技术应用将愈来愈广泛,现应用的有抗体沉淀反应、凝集反应、补体结合反应、血凝反应、间接血凝反应、荧光抗体、琼脂扩散反应以及对流免疫电泳等。

三、饲料营养成分的分析

对怀疑营养缺乏或代谢障碍的疫病,常常需要检测饲料中的营养成分,例如能量、蛋白质和氨基酸、维生素、矿物质和微量元素等的实际含量,再与相应的营养标准作比较,以确定营养缺乏的种类、缺乏程度和缺乏的时间,然后进行确诊。

四、毒物检验

对某些怀疑为中毒的疫病,可根据需要采取血液、粪便、胃肠内容物、空气、饲料和饮水等进行某些毒物的定性与定量分析,以确定毒物的种类和中毒程度。

五、预防和治疗试验

有时候虽然经过某些项目的检验,但仍未能对疫病做出确诊,或仍需等待较长的时间才有诊断结果,而生产上又需要做出必要的处理以减少损失;有时候,实验室的诊断结果还需要通过生产中的防治效果来进一步验证。此时,可以尽快在畜群中分组进行相应的防治试验,从预防或治疗效果对疾病做出诊断,或对已做出的诊断做进一步的验证。

六、其他检验

在疫病诊断过程中,必要时还可进行血常规、血液生化、酶活性、肝功能和肾功能等检验。

第四章　猪疫病的用药

兽药指用于预防、治疗、诊断畜禽等动物疾病,有目的地调节其生理机能并规定作用、用途、用法、用量的物质(含饲料药物添加剂)。

第一节　兽药的剂型与剂量

一、兽药的剂型

兽药有多种剂型,剂型通常有4种形态,即液态、气态、固体、半固体。

1. 液体剂型

(1)注射剂:也称针剂,是指由药物制成的供注入体内的药物溶液(水针或油针,如恩诺沙星注射液)、混悬液(如恩诺沙星混悬注射液)、输入液(如生理盐水)、乳浊液(如静脉注射的脂肪乳剂)或供临用前配成溶液或混悬液的无菌粉末(粉针剂,用前现溶,如硫酸链霉素)或浓缩液。可以从皮内、皮下、肌内或静脉等部位注射给药,是当前应用最为广泛的剂型之一。水针一般可直接供肌内、皮下、皮内或静脉注射用。混悬剂(药效长)仅供肌内和局部注射,不能做静脉注射。一般对热或水不稳定的药物常制成粉针剂,如青霉素、辅酶 A 等均需制成灭菌粉针剂,使用时可加适当的注射用溶媒,稀释成液体后再用。注射剂的优点是药效迅速、剂量准确、作用可靠、吸收快。不宜内服的药物,如青霉素、链霉素等也常制成注射剂。缺点是注射给药不方便,且注射时往往引起应激反应而不如内服制剂受欢迎。

(2)溶液剂:是将一种或几种药物溶解于适宜的溶媒(水、醇溶液、油溶液等)制成的可供内服或外用的溶液。有些药物不能以干粉状态保存,或必须在溶液状态下才能发挥作用,如聚维酮碘、液体二氧化氯、复方维生素 B 溶液、地克珠利溶液等,前两者为消毒药,后两者供饮水内服给药。内服溶液剂给药方便,生物利用度也较高,且不存在混合不均匀的问题,但其包装贮存及运输不方便,且有些药物制成溶液以后,稳定性下降。但有些药物目前的供应方式只能是溶液形式,如过氧化氢、氨水溶液。

(3)浇淋剂和喷滴剂:系杀虫药或驱虫药的透皮吸收药液,可沿动物背部浇泼或用专用器械按规定剂量体表喷滴,如盐酸左咪唑透皮剂。

(4)酊剂:是指用不同浓度乙醇浸制生药或溶解化学药物而制成的液体剂型,如龙胆酊、碘酊。

此外,液体剂型还有煎剂、擦剂、流浸膏、合剂等。

2. 气体剂型

以气体为分散介质,是指液体或固体药物利用雾化器喷出的微粒制剂,可供皮肤和腔道局部应用,或由呼吸道吸收后发挥全身作用,也可用作空间消毒、除臭和杀虫等。现常用的气雾剂是将药物和抛射剂共同装封于有阀门的耐压容器中,借抛射剂的压力将药物喷出的制剂,如硫酸链霉素气雾剂。气雾剂通过呼吸道吸入后经肺泡毛细血管迅速吸收,速率仅次于静脉注射。气雾剂使用方便,药物分布均匀,对创面可减小局部给药的机械刺激作用,剂量准确,起效快,是近年来用于气雾免疫及治疗呼吸道疾病等的新剂型。

3. 固体剂型

以固体为分散介质。

(1)散剂:将一种或多种药物粉碎后均匀混合而成的干燥粉末状剂型,供内服或外用,是广泛使用的一种药物剂型。药物经过研磨成粉末状,可掺和在饲料或溶于水中喂给动物,其特点是制法简单、在体内易分散、起效快、适于服用,不宜服用丸、片等剂型时可改服散剂。用于溃疡病、外伤流血等可起到保护黏膜、吸收分泌物及促进凝血的作用。散剂不含液体,故相对比较稳定。缺点是药物粉碎后表面积增大,故其气味、刺激性、吸湿性及化学活性等亦相应地增加。散剂具有较大的表面积、溶出速度快、便于贮藏、容易运输和使用方便,在畜牧业养殖和兽医临床上应用很广泛。

(2)可溶性粉剂:也称饮水剂,是由一种或几种药物与助溶剂、助悬剂等辅料组成的可溶性粉末,主要以混饮方式给药,使用时加水溶解或混悬,使药物分散均匀,供动物饮用,如硫氰酸红霉素可溶粉、盐酸环丙沙星可溶性粉、阿莫西林可溶性粉等。可溶粉同时具备于散剂和溶液剂的优点,但受药物溶解度及工艺要求的限制,一些药物不能制成可溶粉。

(3)预混剂:是指一种或几种药物与适宜的基质(如淀粉、麸皮、玉米芯粉、碳酸钙粉等)均匀混合制成供添加于饲料中用的药物饲料添加剂(如杆菌肽锌预混剂、莫能菌素预混剂等)。

(4)片剂:指一种或几种药物与适宜的辅料通过制剂技术制成的扁平或上下面略有凸起的圆片剂型或呈三角形、椭圆形片状的制剂,主要供内服,如土霉素片、维生素C片等。片剂剂量准确、质量稳定、服用方便,适宜于个体给药;缺点为某些片剂溶出速率及生物利用度差。

(5)颗粒剂:指药物与赋形剂混合制成的干燥小颗粒状物,如甲磺酸培氟沙星颗粒等,主要用于内服、混饮等。

4. 半固体剂型

(1)软膏剂:是将药物与适宜的基质混合,制成易于涂布的一种外用半固体剂型,一般具有滋润皮肤和收敛、消炎防腐等局部作用,有的兽用软膏剂也内服使用,如盐酸环丙沙星口服膏。

(2)浸膏剂:是将药材的浸出液浓缩除去溶剂后的膏状或粉状的半固体或固体剂型,如甘草浸膏,除有特殊规定外,浸膏剂每5克相当于原生药2~5克。

(3)糊剂:与软膏剂相似,但含粉末状药物较多(25%~75%),硬度较大,多由收敛药、消炎药等加适量赋形剂组成。

兽药的剂型种类繁多,对不同的养殖情况,不同病况的家畜,必须采用不同的给药方法,采用不同剂型的制剂,才能使药物产生良好的药效又便于使用,使患病个体能接受到药物并达到预期的目的。总的来讲,内服剂型投药方便,适用于多种药物,但易受胃肠内容物的影响,吸收不规则和不完全,药效出现较慢。有些药物可通过肠黏膜吸收进入血液循环,首次经门静脉至肝脏时,有一部分可被胃肠的酶和肝脏的药酶代谢消除,而使药效下降。一般药物的吸收速率顺序为注射剂、溶液剂、散剂、片剂、丸剂。必须注意,剂量相同而剂型不同,相同剂型不同厂家,甚至同一药厂不同批号的制剂,在内服后其血药浓度可相差数倍之多,这是由于原料药、赋形剂、制造工艺等因素影响药物的生物利用度所致。因此,选购兽药时,必须选择合适剂型,同时选择品质优良、质量稳定的兽药厂家的产品。

二、兽用药物的剂量

药物剂量通常指防治疾病用量,因为药物要一定剂量被机体吸收后才能达到一定药物浓度,只有达到一定药物浓度才能出现药物作用。如果剂量过小体内不能获得有效浓度,药物就不能发挥其效用。但如果剂量过大超过一定限度,药物作用可出现质变对机体可能产生不同程度毒性。因此要发挥药物效用同时又要避免其不良反应,就必须严格掌握用药剂量范围。

1. 剂量

(1)最小效量:药物达到开始出现药效的剂量。

(2)极量:指安全用药极限剂量。

(3)治疗量(常用量):指临床常用剂量范围,它比最小效量要高又比药物极限量要低。

(4)最小中毒量:指药物已超过极量使机体开始出现中毒的剂量。

(5)中毒量:指大于最小中毒量使机体中毒剂量。

(6)致死量:引起机体死亡剂量。

(7)药物安全范围:药物安全范围指最小效量与极量之间的范围,安全范围广药物其安全性大,安全范围窄药物其安全性小。

2. 药物剂量表示

(1)剂量计量单位

克(g)或毫克(毫克):固体、半固体剂型,药物常用单位。1000克=1千克,1000毫克=1克。

毫升(毫升):液体剂型,药物常用单位。1000毫升=1升。

单位(U)、国际单位(IU):某些抗生素、激素和维生素常用剂量单位。

(2)治疗剂量:治疗剂量包括一次量(即一次用量)、一日量(即一日内应用数次总用量)及一个治疗疗程治疗量(即持续数日、数周总用量)。

一般书籍、资料中治疗剂量多记载一次量,而一日量及一个疗程量如果没记载就必须根据药物特性、畜体特点(如日龄、品种、性别等)、机体对药物敏感程度及疾病严重程度等才能确定合理方案。

第二节 兽药的用药方法

一、猪场常用药物种类

用于猪的治疗药物主要有磺胺类药物、青霉素类药物、四环素类药物、大环内酯类药物、氨基糖苷类药物、头孢菌素类药物、林可胺类药物和双萜烯类药物。

1. 磺胺类药物

用于猪病治疗的磺胺类药物主要有磺胺脒、磺胺二甲嘧啶、磺胺嘧啶、磺胺甲基异噁唑、磺胺间甲氧嘧啶等。

2. 青霉素类药物

用于猪病治疗的青霉素类包括苄星青霉素、氨基青霉素、普鲁卡因青霉素、羟氨苄青霉素和氨苄青霉素。

3. 四环素类

用于猪病治疗的四环素类主要有四环素、土霉素、金霉素、强力霉素等。

4. 大环内酯类

用于猪病治疗的大环内酯类药物主要有泰乐菌素、红霉素、替米考星和阿奇霉素等。

5. 氨基糖苷类

用于猪病治疗的氨基糖苷类主要有庆大霉素、新霉素和丁胺卡那霉素等。

6. 氨基环醇类

用于猪病治疗的氨基环醇类药物主要是壮观霉素和阿布拉霉素。

7. 头孢菌素类

用于猪病治疗的头孢菌素类药物主要是头孢噻肟钠。

8. 林可胺类

用于猪病治疗的林可胺类药物主要是林可霉素。

9. 双萜烯类

用于猪病治疗的双萜烯类药物主要是泰妙灵。

二、猪给药的方法

1. 注射法

给猪打针常用肌内注射、皮下注射、静脉注射和腹腔注射 4 种方法。

（1）肌内注射：是最常用的方法，注射部位一般选择在肌肉丰满、神经干和大血管少的颈部和臀部。注射时，针头直刺入肌肉

2~4厘米深,回吸无血,注入药液,注毕拔出针头。注射前后均应消毒,刺入时用力要猛,注药的速度要快,用力的方向应与针头一致,以防折断针头。

(2)皮下注射:将药液注入到皮肤与肌肉之间的组织内。注射部位可选择在皮薄而容易移动的部位,如大腿内侧、耳根后方等。注射时,左手捏起局部的皮肤,成为一皱褶,右手持注射器,由皱褶的基部刺入,进针2~3厘米,注毕拔出针头,注射前后均应消毒。当药液量大时,要分点注射。

(3)静脉注射:将药液注入静脉内,使之迅速发挥作用。注射部位常选择在耳背部大静脉。注射时,先用手指捏压耳部静脉管,使静脉充盈、怒张,然后手持连接针头的注射器,沿静脉管使针头与皮肤呈30°~45°角,刺入皮肤及血管内,抽动活塞,见有回血,证明针头刺入了血管,松开耳根部压力,左手固定针头刺入的部位,右手拇指徐徐推动活塞,注入药液,注射完毕后,左手持棉球压针孔处,右手迅速拔针,防止血肿发生。

(4)腹腔注射:把药液注入腹腔。注射时,提起猪的两后腿,形成倒立,在耻骨前缘中线旁约3~5厘米处,针头垂直刺入2~3厘米,药液注射后拔出针头。

2. 投药法

猪的投药方法主要有混饲法、口投法和胃管投药法等。

(1)混饲法:对于还能吃食的病猪,而且药量少,又没有特殊的气味,可将药物均匀地混合在少量的饲料或饮水中,让猪自由采食。

(2)口投法:一人握住猪的两耳或两前肢,并提起前躯,另一人用木棍或开口器将嘴撬开,把药片、药丸或舐剂置于咽喉部。或用长嘴瓶子、汤匙伸入口角内,缓慢地倒入药液,咽下后,再灌第二次。要注意防止连续大量灌入或在嚎叫时投给,以防药液呛入气管。

(3) 胃管投药法：用绳套住猪的上腭，用力拉紧，猪自然向后退。这时用开口器把猪嘴撑开，两手拉紧开口器的两端绳，勒紧两嘴角。胃管从开口器中央插入，胃管前端至咽部时，轻轻刺激，引起吞咽动作，便插入食道。判断方法是将橡皮球捏扁，橡皮球上端捏紧，当手松开橡皮球后，不再鼓起，证明橡皮管在食道内，再送胃管至食道深部，从漏斗进行灌药。

(4) 经鼻投药法：将猪站立或横卧保定，要求鼻孔向上，紧闭嘴巴，把易溶于水的药物溶于30~50毫升水中，再将药水吸入胶皮球中，慢慢滴入病猪鼻孔内，猪就一口一口地把药水咽下。这种方法简单易行，大小猪都可采用。量大或不溶于水的药物不宜采用此法。

(5) 灌肠法：就是将无刺激性的药物灌入病猪直肠内，由直肠内黏膜予以吸收。当猪患口腔疾病不易吞咽食物时，通常采用灌肠法给其补充营养。猪便秘时，也可以给其灌肠促进肠管内的粪便排出。治疗用的灌肠剂主要是用温水、生理盐水或1%的肥皂水。灌注营养物时，首先灌注温水，把病猪直肠内的粪便排除后，再灌注营养物质。具体做法是先把病猪保定好，将灌肠器涂上油类或肥皂水，再由肛门插入直肠，然后高举灌肠桶，使桶内的药液或营养液流入直肠。灌注以后，必须使病猪保持安静。当病猪有要排粪的表现时，立即用手掌在其尾根上部连续拍打几下，使其肛门括约肌收缩，防止药液或营养液外流。

三、保健饲料添加剂的应用

在养殖业中，人们为了补充饲料日粮营养成分的不足，防止和延缓饲料变质，提高饲料适口性，改善饲料利用率，预防猪受病原微生物的侵扰，促进猪正常发育和加速生长，提高产品质量，在饲料中加入各种有效的微量成分,俗称为饲料添加剂。根据饲料添加剂的不同功能,主要分为营养性饲料添加剂和非营养性饲料添加剂两大类。

1. 促生长添加剂

促生长添加剂包括喹乙醇、猪快长、速育精、血多素、肝渣、畜禽乐、肥猪旺等。

2. 微量元素添加剂

微量元素添加剂包括铜、铁、锌、钴、锰、碘、硒、钙、磷等,具有调节机体新陈代谢,促进生长发育,增强抗病能力和提高饲料利用率等作用。

3. 维生素添加剂

维生素添加剂包括维生素 A、维生素 D_2、维生素 E、维生素 K_3、维生素 B_1、维生素 D_3、维生素 B_2、维生素 B_6、维生素 B_{12}、维生素 C 以及多种维生素、胆碱、肉猪预混料添加剂、维他胖、泰德维他-80、法国肥、保健素、强壮素等,可根据猪的不同品种和不同生长发育阶段,科学地选择使用。

4. 氨基酸添加剂

氨基酸添加剂包括赖氨酸、蛋氨酸、谷氨酸等 18 种氨基酸,以及生宝、禽畜宝、饲料酵母、羽毛粉、蚯蚓粉、饲喂乐等。

5. 抗生素添加剂

抗生素添加剂包括土霉素、金霉素、新霉素、盐霉素、四环素、杆菌素、林可霉素、康泰饲料添加剂及猪宝、保生素等。

6. 驱虫保健饲料添加剂

驱虫保健饲料添加剂包括安宝球净、克球粉、喂宝-34 等。

7. 防霉添加剂或饲料保存剂

由于米糠、鱼粉等精饲料含油脂率高,存放时间久易氧化变质,添加乙氧喹啉等,可防止饲料氧化,添加丙酸、丙酸钠等可防止饲料霉变。

8. 中草药饲料添加剂

中草药饲料添加剂包括大蒜、艾粉、松针粉、芒硝、党参叶、麦饭石、野山楂、橘皮粉、刺五加、苍术、益母草等。

9. 缓冲饲料添加剂

缓冲饲料添加剂包括碳酸氢钠、碳酸钙、氧化镁、磷酸钙等。

10. 饲料调味性添加剂

饲料调味性添加剂包括谷氨酸钠、食用氯化钠、枸橼酸、乳糖、麦芽糖、甘草等。

11. 激素类添加剂

激素类添加剂包括生乳灵、助长素、育肥灵等。

12. 着色吸附添加剂

主要有味黄素(如红辣椒、黄玉米面粉等)。

13. 酸化剂添加剂

酸化剂添加剂包括柠檬酸、延胡索酸、乳酸、乙酸、盐酸、磷酸及复合酸化剂等,在生猪日粮中添加适量的酸化剂,可显著提高猪日增重,降低饲养成本。

第三节 兽药保管方法

1. 保管方法

(1)一般药品都应按兽药规范中该药"贮藏"项下的规定条件,因地制宜地贮存与保管。

①密闭:是指将容器密闭,防止灰尘和异物进入,如玻璃瓶、纸袋等。

②密封:是指将容器密封,防止风化、吸潮、挥发或者异物进入,如带紧密玻璃塞或木塞的玻璃瓶、软膏管等。

③熔封或严封:是指将容器熔封或以适宜材料严封,防止空气、水分侵入和防止污染,如玻璃安瓿等。

④遮光:是指用不透光的容器包装,例如棕色容器或用黑纸包裹的无色玻璃容器及其他适宜容器。

⑤干燥处:是指相对湿度在75%以下的通风干燥处。

⑥阴凉处:是指温度不超过20℃。

⑦凉暗处:是指避光并温度不超过20℃。

⑧凉处:是指温度2~10℃。

(2)根据药品的性质、剂型,并结合具体情况,采取"分区分类,货物编号"的方法妥善保管。堆放时要注意兽药与人药分区存放;外用药与内服药分别存放;杀虫药、杀鼠药与内服药、外用药远离存放;外用药与内服药以及名称易混淆的药均宜分别存放。

(3)建立药品保管账,经常检查,定期盘点,保证账目与药品相符。

(4)药品库应经常检查清洁卫生,并采取有效措施,防止生霉、虫蛀和鼠。

(5)加强防火等安全措施,确保人员与药品的安全。

2. 药品的有效期

(1)有些稳定性较差的药品,在贮存过程中,药效有可能降低,毒性可能有增高,有的甚至不能药用,为了保证用药安全有效,对这类药品必须规定有效期,即在一定贮存条件下能够保证质量的期限。

(2)对有效期的产品,严格按照规定的贮存条件进行保存,要做到近期先出,近期先用。

3. 购买注意事项

(1)兽药包装必须贴有标签,注明"兽用"字样并附有说明书。标签或者说明书上必须注明商标、兽药名称、规格、企业名称、产品批号和批准文号,写明兽药的主要成分、作用、用途、用量、有效期和注意事项等。

(2)兽药出厂时必须附有产品质量检验合格证,无合格证的不要购买。

第五章 猪场常见疫病的防治

猪病的种类很多,包括传染病、寄生虫病、内科病及外科病等。危害最严重的是传染病,常常大批发生,发病率和死亡率很高,严重影响养猪业的发展。各地可根据当地疫病流行情况做好相应的防治工作,以提高畜类养殖的成活率。

第一节 猪常见病毒性传染疾病的防治

一、猪 瘟

猪瘟又称猪霍乱,俗称烂肠瘟,是由猪瘟病毒引起的一种高度接触性传染病,各种年龄猪均可发病,一年四季流行,传染性极强。猪瘟对猪危害极为严重,会造成养猪业重大损失。

【病原】猪瘟病毒属于黄病毒科瘟病毒属,是 RNA 病毒。目前认为猪瘟病毒只有一个血清型,但病毒的毒力差异很大。该病毒对乙醚敏感,对温度、紫外线、化学消毒剂等抵抗力较强。

【发病特点】本病在自然条件下只感染猪,不同年龄、性别、品种的猪和野猪都易感,一年四季均可发生。病猪是主要传染源,病猪排泄物和分泌物、病死猪和脏器及尸体、急宰病猪的血、肉、内脏、废水、废料污染的饲料、饮水都可散播病毒,猪瘟的传播主要通过接触，经消化道感染。此外，患病和弱毒株感染的母猪也可以经胎盘垂直感染胎儿，产生弱仔猪、死胎、木乃伊胎等。

过去猪瘟发病表现为发病急、传播快、发病率与死亡率都很高，呈现出流行性发生，现在很少见到。目前主要表现为发病缓和，症状不典型，发病率不高，死亡率降低，流行形式转变为地区性散发流行，呈现波浪式、周期性散在发生。而且发病无明显的季节性，一年四季均可发生。

【临床症状】潜伏期5～7天，短的2天，长的21天。根据症状和其他特征，可分为急性、慢性和迟发性三种类型。

(1)急性型：病猪高度沉郁，减食或拒食，怕冷挤卧，体温持续升高至41℃左右。先便秘，粪干硬呈球状，带有黏液或血液，随后下痢，有的发生呕吐。病猪有结膜炎，两眼有多量黏性脓性分泌物。步态不稳，后期发生后肢麻痹。皮肤先充血，继而发绀，并出现许多小出血点，以耳、四肢、腹下及会阴等部位最为常见。白细胞减少。少数病猪出现惊厥、痉挛等神经症状。

(2)慢性型：初期食欲不振，精神委顿，体温升高，白细胞减少。几周后食欲和一般症状改善，但白细胞仍减少。继而病猪症状加重，体温升高不降，皮肤有紫斑或坏死，日渐消瘦，全身衰弱，病程1个月以上，甚至3个月。

(3)迟发性型：是先天性感染低毒猪瘟病的结果。胚胎感染低毒猪瘟病毒后，如产出正常仔猪，则可终生带毒，不产生对猪瘟病毒的抗体，表现免疫耐受现象。感染猪在出生后几个月可表现正常，随后发生减食、沉郁、结膜炎、皮炎、下痢及运动失调症状。

【病理变化】

(1)急性猪瘟主要呈现败血症变化，有诊断价值的变化是皮肤或皮下有出血点；颔凹、颈部、鼠蹊、内脏淋巴结肿大，呈暗红色，切面周边出血；肾脏色淡，不肿大，有数量不等的小点出血；脾脏边缘梗死；喉头黏膜、会厌软骨、膀胱黏膜、心外膜、肺及肠浆膜有出血。

(2)慢性病猪特征的变化是有盲肠、结肠及回盲口处黏膜上形成扣状溃疡。

【诊断】对典型的急性型猪瘟,根据临床症状、病理变化和流行特点,可作出相当准确的诊断。如开始出现病猪1~2周后,疾病迅速传播到群内各种年龄的未免疫猪,病死率极高,病猪持续高温,有结膜炎,白细胞减少,淋巴结、肾、皮肤和其他器官出血,脾有梗死灶,一般可确诊为猪瘟。但对慢性型、迟发型猪瘟,须进行实验室检查才能确诊。

在临床上,急性猪瘟与急性猪丹毒、最急性猪肺疫、败血性链球菌病、猪副伤寒、猪黏膜病毒感染、弓形虫病有许多类似之处,要注意区别。

【治疗】到目前为止尚无特效药物治疗,以预防为主,药物治疗为辅。猪瘟发生或流行时,应采取紧急措施。对病猪或可疑病猪,应急宰;对未发病猪用猪瘟免化弱毒疫苗进行紧急接种。

(1)封锁疫点:在封锁地点内停止生猪及猪产品的集市买卖和外运。最后1头病猪死亡或处理后3周,经彻底消毒,可以解除封锁。

(2)处理病猪:对所有猪进行测温和临床检查,病猪以急宰为宜,急宰病猪的血液、内脏和污物等应就地深埋,肉经煮熟后可以食用。污染的场地、用具和工作人员都应严格消毒,防止病毒扩散。可疑病猪予以隔离。对有带毒综合征的母猪,应坚决淘汰。这种母猪虽不发病,但可经胎盘感染胎儿,引起死胎、弱胎,生下的仔猪也可能带毒,这种仔猪对免疫接种有耐受现象,不产生免疫应答,而成为猪瘟的传染源。

(3)紧急预防接种:对疫区内的假定健康猪和受威胁区的猪立即注射猪瘟弱毒疫苗,剂量可增至常规量的6~8倍。使用时按瓶签注明头份用无菌生理盐水按每头份1毫升稀释,大小猪均为1毫升。该疫苗禁止与菌苗同时注射。注射本苗后可能有少数猪在

1～2天内发生反应,但经 3 天即可恢复正常。注苗后如出现过敏反应,应及时注射抗过敏药物,如肾上腺素等。该疫苗要在－15℃以下避光保存,有效期为 12 个月。该疫苗稀释后,应放在冷藏容器内,严禁结冻,如气温在 15℃以下,6 小时内要用完;如气温在 15～27℃,应在 3 小时内用完。注射的时间最好是进食后 2 小时或进食前。

(4)猪瘟细胞苗的用法:该疫苗大小猪都可使用。按标签注明头份,每头份加入无菌生理盐水 1 毫升稀释后,大小猪均皮下或肌内注射 1 毫升。注射 4 天后即可产生免疫力,注射后免疫期可达 12 个月。该疫苗宜在－15℃以下保存,有效期为 18 个月。注射前应了解当地确无疫病流行。随用随稀释,稀释后的疫苗应放冷暗处,并限 2 小时内用完。断奶前仔猪可接种 4 头份疫苗,以防母源抗体干扰。

(5)猪瘟脾淋苗的用法:该疫苗肌内或皮下注射。使用时按瓶签注明头份用无菌生理盐水按每头份 1 毫升稀释,大小猪均 1 毫升。该疫苗应在－15℃以下避光保存,有效期为 12 个月。疫苗稀释后,应放在冷藏容器内,严禁结冻。如气温在 15℃以下,6 小时内用完。如气温在 15～27℃,则应在 3 小时内用完。注射的时间最好是进食后 2 小时或进食前。

与此同时,病猪圈、垫草、粪水、吃剩的饲料和用具均应用 20%～30%的草木灰水或 2%的氢氧化钠溶液等消毒液彻底消毒。

【预防】猪瘟是一种毁灭性疾病,一旦发生,有很高的发病率和病死率,并造成严重的经济损失,因此防疫工作显得极为重要,所以要加强平时的预防工作。

(1)捕杀病猪:病猪经过治疗,虽然不死,但也不易完全康复,此外还不断向外界排放病原,不利于扑灭猪瘟,所以对病猪一般以屠宰为宜。

(2)平时预防:为了消灭传染源,养猪场应经常做好清洁卫生工作,定期进行消毒,禁止非工作人员进入猪场,管理人员和运输车辆的进、出都应进行严格消毒。

(3)坚持自繁自养:养猪场应贯彻自繁自养的原则,不从外地购入猪只。如确属必须,则应到饲养水平高、疾病控制严格、无重大疫病的正规猪场购入。猪只购入后应隔离饲养2~3周,并进行严格检疫,确认健康后方可合群饲养。

(4)定期进行免疫接种

①疫苗种类:猪瘟弱毒,有细胞苗和组织苗,可任选,接种后4~6天产生免疫力,免疫期1年以上;猪瘟、猪丹毒二联弱毒冻干苗,我国许多农户应用该苗。种用猪最好选用猪瘟单苗,育肥猪可用联苗。

②免疫剂量:种公猪每年进行2次,每次每头猪注4头份,哺乳仔猪为了排除母源抗体干扰,21~24天龄时一律注4头份,55~60天时二免同样剂量。繁殖母猪和后备母猪配种前30天注4头份。此外也可根据猪瘟疫苗种类和质量以及流行情况确定剂量。

(5)猪瘟流行时的防治措施

①检疫隔离封锁:一旦强毒株侵入猪群内暴发流行,及时把猪群划分病猪群、可疑感染和假定健康猪群,前者集中做无害化处理。

②紧急接种疫苗和强化免疫:对猪场的可疑猪群和假定健康猪群,在舍内彻底大消毒和猪体消毒后,再用新出厂的猪瘟弱毒苗进行接种,注射时局部彻底消毒,一猪换一针头。

③接种剂量:根据实际情况进行接种,首次大剂量,10~12天后,再接种一次,其剂量比第一次高2~4倍为好。

④初生仔猪的主动免疫,其方法为仔猪产出处理后,当即接种猪瘟疫苗2~4头份,放保温护仔箱内1.5~2小时后哺乳,断奶后

3～5天二免4头份。

(6)繁殖障碍型猪场的净化措施

①每两个月检测一次种猪的强毒抗体,阳性猪再用荧光抗体技术,活体穿刺取扁桃体或股前淋巴,做冰冻切片,抗原阳性猪坚决淘汰,一般连检3～4次,直至被检猪全部为阴性时为止。

②免疫程序:种公猪每年2次每次4头份,母猪在配种前30天接种4～8头份。

③平时消毒:定期做好舍内消毒工作。

④新生仔猪被动免疫:自制高免猪瘟血清,生后一日龄仔猪股内侧皮下注射2～5毫升,20天龄首免2～4头份,50～60天龄二免4头份。

二、口蹄疫

口蹄疫是牛、羊、猪等的一种急性、热性传染病,人也可感染,是一种人兽共患病。

【病原】口蹄疫的病原体是口蹄疫病毒,分为7个主型,即甲型(A型)、乙型(O型)、丙型(C型)、南非1型、南非2型、南非3型和亚洲1型,其中以甲型和乙型分布最广,危害最大,单纯性猪口蹄疫是由乙型病毒所引起,以各型病毒接种动物,只对本型产生免疫力,没有交叉保护作用。

【发病特点】本病主要侵害牛、羊、猪及野生偶蹄类动物,人也可感染,传染源是病畜和带毒动物。病畜发热期,其粪尿、奶、眼泪、唾液和呼出气体均含病毒,以后病毒主要存在水疱皮和水疱液中。康复的动物能较长时间带毒,牛的咽腔带毒可达6～24个月,绵羊和山羊4～6个月,猪带毒1个月左右。近年来发现口蹄疫还可能隐性感染和持续感染。通过直接和间接接触,病毒进入易感畜的呼吸道、消化道和损伤的皮肤黏膜,均可感染发病。最危险的传播媒介是病猪及其制品,其次是被病毒污染的饲养管理用具和运输工具。

本病传播迅速,流行猛烈,常呈流行性发生。发病率很高,病死率一般不超过5%。多发生于冬季,到夏季往往自然平息。单纯性猪口蹄疫的特点略有不同,仅猪发病,不感染牛、羊,不引起迅速扩散或跳跃式流行,主要发生在集中饲养的猪场和食品公司的活猪仓库或城郊猪场以及交通密集的铁路、公路沿线,农村分散饲养的猪较少发生。

【临床症状】口蹄疫自然感染的潜伏期为24~96小时,人工感染的潜伏期为18~72小时。猪口蹄疫主要症状表现在蹄冠、蹄踵、蹄叉、副蹄和吻突皮肤、口腔腭部、颊部以及舌面黏膜等部位出现大小不等的水疱和溃疡,水疱也会出现于母猪的乳头、乳房等部位。病猪表现精神不振,体温升高,厌食,在出现水疱前可见蹄冠部出现一明显的白圈,蹄温增高,之后蹄壳变形或脱落,跛行明显,病猪卧地不能站立。水疱充满清亮或微浊的浆液性液体,水疱很快破溃,露出边缘整齐的暗红色糜烂面,如无细菌继发感染,经1~2周病损部位结痂愈合。若蹄部严重病损则需3周以上才能痊愈。口蹄疫对成年猪的致死率一般不超过3%。仔猪受感染时,水疱症状不明显,主要表现为胃肠炎和心肌炎,致死率高达80%以上。妊娠母猪感染可发生流产。

【病理变化】病死畜尸体消瘦,除鼻镜、唇内黏膜、齿龈、舌面上发生大小不一的圆形水疱疹和糜烂病灶外,咽喉、气管、支气管和胃黏膜也有烂斑或溃疡,小肠、大肠黏膜可见出血性炎症。仔猪心包膜有弥散性出血点,心肌切面有灰白色或淡黄色斑点或条纹,称虎斑心,心肌松软似煮熟状。

【诊断】根据本病流行特点、临床症状、病理变化并结合流行病学,一般不难做出初步诊断,但口蹄疫病毒具有多型性,而其流行特点和临床症状相同,其病毒属于哪一型,需经实验室检查才能确定。另外，猪口蹄疫与猪水疱病的临床主症几乎无差别，也有赖于实验室检查予以鉴别。

【治疗】

(1)发现口蹄疫症状后,立即清除圈内的垫草,严格消毒,换上厚厚的、切短的垫草或垫上清洁不带细菌的新鲜土层。

(2)发现仔猪患口蹄疫,初期可用高免血治疗,剂量为每千克体重2毫升,肌注或皮下注射。

(3)对病猪口腔用食醋或0.1%高锰酸钾冲洗。糜烂面上可涂以1%～2%的碘酊甘油合剂。蹄部可用3%来苏儿冲洗,擦干后涂上鱼石脂软膏或氧化锌鱼肝油软膏。

(4)对口蹄疫患猪还可以用口克星按说明肌注治疗也很有效果。

(5)对病猪用免疫增强剂"口蹄疫"进行治疗。隔日注射1次,每5千克体重注1毫升,连续用药3～5次即愈。该药对怀孕母猪也可注射,但要同时配以(按说明量)肌注黄体酮。也可用毒特2000和"口康注射液"分别肌注进行治疗,3天为1个疗程,2个疗程可治愈。

【预防】

(1)平时预防措施

①及时接种疫苗：容易传播口蹄疫的地区,要注射口蹄疫疫苗。猪注射猪乙型(O型)灭活疫苗。值得注意的是,所用疫苗的病毒型必须与该疫区流行的口蹄疫病毒型相一致,否则不能预防和控制口蹄疫的发生和流行。

②加强相应防疫措施：严禁从疫区(场)买猪及其肉制品,不得用未经煮开的洗肉水喂猪。

(2)流行时防治措施

①一旦怀疑口蹄疫流行,应立即上报,迅速确诊,并对疫点采取封锁措施,防止疫情扩散蔓延。

②疫区内的猪、牛、羊,应由兽医进行检疫,病畜及其同栏猪立即急宰,内脏及污染物(指不易消毒的物品)深埋或者烧掉,肉煮熟后可以食用。

③疫点周围及疫点内尚未感染的猪、牛、羊,应立即注射口蹄疫疫苗。先注射疫区外围的牲畜,后注射疫区内的牲畜。

④对疫点(包括猪圈、运动场、用具、垫料等)用2%烧碱溶液进行彻底消毒,在口蹄疫流行期间,每隔2~3天消毒1次。疫点内最后一头病猪痊愈或死亡后14天,如再未发生口蹄疫,经过消毒后,可申报解除封锁。但痊愈猪仍需隔离1个月,方可出售。

三、流行性感冒

猪流行性感冒是由猪流行性感冒病毒引起的一种猪的急性、高度接触性传染病,以传播迅速,发热和伴有不同程度的呼吸道症状为特征。经常有猪嗜血杆菌或巴氏杆菌混合或继发感染,使病情加重。

猪流行性感冒多发生于寒冷季节,突然发病。实际上猪群中所有的猪几乎同时发病出现临床症状。猪的流行性感冒病毒株随时都有可能出现某一特定毒株,它具有在人之间传播和对人有毒力的异常性能,并引起人的流行性感冒的大流行。

【病原】猪流感病原体为猪流行性感冒病毒。猪流感病毒H1N1是甲型流感病毒属的一个成员,除感染猪外,也能使人发病。流感病毒存在于病猪和带毒猪的呼吸道分泌物中,对热和日光的抵抗力不强,一般消毒药能迅速将其杀死。

【发病特点】不同年龄、性别和品种的猪对猪流感病毒均有易感性,传染源是病猪和带毒猪。病毒存在于呼吸道黏膜,随分泌物排出后,通过飞沫经呼吸道侵入易感猪体内,在呼吸上皮细胞内迅速繁殖,很快致病,又向外排出病毒,以至于迅速传播,往往在2~

3天内波及全群。康复猪和隐性感染猪,可带毒相当长的时间,是猪流感病毒的重要储存宿主,往往是以后发生猪流感的传染源。

猪流行性感冒多发生于天气骤变的晚秋和早春以及寒冷的冬季。一般发病率高,病死率却很低。如继发巴氏杆菌、肺炎链球菌等感染,则使病情加重。

【临床症状】潜伏期为2～7天。发病初期病猪体温突然升高达40～42℃,厌食或食欲废绝,极度虚弱乃至虚脱。精神极度委顿,常卧地一处,呼吸急促,腹式呼吸、阵发性咳嗽。从眼和鼻流出黏液性分泌物,鼻分泌物有时带血。咳嗽表明猪支气管有炎症。如病猪体况良好,在发病期间始终处于干燥、温暖的环境中,多数可在6～7天后康复。有继发感染时,病情加重,发生出血性肺炎或肠炎而死亡。

【病理变化】病变主要在呼吸器官,鼻、喉、气管和支气管黏膜充血,表面有多量泡沫状黏液,有时混有血液。肺部病变轻重不一,有的只有边缘部分有轻度炎症,严重时,病变部呈紫红色。

【诊断】根据本病流行的特点、发生的季节、临床症状及病理变化特点,可初步诊断。当猪群大部分或全部猪暴发急性呼吸道病,特别是在寒冷的冬春季节时,可怀疑猪流感,但要与猪的许多呼吸道病进行区别。

【治疗】

(1)病毒灵(盐酸吗啉双胍)注射液:5～10毫升,肌内注射,每天2次,连用3～4天。

(2)柴胡注射液:2～5毫升,肌内注射,每天1次,连用2～3天。

(3)消炎王注射液:每千克体重0.2毫升,肌内注射,每天2次,连用3～4天。

(4)安乃近注射液:5～10毫升,肌内注射,每天2次,连用2～3天。

(5)安痛定注射液：10毫升，肌内注射，每天2次，连用2～3天。

(6)金刚胺盐酸盐片：1片，内服，每天2次，连服3天。

【预防】预防本病，目前还无效果好的疫苗，因此要加强饲养管理，在早春、晚秋气候多变季节，注意圈舍防寒保暖，防止过于拥挤，搞好环境卫生，提高猪的抗病能力。一旦发生猪流感时，应立即隔离病猪，病猪污染的圈舍、场地、用具可用2%～5%漂白粉溶液或10%～20%石灰乳等消毒。

四、流行性腹泻

猪流行性腹泻是由病毒引起的仔猪和育肥猪的一种急性肠道传染病，其发病率和死亡率都较高。

【病原】猪流行性腹泻病毒属于冠状病毒科、冠状病毒属。本病毒与猪传染性胃肠炎病毒没有共同的抗原性。

【发病特点】各种年龄猪对本病都很敏感。哺乳仔猪、断奶仔猪和育肥猪感染发病率达100%，成年母猪为15%～90%，7天内乳猪发病则病重。病猪是主要传染源，经消化道传染。本病有流行自限性，一般在流行约5周后自行终止。

本病有一定的季节性，冬季多发，我国多在12月至次年2月寒冬季节发生。

【临床症状】临床表现与猪传染性胃肠炎十分相似。哺乳仔猪发病症状明显，体温正常或稍偏高，表现呕吐、腹泻、脱水、运动僵硬等症状。呕吐多发生于哺乳和吃食之后。呕吐、腹泻的同时患猪伴有精神沉郁、厌食、消瘦及衰竭。症状的轻重与年龄大小有关，年龄越小，症状越重，1周以内的哺乳仔猪常于腹泻后2～4天内因脱水死亡，病死率约50%。断奶猪、育成猪发病率很高，几乎达100%，但症状较轻，表现精神沉郁，有时食欲不佳、腹泻，可持续4~7天，逐渐恢复正常。

【病理变化】眼观变化仅限于小肠，小肠扩张，内充满黄色液体，肠系膜充血，肠系膜淋巴结水肿，小肠绒毛缩短。组织学变化，见空肠段上皮细胞的空泡形成和表皮脱落，肠绒毛显著萎缩。绒毛长度与肠腺隐窝深度的比值由正常的7∶1降到3∶1。上皮细胞脱落最早发生于腹泻后2小时。

【诊断】本病在流行病学和临床症状方面与猪传染性胃肠炎无显著差别，只是病死率比猪传染性胃肠炎稍低，在猪群中传播的速度也较缓慢些。

猪流行性腹泻发生于寒冷季节，各种年龄都可感染，年龄越小，发病率和病死率越高，并有呕吐、水样腹泻和严重脱水，确诊主要依靠血清学诊断。

【治疗】一旦发生本病，猪舍、用具用2％氢氧化钠或5％~10％石灰乳、漂白粉消毒，病猪在隔离条件下治疗。

对病猪及时补液，让其自由饮用葡萄糖甘氨酸溶液，不能饮水的病猪，静脉注射或腹腔内注射5％~10％糖盐水和5％碳酸氢钠溶液。也可试用下述药物治疗：

(1)病猪群饮用口服补液盐溶液（氯化钠3.5克、氯化钾1.5克、碳酸氢钠2.5克、葡萄糖20克、兑水1000毫升）。

(2)庆大霉素每千克体重1000~1500单位，每隔12小时注射1次。

(3)盐酸环丙沙星注射液按2.5毫克/千克体重+硫酸黄连素注射液5~10毫升肌注，每天2次，连用3~5天。

(4)白细胞干扰素2000~3000单位，每天1~2次皮下注射。

(5)2.5％恩诺沙星注射液1毫升/10千克，肌内注射，每天2次。

(6)用鸡新城疫Ⅰ系苗(500羽份)1瓶加注射用水50毫升，每头每次5~10毫升，肌内注射或交巢穴注射，每天1次，连用2~

3天。

(7)用康复猪的抗凝血或高免血清口服,每头每次10毫升,连用3天。

(8)马齿苋、积雪草、一点红各60克,煎水,喂服,每天1剂,连用3~5剂。

(9)锅底灰13克,白头翁16克,灶心土18克,共为细末,开水冲服。

(10)锅底灰15克,杉木炭16克,牛粪烧灰25克,共为末,拌料内服。

(11)早稻谷250克,菝葜120克,炒焦研末,煎水内服。

(12)黄荆子15克,皂角13克,陈皮15克,食盐8克,煎水内服。

(13)黄荆根20克,鱼腥草30克,煎水内服。

(14)高粱500克,炒至开花,枯矾6克,煎水内服。

【预防】

(1)当猪群中有猪只发病时,应立即隔离病猪,以消毒药对猪舍、环境、用具、运输工具等进行彻底消毒,尚未发病的猪立即转移到安全的地方进行隔离饲养。

(2)康复母猪或人工感染发病的母猪,其初乳中抗体滴度很高,可使仔猪获得保护。可用康复猪抗凝全血每天注射10毫升,连续3天,可起到一定的预防和治疗作用。

(3)对感染过本病的尚有些免疫力的母猪,在临产前1周,进行加强免疫,能保护仔猪安全度过易感期。

(4)对失水过多的病猪,静脉注射葡萄糖盐水、林格氏液。

(5)在本病流行地区可对怀孕母猪在分娩前2周,以病猪粪便或小肠内容物进行人工感染,刺激其产生乳源抗体,以缩短本病在猪场中的流行。

(6)加强护理,做好防寒保温工作。

(7)注意不从疫区或病猪场引进猪只,以免传入本病。

五、传染性胃肠炎

猪传染性胃肠炎是猪的一种高度接触性肠道疾病,以呕吐、严重腹泻和失水为特征。

【病原】病原体为冠状病毒科的猪传染性胃肠炎病毒,主要存在于空肠、十二指肠及回肠的黏膜,在鼻腔、气管、肺的黏膜及扁桃体、颌下及肠系膜淋巴结等处,也能查出病毒。病毒对日光和热敏感,对胰蛋白酶和猪胆汁有抵抗力,常用的消毒药容易将其杀死。

【发病特点】各种年龄的猪均有易感性,10日龄以内的仔猪发病率和病死率均很高,断奶猪、肥育猪和成猪的症状较轻,大多数能自然恢复。病猪和带毒猪是主要传染源,它们从粪便、乳汁、鼻液中排出病毒,污染饲料、饮水、空气及用具等,由消化道和呼吸道侵入易感猪体内。本病多发于冬季,不易在炎热的夏季流行。在新疫区呈流行性发生,传播迅速,在1周内可散播到各年龄组的猪群。在老疫区则呈地方流行性或间歇性发生,发病猪不多,10日龄到6周龄小猪容易得病,而隐性感染率却很高。

【临床症状】潜伏期随感染猪的年龄而有差别,仔猪2~24小时,大猪2~4天。各类猪的主要症状如下:

(1)哺乳仔猪:先突然发生呕吐,接着发生剧烈水样腹泻。呕吐多发生于哺乳之后。下痢为乳白色或黄绿色,带有小块未消化的凝乳块,有恶臭。在发病末期,由于脱水,粪稍黏稠,体重迅速减轻,体温下降,发病后2~7天后死亡,耐过的小猪,生长较缓慢。出生后5天以内仔猪的病死率常为100%。

(2)肥育猪:发病率接近100%。突然发生水样腹泻,食欲不振,无力,下痢,粪便呈灰色或茶褐色,含有少量未消化的食物。在腹泻初期,偶有呕吐,病程约1周。在发病期间,增重明显减慢。

(3)成猪:感染后常不发病。部分猪表现轻度水样腹泻,或一时性的软便,对体重无明显影响。

(4)母猪:母猪常与仔猪一起发病。有些哺乳中的母猪发病后,表现高度衰弱,体温升高,泌乳停止,呕吐,食欲不振,严重腹泻。妊娠母猪的症状往往不明显,或仅有轻微的症状。

【病理变化】剖检可见胃肠充满凝乳块。小肠充满气体及黄绿或灰白色泡沫样内容物,肠壁变薄,呈半透明状。绒毛肠系膜淋巴结充血、肿胀。心、肺、肾一般无明显病变。

【诊断】依据流行特点和临床症状,可做出初步诊断,确诊需进一步做实验室诊断。应与猪流行性腹泻、猪轮状病毒病、仔猪白痢、仔猪黄痢、仔猪红痢、猪副伤寒、猪痢疾鉴别。

【治疗】

(1)泻痢停:内服泻痢停,此药是标本兼治、抗肠道感染的首选药物。每千克体重用0.1克,首次量加倍,第一天服3次,第二、第三天早、晚各服一次。

(2)氯霉素:对患病仔猪可肌注氯霉素,口服链霉素并进行注射或口服补液(生理盐水、葡萄糖等)。

(3)长效土霉素注射液:肌注,同时用氟苯尼考口服液口服连用4天。

(4)热快克+长效土霉素:肌内注射,同时用泻痢停拌。

(5)单味中药:10日龄内仔猪,用白头翁50克煎汤,加适量糖精拌入少量饲料喂母猪(待母猪吃完药料,再喂其他饲料),让仔猪从乳汁中吸取药物成分。

(6)补充体液:取适量白糖和食盐,按5%的比例兑入温水,让猪自饮。对失水严重的病猪,静脉注射复方氯化钠,然后再加10%葡萄糖注射液,用量视体重大小而定。使用上述药物的同时,饲喂适量糊状饲料,如米汤、大麦粉煮成的稀粥,加入少量食盐与白糖,既能调节食欲,还有利于肠黏膜修复。

(7)使用抗病毒药物：可肌内注射病毒性双黄连、清开灵注射液。

(8)血清疗法：用传染性胃肠炎高免血清,按每千克体重0.5毫升肌内注射,每天1次,连用3天。

【预防】

(1)猪场禁止非饲养人员进入,猪舍门口设消毒池。对刚引进的种猪,必须隔离饲养15天,确认无病才可入群。做好消毒工作,冬季做好保暖,换季和气候突变时要特别注意防贼风,做好保温工作。10月至次年3月份做好疫苗注射工作。管理上执行全进全出制。

(2)如果发生了传染性胃肠炎,首先要确认发病群,如果是生长猪群,要严格进行隔离管理,做好其他猪舍的消毒和保温措施,尤其是产仔舍和母猪舍的管理一定要加强；如果是空怀和妊娠母猪群,采用投喂病料办法,使母猪尽快感染,并康复。控制本病进入产房；如果在产房发生,仔猪和母猪均有发生,此为最严重疫情。采取措施为2周后产仔母猪接触病料(已感染猪的肠组织),以便于产生自然免疫；2周以内产仔母猪,要提供好的环境条件和设施,加强管理,做好保温,提供无贼风、干燥环境,提供充足饮水和营养液。

(3)对仔猪提供32℃的温暖环境,无贼风,干燥。提供干净饮水,提供电解质,如糖盐水等。减少饥饿,防止脱水,预防酸中毒。

(4)猪圈每隔15天用碱性消毒液冲刷消毒一次,粪便堆积封闭发酵。常用消毒剂有10%石灰乳(必须是块灰,现配现用)、30%草木灰水、0.1%的除菌净、10%的漂白粉、2%的烧碱溶液。

(5)加强饲养管理,防寒保暖,满足营养需要,以增强猪的抗病能力。饲料中经常拌入切碎的新鲜大蒜(或晒干备用的大蒜茎,烧炭存性)。

(6)传染性胃肠炎活疫苗是用于预防猪传染性胃肠炎的一种

致弱活毒疫苗,可用于母猪及哺乳仔猪的免疫接种,以诱导产生抗体。母猪免疫程序是基础免疫,分娩前 5 个星期口服 1 头份,分娩前 2 个星期口服 1 头份,同时肌内注射 1 头份。加强免疫,以后每次分娩前 2 个星期口服和肌内注射各 1 头份。1~3 日龄断奶时各服 1/5 头份,免疫后仔猪必须离开母猪至少 30 分钟才能重新吸乳。

六、蓝耳病

猪蓝耳病又名猪繁殖与呼吸障碍综合征,是以成年猪的生殖障碍、早产、流产、死胎为特征。目前研究结果表明,猪是惟一的易感动物,各种年龄和种类的猪均可感染,但以妊娠母猪和 1 月龄内的仔猪最易感,并表现该综合征典型的临床症状。我国已将本病列入二类传染病。

【病原】此病致病病原为猪繁殖与呼吸综合征病毒(又称 PRRS 病毒),该病毒属于冠状病毒科,动脉炎病毒属,是一种有囊膜 RNA 病毒。

【发病特点】本病实验性传染的潜伏期,仔猪 2~4 天,怀孕母猪 4~7 天。

该病的主要传染途径是呼吸道。该病传播迅速,空气传播有时能传播 20 千米之远,传播方向与主风向相同,在该病流行期间即使是严格封闭式管理的猪群也同样发生感染,因此认为空气传播是该病的主要传播方式。感染猪的转移也可导致此疾病的传播。此外,猪场的规模、密度和卫生条件,低温、光照不足或高湿有利于该病的扩散传播。因受精由公猪传染,通过鼠、鸡、人或交通工具等媒介感染,也可能由饲料中的细菌性毒素污染所导致。

【临床症状】本病临床症状的共同点是死胎率和哺乳仔猪死亡率较高,从哺乳期到肥育期死亡率也很高。根据感染猪的年龄和种类表现出不同的临床症状。本病常呈临床和亚临床感染,并与猪群的饲养管理条件、机体免疫状况、病毒毒力强弱等因素密切相关。

(1)母猪:妊娠母猪发生早产、后期流产、死产、胎儿木乃伊化、产弱仔等。部分新生仔猪表现呼吸困难、运动失调及轻瘫等症状,产后1周内死亡率明显增高40%～80%。少数感染猪表现暂时性的体温升高(39.6～40℃),母猪的双耳、腹部、尾部及外阴皮肤呈现青紫色或蓝紫色斑块,双耳发凉。少数母猪产后缺乳或无乳、发生胎衣不下及阴道分泌物增多。

(2)仔猪:以1月龄内仔猪最易感并表现典型的临床症状。体温升高达40℃以上,呼吸困难,有时呈腹式呼吸,食欲减退或废绝,腹泻,离群独处或互相挤作一团,被毛粗乱,后腿及肌肉震颤,共济失调,渐进消瘦,眼睑水肿。有的仔猪表现口鼻奇痒,常用鼻盘、口端摩擦圈舍壁栏,鼻内有面糊状或水样分泌物。死亡率高达83%,仔猪成活率明显降低。耐过仔猪长期消瘦,生长缓慢。

(3)公猪:发病率低(约为2%～10%)。症状表现厌食,呼吸加快、咳嗽、消瘦,昏睡及精液质量明显下降,一般无发热现象,公猪极少出现双耳皮肤变色。

【病理变化】仔猪、育成猪常见眼睑水肿,仔猪皮下水肿、出血;皮肤色淡似蜡黄,体表淋巴结肿大;鼻孔有泡沫;气管、支气管充满泡沫,扁桃体出血,肺肿胀、变硬大理石样变;胸腹腔、心包积液较多,心内膜出血;肝肿大、色变淡,脾脏边缘或表面出现梗死灶;肾呈土黄色,包膜易剥离,表面有针尖至小米粒大出血斑点,膀胱也有出血点和出血斑;部分病例可见胃肠道黏膜出血、溃疡、坏死。

【诊断】通过临床症状和病理剖解即可判定为疑似蓝耳病。确诊需进行病毒分离或反转录聚合酶链式反应检测。

【治疗】目前本病尚无特效药物疗法,主要是采取综合防治措施和对症疗法,最根本的办法是消除病猪、带毒猪和彻底消毒,切断传播途径。应用抗菌药物治疗并发感染,如青霉素、链霉素、卡那霉素、氟苯尼考等,并对呼吸困难的猪只使用止咳平喘药物,如麻黄碱、氨茶碱、肾上腺素等,对高热猪只使用退烧药物,如安痛定、氨基比林等。

(1)猪用免疫球蛋白IgG:按仔猪一次1支,母猪一次5支,每天肌内注射,连用2~3天,每天2次。

(2)黄芪多糖注射液、当归注射液:按每千克体重0.2毫升混合肌注,每天1次,连用3~5天。

(3)莪术油注射液:仔猪静脉注射10~20毫升,大猪60~80毫升,每天1次,连用3天,怀孕母猪禁用。

(4)清开灵注射液:每千克0.2毫升,配合强效阿莫西林注射液每千克15毫升,双黄连、地塞米松、肌内注射,1天1次,连续3天。对重症的病猪建议用清开灵和葡萄糖输液,肾上腺素肌注抢救。

(5)紫锥败毒针:每1千克体重0.3毫升,连用3~5天。同时配合富络欣注射液以防止细菌性继发感染。

【预防】高致病性猪蓝耳病是由猪繁殖与呼吸综合征病毒变异株引起的一种急性高致死性疫病。目前尚无特效药物彻底快速地治愈发病猪,因此,控制该病,防重于治,并需采取综合防治措施和对症疗法。

(1)加强检疫:选择非疫区引进仔猪,购买前要查看检疫证明,购进后,一定要隔离饲养15天以上,体温正常再混群饲养。执行综合防疫措施和消毒制度,建立无毒清净猪场,实行产房隔离,哺乳仔猪应尽早断奶;要采用"全进全出"的养殖模式,高温季节,保持猪舍通风、干燥,做好防暑降温工作,提供猪体充足的清洁饮水;适当降低饲养密度,减少应激因素;保证充足的营养,增强猪体抗病能力;杜绝猪、鸡、鸭等动物混养,避免交叉感染,提倡规模化饲养。

(2)严格消毒,搞好环境卫生,及时清除猪舍粪便及排泄物:对各种污染物品进行无害化处理,加强饲场、猪舍内及周边环境消毒。每天带猪使用百菌消毒-30 消毒 1 次,所用器械工具不得交叉使用,尤其是病猪所用注射针头必须每头更换 1 个针头。密闭的圈舍可按每立方米 7~21 克高锰酸钾加入 14~42 毫升福尔马林进行熏蒸消毒 7 小时;可用 5%漂白粉溶液喷洒动物圈舍、架笼、饲槽及车辆。

(3)改善和加强饲养管理,减少各种应激:在猪只采食的日粮中,每 500 千克饲料添加平安康 1 千克,连续饲喂 1 周,饮水中补充葡萄糖,或用抗病毒 1 号粉按 500 克/500 千克饲料,配合 10%氟苯尼考按 200×10^{-6} 拌料,连续饲喂 5 天,可大大减少猪只暴发此病。

(4)免疫接种:目前,国内、外已有蓝耳病弱毒苗和灭活苗问世。疫苗使用前,应从冰箱中取出后放置 2~3 小时,恢复置室温,用前充分摇匀。一般使用 12 号针头,一猪一针头,仔猪 14~18 日龄时,每头首免弱毒苗 1 头份,4~6 周龄加强免疫 1 次,免疫期 4 个月以上。商品仔猪断奶后首次免疫 2 毫升,在高致病性猪蓝耳病流行地区,可根据实际情况在首免后 1 个月采用相同剂量加强免疫 1 次。后备母猪 70 日龄前接种程序同商品仔猪,以后每次于怀孕母猪分娩前进行 1 次加强免疫,剂量为 4 毫升;种公猪 70 日龄前接种程序同商品仔猪,以后每隔 6 个月加强免疫 1 次,剂量 4 毫升。种公猪 70 日龄前接种程序同商品仔猪,以后每隔 6 个月加强免疫 1 次,剂量 4 毫升。

另外,在做好蓝耳病免疫的同时,要做好猪瘟、伪狂犬病及其他细菌性病等防控工作,防止继发与并发感染。规模化养猪场在本病流行地区,为防止弱毒返强,建议只使用灭活疫苗免疫后备母猪和怀孕猪,在新建猪场和未发生过该病的猪场不建议使用弱毒苗免疫。发病猪只尽快隔离,以防水平和垂直传播,尽早淘汰无治疗价值的猪只。对病死猪要做到"四不一处理":不准宰杀,不准食用,不准出售,不准转运,对病死猪进行无害化处理。

七、蓝眼病

蓝眼病是由副黏病毒引起的一种猪病,其临床特性为中枢神经紊乱、繁殖障碍和角膜混浊。由于角膜混浊而导致瞳孔呈淡蓝色,故名蓝眼病。

【病原】猪的蓝眼病的病原为蓝眼病副黏病毒,甲醛可消除蓝眼病副黏病毒的感染性和血凝性;56℃4小时可使蓝眼病副黏病毒灭活。

【发病特点】猪是已知自然感染蓝眼病副黏病毒且惟一有临床症状的动物,亚临床感染猪是蓝眼病副黏病毒的主要传染源。该病毒可通过呼吸道、人员、交通工具、鸟和风传播。受害的主要是仔猪,大于30日龄的猪很少死亡且不表现神经系统障碍;15～45千克的猪发生严重的脑炎,其死亡率很高,同时伴有其他病毒性或细菌性疾病。

【临床症状】蓝眼病在商品猪首发于"产仔室"而且表现中枢神经症状和高的死亡率,同时一些断奶仔猪和育肥猪发生角膜混浊,死亡率急剧上升,然后短时间内降低。因猪的年龄不同,临床表现不一样。

2～15日龄小仔猪最易感染,临床症状骤然出现,健康仔猪突然侧卧虚脱或出现神经症状,开始发热、被毛粗乱、弓背,有时伴有便秘和腹泻,然后出现运动失调、虚弱强直(主要见于后肢)、肌肉震颤、姿势异常(如犬坐样)等神经症状。一些病猪有角膜炎,并伴有眼睑水肿和流泪,眼睑紧闭,粘有分泌物,有1%～10%感染猪呈单侧或双侧性角膜混浊。最早发病的仔猪在48小时内死亡,后出现的病例在出现症状4～6天后才死亡。蓝眼病暴发期,仔猪的感染率为20%～65%,感染仔猪的发病率为20%～50%,死亡率达87%～90%,受感染的母猪表现正常,或在仔猪出现症状前1～2天有中度厌食现象。

大于30日龄的猪表现中度和暂时性临床症状,包括厌食、发热、打喷嚏、咳嗽等,但神经症状不常见,且不明显。如有则表现为倦怠、运动失调、转圈,呈单侧或双侧性角膜混浊和结膜炎,可持续1个月而无其他症状。30日龄以上的猪感染率仅为1%～4%,且死亡率低。

后备母猪和其他成年猪偶见角膜混浊,怀孕母猪的返情率达20%,并可持续4个月。

公猪单侧性睾丸增大,14%～40%的公猪繁殖力降低,睾丸萎缩并伴有副睾硬化。

【病理变化】没有特征性眼观病变,仅见肺心叶及腹侧有轻度的肺炎等变化。仔猪有中度胃、膀胱扩张,腹腔积有少量混有纤维素样的液体,脑充血、脊液增多,常见单侧性结膜炎、结膜水肿和不同程度的角膜混浊。

【诊断】在急性病例,根据其脑炎、角膜混浊、母猪繁殖障碍、公猪睾丸炎和附睾炎可对蓝眼病做出初步的诊断。根据其组织病变,如非脓性脑炎、房前色素层炎、角膜炎、睾丸炎、副睾炎,神经元和角膜上皮内的包涵体对蓝眼病可做出进一步诊断。确诊则依赖于血清学方法和病毒的分离鉴定。

【治疗】蓝眼病无特效治疗方法,有中枢神经紊乱的猪一般以死亡告终,仅有角膜混浊的猪只可康复。

【预防】

(1)剔除有或无睾丸炎不育公猪,必要时可采用人工授精,特别注意怀孕母猪和小母猪的发情症状,有条件者可用超声波确诊其是否怀孕。良好的管理,保持清洁卫生,提供充足营养,可减少该病的不利影响，抗菌药常用于继发感染的治疗和预防。

（2）感染猪场蓝眼病扑灭措施，包括封锁猪场，彻底消毒，实行"全进全出"制，扑灭临床感染猪，及时清除死猪，用血清学方法进行监测。

（3）执行严格的生物安全措施，从健康猪群引种，进行血清学检测，并群前实行隔离，该病毒具有血凝性，可以凝集哺乳动物和禽类红细胞。控制人员流动，严防野鸟、野鼠侵入，及时清除废弃物和死猪。

（4）用细胞培养和鸡胚增殖蓝眼病副黏病毒，制成油苗或氢氧化铝佐剂苗，可用于该病的预防。

八、细小病毒病

猪细小病毒病是以引起初产母猪胚胎和胎儿感染及死亡而母体本身不显症状的一种母猪繁殖障碍性传染病。本病已在我国广泛分布存在，所以一定要引起足够的重视，以免造成大的经济损失。

【病原】病原体为细小病毒科的猪细小病毒。本病毒对热、消毒药和酸碱的抵抗力均很强。

【发病特点】本病是由猪细小病毒引起的传染病，猪是惟一的已知宿主，不同年龄、性别的家猪都可感染。病猪和隐性感染猪是本病的主要传染源。本病感染的母猪所产的死胎、活胎、仔猪及子宫内分泌物均含有高滴度的病毒。垂直感染的仔猪至少可带毒9周以上。某些具有免疫耐受性的仔猪可能终身带毒和排毒，被感染公猪的精细胞、精索、附睾、副性腺中都可带毒，在交配时很容易传给易感母猪，急性感染期猪的分泌物和排泄物，其病毒的感染力可保持几个月，所以病猪污染过的猪舍，在空舍4~5月后仍可感染猪。本病可经胎盘垂直感染和交配感染。公猪、育肥猪、母猪主要通过被污染的食物、环境，经呼吸道、消化道感染。另外，鼠类也可机械性的传播本病，出生前后的猪最常见的感染途径分别是胎盘和口鼻。

【临床症状】仔猪和母猪的急性感染，通常没有明显症状，但在其体内很多组织器官（尤其是淋巴组织）中均有病毒存在。怀孕母猪被感染时，主要临床表现为母源性繁殖障碍，如多次发情而不受孕，或产出死胎、木乃伊胎，或只产出少数仔猪。在怀孕早期感染时，则因胚胎死亡而被吸收，使母猪不孕和不规则地反复发情。怀孕中期感染时，则胎儿死亡后，逐渐木乃伊化，产出木乃伊化程度不同的胎儿和虚弱的活胎儿，在1窝仔猪中有木乃伊胎儿存在时，可使怀孕期间或胎儿娩出间隔时间延长，这样就易造成外表正常的同窝仔猪的死产。怀孕后期（70天后）感染时，则大多数胎儿能存活下来，并且外观正常，但可长期带毒排毒，若将这些猪作为繁殖用种猪，则可使本病在猪群中长期存在，难以清除。

本病最多见于初产母猪，母猪首次受感染后获得坚强的免疫力，甚至可持续终生。细小病毒感染对公猪的性欲和受精率没有明显影响。

【病理变化】怀孕母猪感染后本身没有病变。胚胎的病变是死后液体被吸收，组织软化。受感染而死亡的胎儿可见充血、水肿、出血、体腔积液、脱水（木乃伊化）等病变。组织学检查，可见大脑灰质、白质和软脑膜有以增生的外膜细胞、组织细胞和浆细胞形成的血管周围管套为特征的脑膜炎变化。

【诊断】母猪发生流产和产死胎、木乃伊胎，胎儿发育异常等情况，而母猪本身没有明显的症状，结合流行情况，应考虑到本病的可能性。若要确诊则还须进一步作实验室检查。

猪伪狂犬病、猪乙型脑炎、猪繁殖与呼吸综合征、猪衣原体病和猪布鲁菌病也可引起流产和产死胎，应注意鉴别。

【治疗】猪细小病毒病目前尚无有效的治疗方法，有流产、死胎及产木乃伊临床表现时应在饲料或饮水中添加广谱抗菌类药物控制"产后"感染。

（1）肌内注射黄芪多糖注射液，每天2次，连用3～5天。

（2）对延时分娩的病猪及时注射前列腺烯醇注射液引产，防止胎儿腐败，滞留子宫引起子宫内膜炎及不孕。

（3）对心功能差的使用强心药，机体脱水的要静脉补液。

【预防】

（1）坚持经常性消毒，可杀灭病原体。

（2）强化生物安全体系建设：环境条件、硬件设施要满足猪生长、繁殖的要求，卫生、消毒、隔离、无害化处理等疫病防控制度不但要健全更重要的是落实。

（3）引种控制：引种往往是导致猪细小病毒病发生的重要原因，引种前应了解被引进场猪群是否有猪细小病毒感染，怀孕母猪是否有繁殖障碍临床表现，母猪群是否做过疫苗预防接种，引进的种（母）猪应先饲养在隔离场（舍、圈）。引回15天内接种一次疫苗，配种前半个月再强化免疫1次。

（4）预防接种：猪细小病毒只有一个血清型且免疫性良好，疫苗接种种公猪及种母猪预防母猪感染猪细小病毒所引起的流产、死胎、产木乃伊胎等临床表现有着良好的效果。

九、狂犬病

猪狂犬病，俗称疯狗病、恐水病，本病是一种人、畜共患病，由病毒引起的急性接触性传染病，死亡率达100%。本病遍及亚、非、欧、美洲的许多国家，流行重点是亚洲地区，以东南亚国家为主，印度、菲律宾的狂犬病分别占世界第一、二位。我国20世纪80年代初本病例流行范围较多，现在较少，但对此病亦应引起警惕。

【病原】狂犬病病原体是弹状病毒科的狂犬病毒属,病毒粒子外形子弹状,表面有许多钉状纤突。在病畜体内的中枢神经组织,唾液腺和唾液中含毒最高,血液、乳汁和脏器中也含有少量病毒。当人、畜被狂犬咬伤时,病毒即由伤口侵入,经神经纤维到脊髓和脑内产生毒害作用。病毒不耐湿热,但在干燥状态中可抵抗100℃ 2～3分钟,冷冻状态下可保存1年以上。该病毒对酸、碱和紫外线的抵抗力弱,0.5%柠檬酸、盐酸、硝酸、0.1%重碳酸钠可破坏病毒,该病毒能抵抗自溶及腐烂,在自溶的脑组织中可保持活力7～10天。常用的0.1%升汞、5%石炭酸和5%福尔马林等消毒药都能将其杀灭。

【发病特点】据资料证实狂犬病的易感宿主很广泛,牛、马、羊、猪、鹿、骆驼、犬、猫、鸡、鸭、鹅等均有易感性,人也易感,野生动物尤其是鼠类及某些蝙蝠是主要的自然储存宿主,对人和畜威胁最大的传染源是患狂犬病的犬,其次是外观正常的带毒犬和猫。传播本病的是病犬、猫咬和抓伤。

【临床症状】潜伏期12～98天,一般为2个月,体温无明显变化。猪感染该病后的典型临床经过为突然发病,共济失调,对外界反应迟钝、衰竭,出现临床症状后72小时内死亡。其典型症状为用吻突不停地拱地,横冲直撞,后卧地不起,不停地咀嚼、流涎,伴有阵性肌肉痉挛,叫声嘶哑,偶尔攻击人畜。

【病理变化】取大脑海马角或小脑作组织学检查可见狂犬病病毒内基氏小体。

【诊断】与狂犬病病例有接触史或有外伤,有典型的临床表现,提示与狂犬病有关。确诊需进行实验室检查,包括取海马角等脑组织进行内基小体观察,甚至进行病毒分离鉴定和动物接种试验。对以上诊断结果做出解释时,要特别小心,因为猪对狂犬病毒有较强的抵抗力。

【治疗】目前本病无有效治疗方法。对狂犬病猪采取不放血的方法扑杀，制作工业用品或销毁，不得屠宰利用。

【预防】重点是消灭犬狂犬病。家犬应进行登记，并接种狂犬病疫苗，捕杀野犬、病犬、病猫等。对捕杀的病犬、病猫应进行脑组织病理检查以便确诊。被肯定或可疑的患狂犬病动物或野兽咬伤后，伤口应及时以20%肥皂水或0.1%新洁而灭（或其他季胺类药物）彻底清洗。因肥皂水可中和季胺类药物作用，故二者不可合用。冲洗后涂以75%酒精或2%~3%碘酒。伤口不宜缝合。在咬人的动物未排除狂犬病之前或咬人动物已无法观察时，病人应及时注射狂犬病疫苗。除被咬伤外，凡被可疑狂犬病动物吮舔、抓伤、擦伤过皮肤、黏膜者，也应接种疫苗。

常用的狂犬病疫苗有4种：羊脑组织灭活疫苗（森普尔氏疫苗）、鸭胚疫苗、乳动物脑组织灭活疫苗及组织培养疫苗。前三者应用较久，均为最粗糙的生物制品，含有大量的非病毒抗原物质，能导致严重的甚至致死的并发症，如脑脊髓炎、脑膜炎等，其免疫原性低，故需注射较长时间。因此目前多主张应用组织培养疫苗，如地鼠肾疫苗、胎牛肾疫苗、鸡胚细胞疫苗及人二倍体细胞疫苗等，其中以人二倍体细胞疫苗最好，不仅预防效果好，也无严重不良反应。若既往已接种过全程其他狂犬病疫苗，则仅需注射一次即可。我国目前生产的地鼠肾疫苗与之相似，值得广泛应用。如果咬伤严重，有多处伤口或伤口在头、面、颈、手指者，在接种疫苗同时应注射抗狂犬病血清。因免疫血清能中和游离病毒，也能减少细胞内病毒繁殖扩散的速度，使潜伏期延长，争取自动抗体产生的时间，从而提高疫苗疗效。应用抗狂犬病血清后可抑制自动抗体的效价和延缓其产生的时间，这可用加强注射方法来解决。抗狂犬病血清注射的方法是一半肌内注射，一半伤口周围浸润注射，注射应于感染后48小时内进行。对与狂犬病病毒、病兽或病人接触机会较多的人员应进行感染前预防接种。

十、伪狂犬病

伪狂犬病是由伪狂犬病毒引起的多种动物共患的一种急性传染病。本病现已呈世界分布，给养猪业造成严重的损失。

【病原】病原体是疱疹病毒科的伪狂犬病病毒，常存在于脑脊髓组织中，病猪发热期间，其鼻液、唾液、乳、阴道分泌物及血液、实质器官中均含有病毒。病毒对低温、干燥的抵抗力较强，在污染的猪圈或干草上能存活1个多月，在肉中能存活5周以上，2%烧碱和3%来苏儿能很快杀死病毒。

【发病特点】对伪狂犬病病毒有易感性的动物甚多，有猪、牛、羊、犬、猫及某些野生动物等，而发病最多的是哺乳仔猪，且病死率极高，成猪多为隐性感染。这些病猪和隐性感染猪可较长期地带毒排毒，是本病的主要传染源。鼠类粪尿中含大量病毒，也能传播本病。本病的传播途径较多，经消化道、呼吸道、损伤的皮肤以及生殖道均可感染。仔猪常因吃了感染母猪的乳而发病。怀孕母猪感染本病后，病毒可经胎盘而使胎儿感染，以致引起流产和死产。一般呈地方流行性发生，多发生于冬、春两季。

【临床症状】本病的临床症状主要表现为呼吸道和神经症状，其严重程度主要取决于被感染猪的年龄。分娩高峰的母猪舍往往首先发病，开始由整窝发病逐渐变为每窝只发病2~3头，死亡率下降。发病猪主要是15日龄以内的仔猪，发病最早是2~3日龄，发病率为98%，死亡率85%，随着年龄的增长，死亡率可逐渐下降。育成猪和成年猪多轻微发病，发病率高，但极少死亡。新生仔猪出生后可非常健康，第2天有的仔猪就发病，体温升高至41~41.5℃，精神沉郁，不吃，口角有大量泡沫或流出唾液，眼睑和嘴角水肿。有的病猪呕吐或腹泻，其内容物为黄色。有的仔猪出现神经症状，肌肉震颤，运动障碍，共济失调，最后角弓反张。神经症状几乎所有新生仔猪都有。病程最短 4~6 小时,最长为 5 天,大多数为 2~3 天,发病 24 小时以后表现为耳朵发紫,后躯、腹下等部位有紫斑。出现神经症状的乳猪几乎 100% 死亡,发病的仔猪耐过后往往发育不良或成为僵猪。

20 日龄以上的仔猪到断奶前后的小猪,症状轻微,体温 41℃以上,呼吸短促,被毛粗乱,沉郁,食欲不振,有时呕吐和腹泻,几天内可完全恢复,严重者可延长半个月以上。这样的猪表现为四肢僵直(尤其是后肢)、震颤、惊厥等,行走相当困难,也有部分猪出现神经症状而往往预后不良。哺乳猪发病的同时,该窝的母猪有时出现厌食、便秘、震颤、惊厥、视觉消失或眼结膜炎,母猪多呈一过性或亚临床感染,很少死亡。有的母猪分娩延迟或提前,有的产下死胎、木乃伊胎或流产,产下的仔猪初生重极小,生命力弱。

【病理变化】临床上呈现严重神经症状的病猪,死后常见明显的脑膜充血及脑脊髓液增加,鼻咽部充血,扁桃体、咽喉部及其淋巴结有坏死病灶,肝、脾有 1~2 毫米灰白色坏死点,心包液增加,肺可见水肿和出血点,都非本病特有的变化。组织学检查,有非化脓性脑膜脑炎及神经节炎变化。

【诊断】根据临床症状以及流行病学,可做出初步的诊断,确诊本病则必须结合病理组织学变化或其他实验室诊断。

对有神经症状的病猪,应与链球菌性脑膜炎、水肿病、食盐中毒等鉴别。母猪发生流产、死产时,应与猪细小病毒病、猪繁殖与呼吸综合征、猪乙型脑炎、猪布鲁菌病等相区别。

【治疗】

(1)在发病早期,用抗伪狂犬病高免血清,每千克体重 2 毫升,皮下注射,或腹腔注射,有一定效果。

(2)采集发病后康复 2~3 周的母猪血液,分离出血清,对发病早期的仔猪,2 毫升,皮下注射或肌内注射。

【预防】

(1) 猪伪狂犬病的病原为猪伪狂犬病毒,根据病例施药治疗病猪的情况看,曾用抗生素等多种药物对病猪进行治疗,但均无效果。

(2) 预防伪狂犬病的重要手段是用疫苗免疫接种动物,提高易感染群的免疫力,降低阳性猪群病毒的排放时间和数量,产生母源抗体保护初生小猪。后备种猪引进后要2次免疫,间隔4周;怀孕母猪分娩前4周免疫;公猪每年免疫2次;断乳仔猪8周龄、12周龄各免疫1次。

(3) 凡需从外地引种必须把好引种关,引种前要了解对方猪场是否曾发生过伪狂犬病,是否用过疫苗免疫。引进时要隔离观察一段时间,做血清检测,做好免疫工作。

(4) 提高饲养管理水平,严格搞好环境卫生和消毒工作,杜绝病菌传入猪场,同时加强灭鼠工作。因为老鼠是一个重要的传染源,防止外来病毒入侵。

十一、轮状病毒病

猪轮状病毒病是由猪轮状病毒引起的猪急性肠道传染病。

【病原】猪轮状病毒属于RNA病毒,病毒比较稳定,抵抗力较强。在体内感染主要限于小肠细胞,仔猪小肠下2/3处胰蛋白酶最高,病毒在此感染最严重。

【发病特点】轮状病毒主要存在于病猪及带毒猪的消化道,随粪便排到外界环境后,污染饲料、饮水、垫草及土壤等,经消化道途径使易感猪感染。排毒时间可持续数天,可严重污染环境,加之病毒对外界环境有顽强的抵抗力,使轮状病毒在成猪、中猪、仔猪之间反复循环感染,长期扎根猪场。另外,人和其他动物也可散播传染。本病多发生于晚秋、冬季和早春,各种年龄的猪都可感染,感染率最高可达90%~100%,在流行地区由于大多数成年猪都已感染而获得免疫。因此,发病猪多是8周龄以下的仔猪,日龄越小的仔猪,发病率越高,发病率一般为50%～80%,病死率一般为10%以内。

【临床症状】潜伏期一般为12～24小时,常呈地方性流行。病初精神沉郁,食欲不振,不愿走动,有些仔猪吃奶后发生呕吐,继而腹泻,粪便呈黄色、灰色或黑色,为水样或糊状。症状的轻重决定于发病猪的日龄、免疫状态和环境条件,缺乏母源抗体保护的生后几天的仔猪症状最重,环境温度下降或继发大肠杆菌病时,常使症状加重,病死率增高。通常10～21日龄仔猪的症状较轻,腹泻数日即可康复,3～8周龄仔猪症状更轻,成年猪为隐性感染。

【病理变化】病变主要在消化道,致使胃弛缓,肠管变薄,内容物为液状,呈灰黄色或灰黑色,小肠绒毛缩短。

【诊断】本病多发生在寒冷季节,病猪多为幼龄仔猪,主要症状为腹泻,可作出初步诊断。但是引起腹泻的原因很多,在自然病例中,往往发现有轮状病毒与冠状病毒或大肠杆菌的混合感染,使诊断复杂化。因此,必须通过实验室检查才能确诊。

本症应与猪传染性胃肠炎、猪流行性腹泻、仔猪白痢、仔猪黄痢等相鉴别。

【治疗】本病目前无特效的治疗药物。发现病猪立即停止喂乳,以葡萄盐水或复方葡萄糖溶液(葡萄糖43.2克,氯化钠9.2克,甘氨酸6.6克,柠檬酸0.52克,柠檬酸钾0.13克,无水磷酸钾4.35克,溶于2升水中即成)给病猪自由饮用。同时,进行对症治疗,如投用收敛止泻剂,使用抗菌药物,以防止继发细菌性感染,一般都可获得良好效果。

【预防】主要依靠加强饲养管理,认真执行一般的兽医防疫措施,增强母猪和仔猪的抵抗力。在流行地区,可用猪轮状病毒油佐剂灭活苗或猪轮状病毒弱毒双价苗对母猪或仔猪进行预防注射。油佐剂苗于怀孕母猪临产前30天,肌内注射2毫升;仔猪于7日龄和21日龄各注射1次,注射部位在后海穴(尾根和肛门之间凹窝处)皮下,每次每头注射0.5毫升。弱毒苗于临产前5周和2周分别肌内注射1次,每次每头1毫升。同时要使新生仔猪早吃初乳,接受母源抗体的保护,以减少发病和减弱病症。

十二、乙型脑炎

乙型脑炎又称流行性乙型脑炎,简称乙脑,是一种动物和人共患的蚊媒病毒性疾病。大多数家畜均易感,猪被认为是乙脑病毒最重要的自然增殖动物。本病是猪重要繁殖障碍性疾病之一,导致怀孕母猪死胎和其他繁殖障碍,公猪感染后发生急性睾丸炎。

【病原】病原体是黄病毒科甲病毒属乙型脑炎病毒,主要存在于中枢神经系统、脑脊髓液和血液中,对热和日光的抵抗力不强,常用的消毒药如2%烧碱、3%来苏儿可以很快杀死。

【发病特点】本病以蚊为媒介而传播,所以,本病的发生有严格的季节性,每年在天气炎热的7～9月发生最多,随着天气转凉,蚊虫减少,发病也减少。本病呈散发,而隐性感染者甚多,不论有无症状,只在感染初期(病毒血症阶段)有传染性。猪的发病年龄多在生后6个月左右。

【临床症状】人工感染的潜伏期为3～4天。病猪体温升高,精神沉郁,喜卧,食欲减退,口渴,结膜潮红,粪便干燥呈球状,表面常附有灰白色黏液,尿呈深黄色,少部分猪后肢轻度麻痹,行走不稳,有的后肢关节肿胀疼痛而呈现跛行。有的病猪视力障碍,摆头,乱冲乱撞。怀孕母猪发生流产或早产或延时分娩,胎儿多是死胎或木乃伊胎,有的仔猪生后几天内发生痉挛而死亡,有的仔猪却生长发育良好,同一窝仔猪的大小和病变有显著差别,并常混合存在。母猪流产后,不影响下一次配种。公猪除一般症状外,常发生睾丸肿胀,多呈一侧性,肿胀程度不一,局部发热,有疼感,数日后开始消退,多数缩小变硬,丧失配种能力。

【病理变化】患病猪脑和脊髓膜充血,脑室和脊髓腔液增多。公猪睾丸不同程度肿大,睾丸实质充血、出血和出现坏死灶。子宫内膜充血、出血和有黏液。流产或早产胎儿脑水肿,皮下血样浸润,肌肉似水煮样,腹水增多,胸腔积液,浆膜出血。木乃伊胎儿从拇指大到正常大小,肝、脾、肾有坏死灶。

【诊断】流行特点和临床症状只有参考价值,经实验室检查才能确诊。

怀孕母猪发生流产、死产、产木乃伊胎时,应与布鲁菌病、伪狂犬病、猪细小病毒病、猪繁殖与呼吸综合征、猪衣原体病等区别。

【治疗】发病后立即隔离治疗,做好护理工作,可减少死亡,促进康复。目前未发现有良效的化学药品和抗生素,为了防止继发感染,可应用抗生素或磺胺类药物。

(1)安乃近注射液:10～20毫升,肌内注射,每天2次,至降体温为止。

(2)磺胺嘧啶钠注射液:20毫升,肌内注射,每天2次,连用3天。

(3)盐酸吗啉双胍注射液:10～20毫升,肌内注射,每天1～2次,连用3天。

(4)公猪睾丸炎:进行冷敷,同时用磺胺嘧啶注射消炎,安乃近或安痛定降体温。

【预防】驱灭蚊虫,注意消灭越冬蚊。对病猪要早发现、早隔离。猪圈及用具要消毒。死胎、胎盘和阴道分泌物都必须妥善处理。流行地区,定期注射猪乙脑疫苗,提高猪的抗病能力。一般对后备公母猪在本病流行期前1个月注射猪乙型脑炎弱毒疫苗免疫,第二年加强1次,免疫期可达3年。

十三、圆环病毒病

猪圆环病毒是近年来新发现的一种病毒,主要引起猪断奶后多系统衰竭综合征,由于本病的广泛分布,危害日益严重,已引起人们的密切关注。

【病原】猪圆环病属于圆环病毒科,本科有植物病毒和动物病毒,动物病毒有鸡传染性贫血病毒、鹦鹉喙羽病毒和猪圆环病毒等。本病毒对环境的抵抗力较强,在70℃可存活15分钟,56℃不能将其灭活。

【发病特点】目前本病在我国呈流行性发病,故望广大养殖户加以重视。

(1)本病多与细小病毒病、蓝耳病、猪瘟、气喘病等混合感染。

(2)可通过各种途径传播,如消化道、呼吸道等,尤其消化道是本病传播的主要途径。

【临床症状】繁殖障碍猪圆环病毒Ⅱ型可导致母猪返情率增高,流产、产死胎、木乃伊胎和弱仔等,所产仔猪断奶前死亡率上升。公猪感染圆环病毒Ⅱ型后,可通过交配传染给与配种母猪,从而导致其繁殖障碍。

猪皮炎和肾病综合征通常发生于8~18周龄的猪,病猪食欲废绝,体温升高至41.5℃,皮下水肿。皮肤出现紫红色病变斑块,在会阴部和四肢最为明显,这些斑块有时会相互融合。在极少情况下皮肤病变会消失。也有的病变表现为猪的后躯部位出现紫红色瘀血、淤点或淤斑。可视的浅表淋巴结肿大,出现黄色胸水或心包积液。肾脏呈肾小球性肾炎和间质性肾炎,表面可见瘀血点。常见症状还有严重下痢和呼吸困难,以及被毛粗乱。

间质性肺炎主要危害6~14周龄的猪,发病率为2%~30%,死亡率为4%~10%。眼观病变为弥漫性间质性肺炎,颜色呈灰红色。有时可见肺部存在Ⅱ型肺细胞增生区和细支气管上皮坏死并含坏死细胞碎片的区域,肺泡腔内有时可见透明蛋白。断奶仔猪多系统衰竭综合征多发于6~8周龄仔猪,发病率为20%~60%,死亡率为5%~35%。仔猪断奶后2~3周出现以咳嗽、呼吸困难、逐渐消瘦、死亡率和淘汰率均显著升高为特征的疾病。病猪发热(一般不超过41℃),食欲减退,继而出现消瘦、被毛粗乱、皮肤苍白或黄疸、呼吸困难等症状。个别猪眼睛有分泌物,腹泻,肘关节和膝关节肿胀。

圆环病毒Ⅱ型可致使感染猪的免疫力大大降低,从而为其他病毒或病菌的入侵创造了条件。如圆环病毒与蓝耳病病毒协同作用,使猪继发感染金色葡萄球菌、链球菌时,从而使病猪出现体温升高、充血性皮疹、呕吐、腹泻、呼吸困难等,由于这些细菌所产毒素在本病发生中所起的关键作用,可引起猪多器官功能衰竭综合征。

【病理变化】多数患猪呈现多器官、广泛性的病理损伤,肠系膜淋巴结和腹股沟淋巴结异常肿大,肺部有灰褐色炎症变化,肝、脾、肾、胰、小肠和结肠也常有肿大及坏死病变。

【诊断】本病的诊断必须将临床症状、病理变化和实验室的病原或抗体检测相结合才能得到可靠的结论。最可靠的方法为病毒分离与鉴定。

【治疗】用抗生素治疗猪圆环病毒病无太大的效果,仅能减少继发性的细菌感染。

(1)仔猪用药:哺乳仔猪在3、7、21日龄注射三针长效土霉素,断奶前1周至断奶后1个月,在每吨饲料中添加"加康"400克,断奶前后各饲喂1周。

(2)母猪用药:在母猪产前1周和产后1周,在每吨饲料中添加"加康"400克,或在母猪产前、产后各7天,按每吨饲料中添加1.2千克利高霉素,2.5千克15%金霉素,150克阿莫西林进行饲喂。

【预防】

(1)加强饲养管理：降低饲养密度,实行严格的全进全出制和混群制度,减少环境应激因素,控制并发感染,保证猪群具有稳定的免疫状态,加强猪场内部和外部的生物安全措施,购猪时保证猪来自清洁的猪场是预防控制本病,降低经济损失的有效措施。

(2)做好猪主要传染病的免疫工作：猪圆环病毒病与其相关猪病的发生还需要另外的条件或共同因素才得以诱发临床症状。目前世界各国控制本病的经验是对共同感染源作适当的主动免疫和被动免疫,所以做好猪场猪瘟、猪伪狂犬病、猪细小病毒病、气喘病和蓝耳病等疫苗的免疫接种,确保胎儿和哺乳期仔猪的安全是关键。因此根据不同的可能病原和不同的疫苗对母猪实施合理的免疫程序至关重要。

(3)人工被动免疫：可采取血清疗法。从猪场的育肥猪采血(健康的淘汰种猪血最好),分离血清,给断乳期的仔猪腹腔注射。

(4)自家疫苗的使用：猪场一旦发生本病,可把发病猪的内脏加工成自家疫苗,据临床实践,效果不错。但现阶段有两种观点:一是母猪和断奶仔猪同时免疫,优点是免疫效果快,基本在1～2月内能控制本病；缺点是如果灭活不彻底,将使本病长期存在。二是只免疫断奶仔猪,优点是免疫安全性好,基本不会使本病长期存在；缺点是免疫效果慢,需要半年左右的时间才能控制本病。

(5)"感染"物质的主动免疫："感染"物质指本猪场感染猪的粪便、死产胎猪、木乃伊胎等,用来喂饲母猪,尤是初产母猪在配种前喂给,能得到较好的效果。如有一定抗体的母猪在怀孕80天以后再作补充喂饲,则可产生较高免疫水平,并通过初乳传递给仔猪。这种方法,不仅对防治本病、保护胎猪和哺乳猪的健康有效,而且对其他肠道病毒引起的繁殖障碍也有较好的效果。但使用本法要十分慎重,如果场内有小猪会造成人工感染。

(6)药物预防:预防性投药和治疗,对控制细菌源性的混合感染或继发感染,是非常可取的。但是至今本症引起相关猪病的病原和机制尚未完全了解,因此还不能完全依赖特异性防治措施,只能同时开展有效的综合性措施,才能收到事半功倍的效果。

以下药物预防方案可以试用:

①仔猪用药:哺乳仔猪在3、7、21日龄注射3次长效土霉素,每次0.5毫升,或者在1、7日龄和断奶时各注射头孢噻呋0.2毫升;断奶前1周至断奶后1个月,用支原净(50毫克/千克)+金霉素或土霉素或强力霉素(150毫克/千克)拌料饲喂,同时用阿莫西林(500毫克/升)饮水。

②母猪用药:母猪在产前1周和产后1周,饲料中添加支原净(100毫克/千克)+金霉素或土霉素(300毫克/千克)。

(7)综合防治计划

①分娩期:仔猪全进全出,两批猪之间要清扫消毒;分娩前要清洗母猪和治疗寄生虫。

②断乳期:猪圈小,原则上一窝一圈,猪圈分隔坚固;坚持严格的全进全出,并有与邻舍分割的独立粪尿排出系统;降低饲养密度、增加喂料器空间、改善空气质量、批与批之间不混群。

③生长育肥期:坚持严格的全进全出、空栏、清洗和消毒制度;从断奶后猪圈移出的猪不混群;整个育肥圈猪不再混群。

十四、传染性脑脊髓炎

猪传染性脑脊髓炎是由猪肠道病毒属病毒侵害猪中枢神经系统引起猪的一种高致病性、高死亡率、非化脓性脑脊髓炎症的一种接触性传染病。

【病原】其病原体是小核糖核酸病毒科肠道病毒属中的猪传染性脑脊髓炎病毒,其中血清1型毒力最强,是主要的病原,2,3,4

型毒力较低。病毒能耐酸和碱,对外界环境有较强的抵抗力,但用次氯酸钠、20%漂白粉和70%酒精可将其杀死。

【发病特点】猪是惟一的易感动物,幼龄仔猪(4～5周龄)最易发病,成猪多为隐性感染。病猪和健康带毒猪随粪便排出病毒,主要通过污染饲料、饮水等经消化道传染,经呼吸道和其他途径传染也有可能。在新疫区发病率和病死率较高,在老疫区多呈散发。

【临床症状】潜伏期为2～28天。临床上分为急性型、亚急性型、慢性型、隐性型。病猪体温高达40～41℃,厌食、倦怠、腹泻,相继出现中枢神经系统症状,四肢运动不协调,或角弓反张,病情严重者,可出现肌肉抽搐和昏迷,有的病猪惊厥鸣叫、咂嘴、磨牙,而后发生麻痹呈犬坐状或侧卧,膝或皮肤反射减低或消失。

【病理变化】剖检病变见脑膜水肿,脑膜和脑血管高度充血,心肌脂肪变性。中枢神经系统组织学变化主要为非化脓性脑脊髓灰质炎,表现为血管周围大量淋巴细胞、浆细胞、胶质细胞浸润形成"管套",神经细胞变性或坏死,神经细胞浆内可见嗜酸性包涵体。

【诊断】根据本病流行病学特点、临床症状与剖检变化特别是病理组织学检查,可以做出初步诊断。确诊需做病原分离与鉴定、血清学试验。

【治疗】

(1)生立康注射液:按每千克体重0.05～0.1毫升肌内注射,每天1次,连用3～5天。配合青霉素、磺胺嘧啶钠注射液、乌洛托品、氢化可的松。

(2)饲料添加:为恢复神经细胞的机能,改善神经营养,可用维生素B_1、维生素B_2、辅酶A及三磷酸腺苷。对慢性脊髓炎,可用碘化钠或碘化钾。

【预防】预防要特别注意引进种猪的检疫,以防止引入带病毒猪。一旦发生本病,要迅速确诊,坚决采取隔离、消毒等措施,予以消灭。疫情严重时,可试用组织培养灭活疫苗或弱毒疫苗,或让母猪在怀孕前1个月与发过本病的猪舍的猪接触,使其轻度感染,产生免疫力,以保护将来出生的哺乳仔猪。

十五、水疱病

猪水疱病是由猪水疱病病毒引起猪的一种急性接触性传染病,以流行性强、发病率高,以蹄部、口部、鼻端和腹部、乳头周围皮肤和黏膜发生水疱为特征。

【病原】猪水疱病毒属于小核糖核酸病毒科,肠道病毒属。病毒对环境和消毒药有较强抵抗力,在50℃ 30分钟仍不失感染力,60℃ 30分钟和80℃ 1分钟即可灭活,在低温中可长期保存。3% NaOH溶液在33℃,24小时能杀死水疱皮中病毒,1%过氧乙酸60分钟可杀死病毒。

【发病特点】不同品种、年龄的猪均可感染发病,其他动物不感染,人类有一定的易感性。病猪和带毒猪的粪尿、鼻液、口腔分泌物、水疱皮、水疱液含有大量病毒,通过病猪与易感猪接触,病毒即可经损伤的皮肤、消化道等传入体内。首先由于病猪带毒及其肉产品的调入引起;其次是由于饲喂未经煮沸消毒的泔水和屠宰下脚料;再次是经污染的车船、用具和饲养人员传播。

该病一年四季均可发生,在猪群高度集中、调运频繁的单位,如猪收购场和猪集散地的棚圈和猪场,传播较快,发病率很高,可达70%~80%,而病死率很低。在分散饲养的情况下,很少引起流行。

【临床症状】潜伏期2~4天。病初体温升高至40~42℃,在蹄冠、趾间、蹄踵出现1个或几个黄豆至蚕豆大的水疱,继而水疱融合扩大,1~2天后水疱破裂形成溃疡,露出鲜红的溃疡面,常围绕蹄冠皮肤和蹄壳之间裂开,疼痛加剧,跛行明显。严重病例,由于继发细菌感染,局部化脓,造成蹄壳脱落,病猪卧地不起,食欲减退,精神沉郁。在蹄部发生水疱的同时,有的病猪在鼻盘、口腔黏膜和哺乳母猪的乳头周围出现水疱。有的病猪偶尔出现中枢神经紊乱症状(约占 2%)。一般经10天左右可以自愈,但初生仔猪可造成死亡。

【病理变化】特征性病变在蹄部、鼻盘、唇、舌面、乳房出现水疱。个别病例在心内膜有条状出血斑。水疱破裂,水疱皮脱落后,暴露出创面有出血和溃疡。其他内脏器官无可见病变。组织学变化为非化脓性脑膜炎和脑脊髓炎病变,大脑中部病变较背部严重。脑膜含有大量淋巴细胞,多数为网状组织细胞,少数为淋巴细胞和嗜伊红细胞。脑灰质和白质发现软化病灶。

【诊断】发病特征是在蹄部、口腔、鼻盘和母猪乳头周围发生水疱,体温升高。临诊症状与口蹄疫相似,但牛、羊不会发病。取病猪的水疱液或水疱皮经处理后,取上清液接种于牛、羊、猪、豚鼠和1~2日龄小鼠,若仅猪和1~2日龄小鼠发病,则是猪水疱病;若接种动物都发病,则是口蹄病;仅猪发病而其他动物不发病,则是猪水疱性疹。此外,放射免疫、对流免疫电泳、中和试验都可作为猪水疱病的诊断方法。

【治疗】按口蹄疫治疗方法处置,可促进恢复,缩短病程。

【预防】防止将病带入非疫区。疫区和受威胁区要定期进行预防注射。试验证明,以二氯异氰尿酸钠为主剂的复方含氯制品"抗毒威"、"强力消毒灵"等对本病的消毒效果好,有效浓度为0.5%~1%。

用猪水疱病高免血清和康复血清进行被动免疫有良好效果,免疫期达1个月以上。据报道国内外应用豚鼠化弱毒疫苗和细胞培养弱毒疫苗,对猪免疫,其保护率达80%以上,免疫期6个月以上。

十六、猪痘疹

猪痘疹是由痘病毒引起的一种急性、发热性和接触性传染病。其特征是皮肤和黏膜上发生特殊的红斑、丘疹、脓疱和结痂。猪痘疹最早报道于欧洲,现已呈世界性分布。其发生与猪的饲养卫生条件欠佳有关,引起的经济损失不大。

【病原】本病病原是一种猪痘病毒,属痘病毒科,脊椎动物痘病毒亚科,是一种较大型的DNA型病毒。对皮肤和黏膜上皮细胞有特殊的亲和力,能在易感动物的皮肤上皮和睾丸细胞上生长,也能在鸡胚上生长,在细胞浆内繁殖,形成包涵体。对干燥和寒冷抵抗力很强,能存活3个月以上,对常用的消毒药都敏感。

【发病特点】猪痘病毒只感染猪,以4~6周龄的仔猪多发,成年猪有抵抗力。本病的传播方式一般认为不能由猪直接传染给猪,而主要由猪血虱、蚊、蝇等体外寄生虫及损伤的皮肤传染。本病可发生于任何季节,以春秋天气阴雨寒冷、猪舍潮湿污秽以及卫生差、营养不良等情况下流行比较严重,发病率很高,死亡率不很高。

【临床症状】病猪体温升高到41.3~41.8℃,精神沉郁,食欲不振,喜卧,寒战,行动呆滞,鼻黏膜和眼结膜潮红、肿胀,并有分泌物,分泌物为黏液性。在躯干的下腹部和四肢内侧、鼻镜、眼睑、面部皱褶等无毛或少毛部位,出现痘疹,也有发生于身体两侧和背部的。典型的猪痘病灶,初为深红色的硬结节,突出于皮肤的表面,擦破痘疱后形成痂壳,导致皮肤增厚,呈皮革状。在强行剥落后,痂皮下呈现暗红色溃疡,表面附有微量黄白色脓汁。在病的后期,痂皮会裂开、脱落,露出新生肉芽组织,不久又长出新的黑色痂皮,经2~3次的褪皮之后才长出新皮。本病多为良性经过,死亡率不高,所以易被忽视,以致影响猪的生长发育,但在饲养管理不善或继发感染时,常使病死率增高,特别是幼龄猪。

【病理变化】痘疹病变主要发生于鼻镜、鼻孔、唇、齿龈、颊部、乳头、齿板、腹下、腹侧和四肢内侧的皮肤等处,也可发生在背部皮肤。死亡猪的咽、口腔、胃和气管常发生疱疹。当忽视饲养管理时,本病常可继发胃肠炎、肺炎,引起败血症而导致死亡。

【诊断】根据流行病学、临床症状一般不难诊断。本病可见皮肤痘疹,病情严重的或有并发病的可在气管、肺、肠管处发现痘疹。

【治疗】猪痘病无特效疗法,主要是进行对症治疗。目的在于防止细菌继发感染。

(1)患部可选用1%甲紫溶液、5%碘甘油、5%碘酊等涂抹。

(2)用地塞米松磷酸钠注射液每头5~10毫克肌注,每天1次,连用2天。

(3)对出现感染的病猪配合使用环丙沙星、氟苯尼考等抗生素药物,防止继发感染。

【预防】首先,猪群应定期进行猪痘疫苗接种;其次,搞好饲养管理和环境卫生工作,对发病猪和同群猪采用1:30倍来苏儿喷雾猪体和栏舍,每天1次,连用5天;最后,对新引进的猪应隔离观察,经鉴定无病后,才可合群饲养。

十七、巨细胞病毒感染

猪巨细胞病毒感染症又称包涵体鼻炎,主要侵害猪的鼻甲黏膜黏液腺、泪腺、唾液腺及肾小管上皮。在易感的种猪中可引起母体胚胎和仔猪发育不良、鼻炎和肺炎以及增重缓慢等临诊症状,成年猪多为隐性感染。在饲养管理良好的猪群中,也可引起本病的地方性流行,给猪群的健康生长造成一定的影响。

【病原】猪巨细胞病毒又称猪疱疹病毒2型,最初由于本病常波及泪腺和唾液腺,把病原病毒称为唾液腺病毒,随后对其生物学特征做了详尽研究,将其归入疱疹病毒B亚科的巨细胞病毒属。近来有人认为将本病毒划在玫瑰疹病毒属中更为恰当。

【发病特点】可在猪群呈地方性流行。健康猪群中引入带毒猪是感染的主要原因,最易传染和扩散的途径是上呼吸道。通常认为1个月龄左右的猪是经鼻感染的,仔猪可能主要是通过与母猪直接接触,或通过接触含病毒的尿、呼吸道分泌物或气溶胶而被感染。应激或混群可激发感染,感染仔猪鼻腔排毒时间常在3~8周龄,达到屠宰体重的猪也可感染。除鼻腔途径传播外,还可通过胎盘垂直感染。猪巨细胞病毒通过侵害猪的鼻甲黏膜黏液腺、泪腺、唾液腺及肾小管上皮,导致仔猪鼻炎、肺炎、增重缓慢和发育不良。

该病毒具有高度的宿主特异性,仅猪感染,尚未发现其他实验动物感染的报道,如兔、小鼠、仓鼠、鸡胚和牛均不感染。但带毒猪器官可随器官移植传染给人,因此该病毒还是人体异种器官移植的重要传染性危害之一。

【临床症状】本病的潜伏期一般为7~10天。若无并发症时,本病在3周龄以上的猪通常不表现临诊症状,但却使胎儿和新生仔猪死亡。发生在2周龄左右的仔猪,病猪表现为喷嚏、咳嗽、流泪,鼻腔分泌物增多,随之因鼻腔堵塞而吮乳困难,食欲不振,精神沉郁,体重很快减轻,病死率一般在20%左右,大多数病猪3~4周内恢复正常。妊娠母猪在有毒血症时表现为倦怠、拒食,但无发热或其他临诊症状,仔猪产出时已死或产后不久死亡,存活的仔猪身体矮小、苍白、下颌和跗关节水肿,增重缓慢。

【病理变化】临床肉眼观察,病变不明显,少数病猪可见到鼻炎和肠胃炎的变化,但无诊断价值。

【诊断】本症主要根据血清学试验、荧光抗体试验结果,以及组织中有无包涵体进行诊断。

本病可能与萎缩性鼻炎或鼻腔博德氏菌感染相混淆,但本病病程很短，不具进行性，且不会导致鼻腔变形。

【治疗】本症无需治疗。如果断奶仔猪出现喷嚏并且生长缓慢，可投用抗生素，如金霉素、土霉素、磺胺三甲氧苄氨嘧啶或泰乐菌素，连续用药14天。

【预防】本病的流行通常有一定的局限性，在良好的饲养管理条件下，本病的地方性流行对猪群并不构成严重问题，但在引进新猪时对猪场有很大的威胁，其原因不仅可刺激原猪群中在有循环抗体情况下的潜伏感染重新活跃，而且还会引起新引进的易感染猪初次感染，故应不从疫区引种，并在引进种猪时，进行血清学检查，以防带来新的传染源或带病毒的猪。

十八、脑心肌炎

猪脑心肌炎又称猪病毒性脑心肌炎，是由脑心肌炎病毒感染引起的一种对仔猪致死率极高的自然疫源性传染病。以脑炎、心肌炎和心肌周围炎为主要特征。该病毒的宿主范围很广，在多种啮齿类动物、野生动物和灵长类动物均有发现。人也可感染，但大多数不出现任何症状。猪是感染脑心肌炎病毒最广泛、最严重的动物，以仔猪的易感性最强，20日龄内的仔猪可发生致死性感染，成年猪多呈隐性感染。最近发现，本病毒也可引起母猪繁殖障碍。

【病原】脑心肌炎病毒属小核糖核酸病毒科、心病毒属，根据其来源不同，可以分成许多毒株，但目前难以从抗原性上区分。本病毒对小白鼠易感，能在鼠胚成纤维细胞和初生仓鼠肾细胞上生长繁殖。对于本病毒的其他特性，尚缺乏深入的研究。

【发病特点】

(1)本病的易感染动物较多，如猪、鼠、猴、牛、马等都有易感性，尤以仔猪更易感，20日龄内的仔猪可发生致死性感染，大多数成年猪为隐性感染。

(2)本病的传染病源是带毒的鼠类,仔猪主要由于采食被病毒污染的饲料、饮水而感染。也可胎盘感染。因此,本病发生场内的鼠的数量以及患病鼠多少有十分密切关系。

(3)本病的发病率和病死率,随饲养管理条件及病毒株的强弱而有显著差异,发病率可达100%。

【临床症状】临床上猪脑心肌炎主要是感染仔猪发病,大多数表现出两种症状类型,即最急性型和急性型。

(1)最急性型:表现为同胎或同窝仔猪常在几乎看不到任何前期症状的情况下突然死亡,或经短时间兴奋虚脱死亡。

(2)急性型:发作的病猪可见短时间的发热(41～42℃)、精神沉郁、减食或停食,有的猪表现震颤、步态蹒跚、呕吐、呼吸困难,或表现进行性麻痹。往往在吃食或兴奋时突然倒地死亡。断奶仔猪和成年猪多表现为亚临床感染。病死率以1～2月龄仔猪最高,可达80%～100%。母猪在妊娠后期可发生流产、死产、产弱仔和木乃伊胎。

【病理变化】剖检可见到胸、腹部皮肤发绀,胸、腹腔和心包积液,并含有少量纤维蛋白。心脏软而苍白,明显的心肌炎和心肌变性,心肌有不连续的白色或灰黄白色区,在灶性病变上可见白垩中心,或在弥散区域有白垩斑点。肝充血,轻度肿胀。脾褪色。肺常见充血和水肿。脑膜轻度充血或正常。

组织学检查,最显著的改变为心肌炎,可见心肌充血、水肿和心肌纤维变性、坏死,淋巴细胞、巨噬细胞浸润。常见坏死的心肌有无机盐沉着、钙化。心膜层的渗出液中有嗜酸性细胞浸润。脑膜充血和轻度炎症,脑可见点状神经元变性区。

【诊断】根据临床和病理所见,或用病死猪的心脏剪碎饲喂小鼠,在4～7天内死亡,可做出初步诊断。实验室诊断可采取急性死亡猪的心脏、脑、脾等组织,制成10%悬液,接种于鼠胚成纤维细胞或仓鼠肾细胞进行病毒分离,病毒可使细胞迅速、完全崩解,然后用特异性免疫血清进行中和试验做出鉴定。动物实验可用10%组织悬液经脑内或腹腔内接种小鼠,经4～7天死亡,剖检可见心肌炎、脑炎和肾萎缩等变化。临床类症应与猪血凝性脑脊髓炎、猪蓝眼病、维生素A缺乏症等加以鉴别。

【治疗】对于本病目前尚无有效疗法,也无疫苗,主要的防疫措施是尽量清除猪场内可能带毒的鼠类,以减少带毒者直接感染猪只,或间接污染饲料及饮水的威胁。污染的猪场可用漂白粉彻底消毒环境。对耐过猪应尽量避免过度骚扰,以防因心脏的后遗症招致突然死亡。

【预防】目前国内对猪脑心肌炎尚无有效的治疗药物和疫苗,主要靠综合性防治措施加以预防。首先应当注意防止野生动物,特别是啮齿类动物偷食或污染饲料与水源。猪群如发现可疑病猪时,应立即隔离消毒,病死动物要迅速做无害化处理,被污染的圈舍场地应以含氯消毒剂彻底消毒,以防止人的感染。尽量避免使猪产生应激反应,可使猪的病死率降低。美国已有商品灭活疫苗,效果良好,接种疫苗的猪能产生高水平的体液免疫。

第二节　猪细菌性传染病

一、猪丹毒

猪丹毒是猪丹毒杆菌引起的一种急性热性传染病,是威胁养猪业的一种重要传染病。

【病原】病原体为革兰染色阳性(紫色)丹毒丝菌,呈小杆状或长丝状,分许多血清型,各型的毒力差别很大。猪丹毒杆菌的抵抗力很强,在盐腌或熏制的肉内能存活 3~4 个月,在掩埋的尸体内能活 7 个多月,在土壤内能存活 35 天。但对消毒药的抵抗力较低,以 2%福尔马林、3%来苏儿、1%烧碱、1%漂白粉都能很快将其杀死。

【发病特点】不同年龄猪均有易感性,但以 3 个月以上的生长猪发病率最高,3 个月以下和 3 年以上的猪很少发病。病猪、临床康复猪及健康带菌猪都是传染源。病原体随粪、尿、唾液和鼻分泌物等排出体外,污染土壤、饲料、饮水等,而后经消化道和损伤的皮肤而感染。带菌猪在不良条件下抵抗力降低时,细菌也可侵入血液,引起自体内源性染而发病。猪丹毒的流行无明显季节性,但夏季发生较多,冬、春只有散发。猪丹毒经常在一定的地方发生,呈地方性流行或散发。

【临床症状】一般将猪丹毒分为急性败血型、亚急性疹块型和慢性型。

(1)急性败血型的症状是突然发病,体温升高达 42℃以上,寒战,病猪行走时僵直、跛行,似乎感到疼痛;站立数分钟后又卧倒,站立时四肢相互紧靠,头下垂,背部隆起。食欲停止,有时呕吐或干呕。病初便秘,随后下痢,有的混有血液。病程 2~3 天,随即死亡。

(2)亚急性疹块型病猪出现典型猪丹毒的症状。急性型症状出现后,在胸、背、四肢和颈部皮肤出现大小不一、形状不同的疹块,凸出于皮肤,呈红色或紫红色,中间苍白,用手指压后褪色。当疹块出现后,体温恢复正常,病情好转,病程 1 周左右,若能及时治疗,预后良好。

(3)慢性型常发生在老疫区或由前两种类型转化而来。主要表现为关节炎,关节肿大,行动僵硬,呈现跛行。出现慢性心内膜炎,消瘦,贫血,喜卧倒,行走不稳,心跳快,常因心肌麻痹而突然死亡。

【病理变化】

(1)急型败血型：胃底部黏膜有点状和弥漫性出血,十二指肠和回肠有轻重不同的充血和出血。全身淋巴结充血、肿胀,切面多汁。脾脏肿大,边缘呈樱桃红色,钝圆,呈红棕色,肝充血,肾混浊肿胀,呈暗红色水肿,有出血,肺淤血或水肿,心脏内外膜都有小点出血。

(2)亚急性疹块型：主要病变为皮肤坏死性斑疹块,疹块部皮肤组织充血,也有损害关节而使关节发炎肿胀,内脏及肌肉等无显著病变。

(3)慢性型：心脏二尖瓣处有溃疡性心内膜炎。形成疣状团块,状如菜花,此病变亦能发生于三尖瓣处。在腕关节、跗关节等部,常见慢性关节炎,关节囊肿大,有浆液纤维渗出物。

【诊断】根据临床症状和流行情况,结合疗效,一般可以确诊。但在流行初期,往往呈急性经过,症状无特征,需做实验室检查才能确诊。

诊断时应与猪瘟、猪链球菌病、最急性猪肺疫、急性猪副伤寒相鉴别。

【治疗】发生猪丹毒后,应立即对全群猪测温,病猪隔离治疗,死猪深埋或烧毁。与病猪同群的未发病群,用青霉素进行药物预防,等疫情扑灭和停药后,进行1次大消毒,并注射菌苗,巩固防疫效果。对慢性病猪及早淘汰,以减少经济损失,防止带菌传播。

(1)青霉素疗法：青霉素治疗有特效,其次是土霉素和四环素；急性型每千克体重10 000国际单位青霉素静脉注射,同时肌注常规剂量的青霉素,以后每天2次肌注,以防复发或转慢性,不宜过早停药,待食欲、体温恢复正常后,再持续2~3天。

(2)血清疗法：剂量为仔猪5~10毫升,3~10个月龄猪30~50毫升,成年猪50~70毫升,皮下或静脉注射,经24小时再注射1次,如青霉素与抗血清同时应用效果更佳。对病情较重的病例可用5%糖加维生素C或右旋糖酐以及增加氢化可的松和地塞米松等静脉注射,疗效更佳。

(3)阿莫西林粉针:按每千克体重肌注 15 毫克,每天 1~2 次,连用 2~3 天。

(4)欧啉头孢粉针:按每千克体重肌注 2 万单位,1 针可维持 9 天药效。

(5)10%磺胺嘧啶钠注射液:每头每天 20~40 毫升肌注,每天 1~2 次。

【预防】

(1)加强饲养管理

①搞好猪圈和环境卫生,定期消毒。

②不从疫区引进猪只。新购进猪只,必须先隔离观察 2~4 周,健康者方可进入猪群。

③严格检疫制度,防止一切带毒的动物和污染物进入猪群。

(2)预防接种

①猪丹毒灭活菌苗:皮下或肌内注射氢氧化铝灭活苗,以 5 毫升 1 次免疫,免疫期可达 6~8 个月。

②猪丹毒弱毒活菌苗:使用 GC42 弱毒菌苗均按瓶签标定的头剂加入 20%铝胶生理盐水 1 毫升溶解,一律皮下注射 1 毫升,口服时每头 2 毫升,免疫期为 6 个月。

③注射猪瘟、猪丹毒、猪肺疫三联活疫苗或猪丹毒、猪肺疫氢氧化铝二联灭活菌苗,免疫效果与单苗相同。

二、炭 疽

炭疽是由炭疽杆菌引起的各种家畜、野生动物和人类共患的急性败血性传染病。

【病原】炭疽的病原体是炭疽。该菌为革兰阳性的大杆菌,在体内的细菌,能在菌体周围形成很厚的荚膜;在体外,能在菌体中央形成芽孢,它是惟一有致病性的需氧芽孢杆菌。芽孢具有很强的抵抗力,在土壤中能存活数十年,在皮毛和水中能存活4～5年。煮沸需15～25分钟才能杀死芽孢。消毒药物中以碘溶液、过氧乙酸、高锰酸钾及漂白粉对芽孢的杀死力较强,所以临床上常用20%漂白粉、0.1%碘溶液、0.5%过氧乙酸作为消毒剂。

【发病特点】各种家畜及人均有不同程度的易感性,猪的易感性较低。病畜的排泄物及尸体污染的土壤中,长期存在着炭疽芽孢,当猪吃入含大量炭疽芽孢的食物(如被炭疽污染的骨粉等)或吃了感染炭疽的动物尸体时,即可感染发病。本病多发生于夏季,呈散发或地方性流行。

【临床症状】猪多为慢性经过,生前无明显临诊症状,多在屠宰后肉品检验时才被发现;有的猪(亚急性型)为咽炎症状,体温升高,精神及食欲不振,咽喉及腮腺明显肿胀,吞咽和呼吸困难,颈部活动不灵活,口鼻黏膜发绀,最后可窒息死亡;个别猪也可出现急性败血症症状。

【病理变化】为防止扩大散播病原,造成新的疫源地,疑为炭疽病时禁止解剖。

典型的急性败血症病猪,可见迅速腐败,尸僵不全,黏膜暗紫色,皮下、肌肉及浆膜有红色或红黄色胶样浸润,并见出血点;血凝不良,黏稠如煤焦油样;脾脏高度肿大、质软,切面脾髓软如泥状,暗红色;淋巴结肿大、出血;心、肝、肾变性;胃肠有出血性炎症。咽型炭疽可见扁桃腺坏死,喉头、会咽、颈部组织发生炎性水肿,周转淋巴结肿胀、出血、坏死。慢性炭疽的特征变化是咽部发炎,扁桃腺肿大、坏死;颌下淋巴结肿大、出血、坏死,切面干燥,无光泽,呈砖红色,有灰色或灰黄色坏死灶;周转组织有黄红色浸润。

【诊断】猪群出现原因不明而突然死亡的病例,病猪表现体温升高,咽喉出现痛性肿胀,死后天然孔流血,应首先怀疑为炭疽,但确诊需进行实验室检查。

【治疗】临床上确诊后再行治疗时,已经太晚,难以收到预期效果,所以第一个病例都会死亡。从第二个病例起,应尽早隔离治疗,用青霉素静脉注射,可以收到一定效果。如有抗炭疽血清同时应用,效果更佳。此外,氯霉素和庆大霉素等也有较好的疗效。

(1)青霉素:每千克体重1万单位,肌内注射,每天2次,连注3天。

(2)链霉素:每千克体重1万单位,每天1次,肌内注射,连注3天。

(3)庆大霉素:每千克体重2000单位,肌内注射,每天1次,连注3天。

(4)磺胺噻唑或磺胺二甲基嘧啶:每千克体重0.1~0.2克,分6次内服,每次间隔4小时,连服3~5天。

(5)猪用抗炭疽血清:猪在耳根后部或腿内侧皮下注射。本品也可供静脉注射。50~120毫升/次。

【预防】炭疽是一种烈性传染病,不仅危害家畜,也威胁人类健康。因此,平时应加强对猪炭疽的屠宰检验。发生本病后,要封锁疫点,病死猪和被污染的垫料等一律烧毁,被污染的水泥地用20%漂白粉或0.1%碘溶液等消毒。若为土地,则应铲除表土15厘米,被污染的饲料和饮水均需更换,猪场内未发病猪和猪场周围的猪一律用炭疽芽孢苗注射。无毒炭疽芽孢苗,每只猪皮下注射0.5毫升;第二号炭疽芽孢苗,每只猪皮下注射1毫升。最后1只病猪死亡或治愈后15天,再未发现新病猪时,经彻底消毒后可以解除封锁。

三、猪肺疫

猪肺疫又称猪巴氏杆菌病、锁喉风,是猪的一种急性传染病。

【病原】病原体是多杀性巴氏杆菌,呈革兰染色阴性,有两端浓染的特性,能形成荚膜。有许多血清型。多杀性巴氏杆菌的抵抗力不强,干燥后2～3天内死亡,在血液及粪便中能生存10天,在腐败的尸体中能生存1～3个月,在日光和高温下立即死亡,1%烧碱及2%来苏儿等能迅速将其杀死。

【发病特点】大小猪均有易感性,小猪和中猪的发病率较高。病猪和健康带菌猪是传染源,病原体主要存在于病猪的肺脏病灶及各器官,存在健康猪的呼吸道及肠管中,随分泌物及排泄物排出体外,经呼吸道、消化道及损伤的皮肤而传染。带菌猪受寒、感冒、过劳、饲养管理不当,使抵抗力降低时,可发生自体内源性传染。猪肺疫常为散发,一年四季均可发生,多继发于其他传染病之后。有时也可呈地方性流行。

【临床症状】根据病程长短和临床表现分为最急性、急性和慢性型。

(1)最急性型:呈现败血症症状,常突然死亡,病程稍长的,体温升高到41℃以上,呼吸高度困难,食欲废绝,黏膜蓝紫色,咽喉部肿胀,有热痛,重者可延至耳根及颈部,口鼻流出泡沫,呈犬坐姿势。后期耳根、颈部及下腹肺处皮肤变成蓝紫色,有时见出血斑点。最后窒息死亡,病程1～2天。

(2)急性型:主要呈现纤维素性胸膜肺炎症状,败血症症状较轻。病初体温升高,发生干咳,有鼻液和脓性眼屎。先便秘后腹泻,后期皮肤有紫斑。病程4～6天。

(3)慢性型:多见流行后期,主要表现为慢性肺炎或慢性胃肠炎症状。持续性的咳嗽,呼吸困难,体温时高时低,精神不振,食欲减退,逐渐消瘦,有时关节肿胀,皮肤发生湿疹。最后发生腹泻。多经2周以上因衰弱而死亡。

【病理变化】病理变化主要病变在肺脏。

(1)最急性型:各浆膜、黏膜有大理出血点。咽喉部及周围组织呈出血性浆液性炎症,皮下组织可见大量胶冻样淡黄色的水肿液。全身淋巴结肿大,切面呈一致红色。肺充血、水肿,可见红色肝变区(质硬如肝样)。各实质器官变性。

(2)急性型:败血症变化较轻。肺有大小不等的肝变区,切开肝变区,有的呈暗红色,有的呈灰红色,肝变区中央常有干酪样坏死灶。肺小叶间质增宽,充满胶冻样液体。胸腔积有含纤维蛋白凝块的混浊液体。胸膜附有黄白色纤维纱,病程较长的,胸膜发生粘连。

(3)慢性型:高度消瘦,肺组织大部分发生肝变,并有大块坏死灶或化脓灶,有的坏死灶周围有结缔组织包裹,胸膜粘连。

【诊断】本病的最急性型病例常突然死亡,而慢性病例的症状、病变都不典型,并常与其他疾病混合感染,单靠流行病学、临床症状、病理变化诊断难以确诊。

(1)与类症鉴别:在临床检查应注意与急性猪瘟、咽型猪炭疽、猪气喘病、传染性胸膜肺炎、猪丹毒、猪弓形虫等病进行鉴别诊断。

(2)实验室检查,取静脉血(生前),心血各种渗出液和各实质脏器涂片染色镜检。

(3)猪肺疫可以单独发生,也可以与猪瘟或其他传染病混合感染,采取病料做动物试验,培养分离病源进行确诊。

【治疗】发现病猪及可疑病猪立即隔离治疗。早期治疗,有一定疗效。效果最好的抗生素是氯霉素、庆大霉素,其次是四环素、氨苄青霉素等,但巴氏杆菌可以产生抗药性,如果应用某种抗生素后无明显疗效,应立即更换。

氯霉素每千克体重10～30毫克,庆大霉素每千克体重1～2毫克,氨苄青霉素每千克体重4～11毫克,四环素每千克体重7～15毫克,均为每日两次肌内注射,直到体温下降,食欲恢复为止。庆增安注射液每千克体重0.1毫升,肌内注射,每天2次,有良好疗效。

常用的磺胺类药物是磺胺嘧啶。10%磺胺嘧啶钠溶液,小猪

20毫升,大猪40毫升,每日肌内注射1次,或按每千克体重0.07克,每日肌内注射2次。10%磺胺二甲嘧啶钠注射液每千克体重0.07克,每日肌内注射2次。另外,磺胺嘧啶1.0克,麻黄素碱0.4克,复方甘草合剂0.6克,大黄末2.0克,调匀为一包,体重10~25千克的猪服1~2包,25~50千克的猪服2~4包,50千克以上的猪服4~6包,每4~6小时服1次。均有一定效果。

【预防】

(1)预防免疫:每年春秋两季定期用猪肺疫氢氧化铝甲醛菌苗或猪肺疫口服弱毒菌苗进行两次免疫接种。也可选用猪丹毒、猪肺疫氢氧化铝二联苗,猪瘟、猪丹毒、猪肺疫弱毒三联苗。接种疫苗前几天和后7天内,禁用抗菌药物。

(2)改善饲养管理:在条件允许的情况下,提倡早期断奶。采用全进全出制的生产程序;封闭式的猪群,减少从外面引猪;减少猪群的密度等措施可能对控制本病会有所帮助。

(3)药物预防:对常发病猪场,要在饲料中添加抗菌药进行预防。根据本病传播特点,防治首先应增强机体的抗病力。加强饲养管理,消除可能降低抗病能力因素和致病诱因如圈舍拥挤、通风采光差、潮湿、受寒等。圈舍、环境定期消毒。新引进猪隔离观察一个月后健康方可合群。进行预防接种,是预防本病的重要措施,每年定期进行有计划免疫注射。目前生产的猪肺疫菌苗有猪肺疫灭活菌苗、猪肺疫内蒙系弱毒菌苗、猪肺疫 EO-630 活菌苗、猪肺疫 TA53 活菌苗、猪肺疫 C20 活菌苗 5 种,使用、保存和注意事项按说明书。

四、链球菌病

猪链球菌病是一种人畜共患的急性、热性传染病,由 C、D、E 及 L 群链球菌引起的猪的多种疾病的总称。猪链球菌感染不仅可致猪败血症肺炎、脑膜炎、关节炎及心内膜炎,而且可感染特定人群发病,并可致死亡,危害严重。

【病原】病原体为多种溶血性链球菌。各种链球菌都呈链状排列,是革兰阳性球菌。本菌抵抗力不强,对干燥、湿热均较敏感,常用消毒药都易将其杀死。

【发病特点】链球菌广泛分布于自然界,人和多种动物都有易感性,猪的易感性较高。各种年龄的猪都可发病,但败血症型和脑膜脑炎型多见于仔猪,化脓性淋巴结炎型多见于中猪。病猪、临床康复猪和健康猪均可带菌,当它们互相接触时,可通过口、鼻、皮肤伤口而传染。一般呈地方流行性,本病传入后,往往在猪群中陆续出现。

【临床症状】潜伏期多为 1~5 天或稍长,根据临床症状及病理变化可分为 4 型。

(1)败血症型:在流行初期常有最急性病例,多不见任何症状而突然死亡;体温升高(41.5~42℃以上),精神委顿,结膜发绀,以口、鼻流出淡红色泡沫样液体,腹下有紫红斑不久死亡。急性病例,常见精神沉郁,体温 41℃ 以上,呈稽留热,食欲减退或不食,眼结膜潮红,流泪,有浆液状鼻汁,呼吸浅表而快,少数病猪在病的后期于耳尖、四肢下端、腹下呈紫红色或出血性红斑,有跛行,病程 2~4 天。

(2)脑膜脑炎型:病初体温升高,40.5~42.5℃,不食,继而出现神经症状,运动失调,转圈,空嚼、磨牙、仰卧、直至后躯麻痹,侧卧于地,四肢做游泳状运动,甚至昏迷不醒。

(3)关节炎型:由前两型转来,或者从发病起即呈关节炎症,表现一肢或几肢关节肿胀,疼痛,有跛行,甚至不能站立,病程 2~3 周。

(4)化脓性淋巴结炎(淋巴结脓肿)型:多见于颌下淋巴结,其次是咽部、耳下和颈部淋巴结。

【病理变化】

(1)最急性:口、鼻流出红色泡沫液体,气管、支气管充血,充满带泡沫液体。

(2)急性:以出血性败血症病变和浆膜炎为主。皮肤有出血点(胸、耳、腹下部和四肢内侧),皮下组织广泛出血。鼻黏膜紫红色,充血、出血。气管充血,充满淡红色泡沫样液体,肺肿大、水肿、出血。全身淋巴结肿大出血,其中肺门淋巴结、肝门淋巴结周边出血。脾肿大,是正常的1~3倍,呈暗红色或蓝紫色,柔软,质脆。偶见脾边缘黑红色的出血性梗死灶。胃和小肠黏膜有不同程度的充血和出血。心外膜有弥漫性出血点。肾肿大,被膜下与切面上可见出血小点。胸腹腔有多量液体(积液),有时有纤维素性渗出物,往往与内脏粘连。有神经症状的,脑膜充出血,严重者淤血,少数脑膜下积液,白质和灰质有明显的小点出血。脊髓也有类似变化。关节腔内有液体渗出。

【诊断】猪链球菌的病型较复杂,其流行情况无特征,需进行实验室检查才能确诊。

败血症型猪链球菌病易与急性猪丹毒、猪瘟相混淆,应注意区别。

【治疗】将病猪隔离按不同病型进行相应治疗。

(1)对淋巴结脓肿,待脓肿成熟后,及时切开,排除脓汁,用3%双氧水,或0.1%高锰酸钾液冲洗后,涂以碘酊。

(2)对败血症型及脑膜脑炎型,应早期大剂量使用抗生素或磺胺类药物。青霉素每头每次40万~100万单位,每天肌注2~4次;洁霉素每天每千克体重5毫克,肌内注射;氯霉素每千克体重10~30毫克,每日肌注2次;磺胺嘧啶钠注射液每千克体重1~2毫克,每日肌内注射。庆增安注射液,每千克体重0.1毫升,肌内注射,每天2次,也有很好的疗效。为了巩固疗效,应连续用药5天以上。近年来有人用乙基环丙沙星治疗猪链球菌病,每千克体重用2.5~10.0毫克,每12小时注射1次,连用3天,能迅速改善症状,疗效明显优于青霉素。

【预防】主要采取以控制传染源(病、死猪等家畜)、切断人与病(死)猪等家畜接触为主的综合性防治措施。

(1)清除传染源:病猪隔离治疗,带菌母猪尽可能淘汰。污染的用具和环境用3%来苏儿液或1/300的菌毒敌彻底消毒。急宰猪或宰后发现可疑病变的猪屠体,经高温处理后方可食用。

(2)除去感染的因素:猪圈和饲槽上的尖锐物体,如钉头、铁片、碎玻璃、尖石头等能引起外伤的物体,一律清除。新生的仔猪,应立即无菌结扎脐带,并用碘酊消毒。

(3)接种猪链球菌病活菌苗:按瓶签头份,每头份加入生理盐水1毫升,或用生理盐水稀释,每猪口服2头份。1月龄以上的猪均可使用。接种本菌苗1周后即产生免疫力,免疫期6个月。

(4)药物预防:猪场发生本病后,如果暂时买不到菌苗,可用药物预防,以控制本病的发生。每吨饲料中加入四环素125克,连喂4~6周。

五、破伤风

破伤风又名强直症、锁口风,是由破伤风杆菌经伤口感染的一种人畜共患传染病。此病在我国各地都有散发。

【病原】破伤风杆菌为革兰染色阳性,为两端钝圆、细长、正直或略弯曲的大杆菌。破伤风繁殖体对一般理化因素的抵抗力不强,煮沸5分钟死亡。兽医上常用的消毒药液,均能在短时间内将其杀死。但芽孢型破伤风杆菌的抵抗力很强,在土壤中能存活几十年,煮沸1~3小时才能死亡;5%石炭酸经15分钟,5%煤酚皂液经5小时,0.1%升汞经30分钟,10%碘酊、10%漂白粉和30%过氧化氢经10分钟,3%福尔马林经24小时才能杀死芽孢。

【发病特点】本菌广泛存在于自然界,人和动物的粪便中有本菌存在,施肥的土壤、尘土、腐烂淤泥等处也存有本菌。各种家养的动物和人均有易感性。实验动物中,豚鼠、小鼠易感,家兔有抵抗力。在自然情况下,感染途径主要是通过各种创伤感染,如猪的去势、手术、断尾、脐带、口腔伤口、分娩创伤等,我国猪破伤风以去势创伤感染最为常见。

必须说明,并非一切创伤都可以引起发病,而是必须具备一定条件。由于破伤风杆菌是一种严格的厌氧菌,所以,伤口狭小而深、伤口内发生坏死,或伤口被泥土、粪污、痂皮封盖,或创伤内组织损伤严重、出血、有异物,或与需氧菌混合感染等情况时,才是本菌最适合的生长繁殖场所。临诊上多数见不到伤口,可能是潜伏期创伤已愈合,或是由子宫、胃肠道黏膜损伤感染。本病无季节性,通常是零星发生。一般来说,幼龄猪比成年猪发病多,仔猪常因阉割引起。

【临床症状】一般从头部肌肉开始痉挛,病猪眼神凶恶、发直、眼膜外露,牙关紧闭,流涎,叫声尖细如鼠。出现强直步态。病情发展迅速,1～2天后,患猪行走困难,耳朵直立,尾向后伸直,头部微仰。最后不能行走,骨骼肌触感很硬。患猪呈角弓反张式侧卧,胸廓和后肢强直性伸张,直指后方。突然外来的感觉刺激如触摸、声音或可见物的移动,可明显增强破伤风性痉挛。最后,呼吸加快、困难,口鼻有时有白色泡沫。

【病理变化】解剖无可见的病理变化。

【诊断】根据本病的特征性临诊症状,如体温正常,神志清楚,反射兴奋性增高,骨骼肌强直性痉挛,并有创伤史(如猪的去势等)等即可确诊。当临床不能诊断时,可用动物(小鼠)接种实验确诊。

【治疗】

(1)将猪放置安静地方,尽量减少或避免刺激。

(2)对病畜局部创伤进行处理,伤口用3%的过氧化氢或1%

高锰酸钾液冲洗干净。必要时可将创口扩大。用烙铁进行烧烙或撒入碘仿硼酸合剂。也可用40万单位的青霉素,每天1次。创伤周围用3%石炭酸30～50毫升作分点注射。

(3)早期及时注射抗破伤风血清,猪为10万～20万单位,分2次皮下注射。

(4)使用镇静解痉药物,如氯丙嗪50～100毫克,或水合氯醛灌肠,或25%硫酸镁10～15毫升,或1%普鲁卡因穴位注射。

(5)破伤风抗毒素20万～80万单位,一次皮下或静脉注射。

(6)2%高锰酸钾溶液或3%过氧化氢适量、5%碘酊适量。先以2%高锰酸钾液或3%过氧化氢反复洗涤伤口,再涂擦5%碘酊。

(7)20%乌托品注射液10～30毫升,一次肌内注射。

(8)青霉素80万～160万单位、链霉素100万～200万单位、注射用水5毫升,一次肌内注射,每天2次,连用3d。

(9)3%过氧化氢20～25毫升,10%葡萄糖注射液80～100毫升,混匀一次静脉注射。

【预防】防止和减少伤口感染是预防本病十分重要的办法。在猪只饲养过程中,要注意管理,消除可能引起创伤的因素;在去势、断脐带、断尾、接产及外科手术时,工作人员应遵守各项操作规程,注意术部和器械的消毒。对猪进行剖腹手术时,还要注意无菌操作。在饲养过程中,如果发现猪只有伤口时,应及时进行处治。我国猪只发生破伤风,大多数是因民间的阉割方法,常不进行消毒或消毒不严引起的,特别是在公猪去势时,忽视消毒工作而多发。

此外,对猪进行外科手术、接产或阉割时,可同时注射破伤风抗血清3000～5000单位预防,会收到好的预防效果。

六、气喘病

猪气喘病又名猪地方流行性肺炎,是猪的一种慢性肺病。本病分布很广,我国许多地区都有发生。

【病原】病原体是猪肺炎霉形体,具有多形性的特点,常见的形态为球状、杆状、丝状及环状。猪肺炎霉形体对外界环境的抵抗力不强,在室温条件下36小时即失去致病力,在低温或冻干条件下可保存较长时间。一般消毒药都可迅速将其杀死。

【发病特点】大小猪均有易感性。其中哺乳仔猪及幼猪最易发病,其次是妊娠后期及哺乳母猪,成年猪多呈隐性感染。主要传染源是病猪和隐性感染猪,病原体长期存在于病猪的呼吸道及其分泌物中,随咳嗽和喘气排出体外后,通过接触经呼吸道而使易感猪感染。因此,猪舍潮湿,通风不良,猪群拥挤,最易感染发病。本病的发生没有明显的季节性,但以冬春季节较多见。新疫区常呈暴发性流行,症状重,发病率和病死率均较高,多急性经过。老疫区多取慢性经过,症状不明显,病死率很低,当气候骤变、阴湿寒冷、饲养管理和卫生条件不良时,可使病情加重,病死率增高。如有巴氏杆菌、肺炎双球菌、支气管败血波氏杆菌等继发感染,可造成较大的损失。

【临床症状】潜伏期10～16天。主要症状为咳嗽和气喘。病初为短声连咳,在早晨出圈后受到冷空气的刺激,或经驱赶运动和喂料的前后最容易听到,同时流少量清鼻液,病重时流灰白色黏性或脓性鼻液。在病的中期出现气喘症状,呼吸次数每分钟达60～80次,呈明显的腹式呼吸,此时咳嗽少而低沉。体温一般正常,食欲无明显变化。至病的后期,则气喘加重,甚至张口喘气,同时精神不振,猪体消瘦,不愿走动。这些症状可能随饲养管理和生活条件的好坏而减轻或加重,病程可拖延数月,病死率一般不高。隐性型病猪没有明显症状,有时发生轻咳,全身状况良好,生长发育几乎正常,但X线检查或剖检时,可见到气喘病病灶。

【病理变化】病变局限于肺和胸腔内的淋巴结。病变由肺的心叶开始,逐渐扩展到尖叶、中间叶及膈叶的前下部。病变部与健康组织的界限明显,两侧肺叶病变分布对称,呈灰红色或灰黄色、灰白色,硬度增加,外观似肉样或胰样,切面组织致密,可从小支气管挤出灰白色、混浊、黏稠的液体,支气管淋巴结和纵隔淋巴结肿大,切面黄白色,淋巴组织呈弥漫性增生。急性病例,有明显的肺气肿病变。

【诊断】一般可以根据病理变化的特征和临床症状来确诊,但对慢性和隐性病猪的生前诊断,需进行肺部的X线透视检查或做血清学试验。

本症应与猪流行性感冒、猪肺疫、猪传染性胸膜肺炎、猪肺丝虫病和蛔虫病相鉴别。

【治疗】治疗方法很多,多数只有临床治愈效果,不易根除病原。而且各种方法的疗效,与病情轻重、猪的抵抗力、饲养管理条件、气候等因素有密切关系。

(1)土霉素盐酸盐,用5%氯化镁溶液或5%葡萄糖溶液稀释,每千克体重30毫克,肌内注射,每天1次,连用5~7天,第一次用量可以加倍。若用生理盐水稀释,每天注射2次,连用5~7天。若是土霉素油剂,常用浓度为20%~25%的。根据猪大小每头用1~5毫升,肌内注射,每3天注射1次,连注6次。

(2)盐酸土霉素,每千克体重40~50毫克,肌内注射,同时按每千克体重20毫克,肌内注射氢化可的松;或将盐酸土霉素(每千克体重40毫克)加入5%葡萄糖氯化钠(5~20毫升),溶解后进行肌内注射,每天1次,连用5~7天。

(3)土霉素碱粉,用植物油制成20%混悬剂,每千克体重40~50毫克,肌内注射,每2~3天1次,连注5次为1个疗程;或每千克土霉素碱粉40~50毫克,10%磺胺嘧啶钠注射液5~20毫升,混溶后肌内注射,每天1次,连注3~5天。

(4)猪喘平,每千克体重2万~4万国际单位,肌内注射,每天1次,连注5天,若与土霉素油剂交替使用,效果更好。

(5)卡那霉素,每千克体重2万~4万国际单位,肌内注射,每天1次,连注5天;也可以胸腔注射,每天1次,连注3天。若与土霉素混用则效果更好。具体方法是用蒸馏水稀释盐酸土霉素100万国际单位,卡那霉素注射液50万国际单位,混匀后,肌内注射,每天1次,连注2~3天。

(6)氢富马酸盐,每千克体重11毫克,肌内注射,每天1次,连用5天;也可以混入饲料中喂服,每千克饲料200毫克,连喂10天。

(7)壮观霉素,每千克体重20毫克,1毫升灭菌蒸馏水溶解100毫克壮观霉素,肌内注射,每天1次,连注4天。

(8)北里霉素,每千克饲料中添加300毫克北里霉素可溶性粉剂,连喂7天。

(9)泰洛菌素,每千克体重6~10毫克,肌内注射,每天1次,连注3天。

(10)泰妙霉素,以含0.008%颗粒剂的饮水作为惟一饮水,连饮10天。

(11)盐酸麻黄碱,对症治疗,每头猪1~2毫升(0.03~0.06克),一次皮下注射。

(12)氨茶碱,8~15毫升,浓度为25%,一次皮下注射。

(13)每千克体重注射地塞米松1毫升、链霉素10万国际单位、穿心莲0.4毫升的混合液,每天注射2次,6天为1个疗程。

(14)癞蛤蟆2个(大的),焙干研末,每次5克拌食喂服,连喂15天。

(15)甲氧苄氨嘧啶片,每千克体重10毫克,土霉素片40毫克,内服或拌料喂服,每天2次,连用3天。

(16)硫粘菌素基质,每千克体重12.3毫克,连续肌内注射2天。

(17)每升饮水中含富马酸氢盐120~180毫克,连饮3~5天。

【预防】

(1)对已发病的地区或猪场,应隔离饲养,防止蔓延。

(2)预防注射猪气喘病疫苗,该疫苗为弱毒冻干疫苗,每瓶为4头份,用20毫升生理盐水稀释,胸腔注射,每头5毫升。对种用猪,每年注射2次,连注2~3年。

(3)药物预防,如泰洛菌素,肌内注射,每千克体重10毫克,每天1次,连用3~5天;若喂服,每1000毫升水中加泰洛菌素0.2克,连饮3~5天。还可以选用泰妙霉素(又称枝原净),一般在饮水中加入0.004%的颗粒剂,充分溶解后,让病猪自由饮用,连饮10天。

七、接触传染性胸膜肺炎

猪接触传染胸膜肺炎又称猪胸膜肺炎,本病以急性出血性纤维素性胸膜肺炎和慢性纤维素性坏死性胸膜肺炎为特征,已成为规模化养猪的五大疫病之一。

【病原】本病的病原体以前称为胸膜肺炎嗜血杆菌,因其与林氏放线杆菌的DNA具有同源性,故将之列入放线杆菌属,称为胸膜肺炎放线杆菌。据报道,本菌有12个血清型,其中第五血清型分为5A和5B两个亚型,血清型的特异性主要取决于荚膜多糖和菌体的脂多糖。本菌的抵抗力不强,一般常用的消毒药均可将之杀灭。

【发病特点】不同年龄的猪均有易感性,但以3~5月龄的猪最易感。病猪和带菌猪是本病的传染源,而无症状有病变猪,或无症状无病变隐性带菌猪较为常见。胸膜肺炎放线杆菌对猪具有高度宿主特异性，急性感染时不仅可在肺部病变和血液中检出，而且在鼻漏中也大量存在。因此，本病的主要传播途径是呼吸道。病原通过空气飞沫传播，在大群集约饲养的条件下最易接触感染。据报道，当本病急性暴发时，常可见到感染从一个猪舍跳跃到另一个猪舍，这说明较远距离的气溶胶传播或通过猪场工作人员造成的污染之间接触传播也能起重要的作用。

猪群之间的传播主要是因引入带菌猪或慢性感染的病猪；饲养环境不良，管理不当可促进本病的发生与传播，并使发病率和死亡率升高。据调查，初次发病猪群的发病率和病死率均较高，经过一段时间，逐渐趋向缓和，发病率和病死率显著减少。因此，本病的发病率和死亡率有很大差异，发病率通常在 8.5%～100% 之间，病死率在 0.4%～100% 之间。当卫生环境不好和气候不良时，也可促进本病的发生。

【临床症状】根据病猪的临床经过不同，一般可将之分为最急性型、急性型、亚急性型和慢性型 4 种。

(1) 最急性型：同舍或不同舍的一个或几个猪突然发病，开始体温 41.5℃ 以上，沉郁，不食，短时的轻度腹泻和呕吐，无明显的呼吸系统症状。后期呼吸高度困难，常呈犬坐姿势，张口伸舌，从口鼻流出泡沫样淡血色的分泌物，脉搏增速，心衰，耳、鼻、四肢皮肤呈蓝紫色，在 24～36 小时死亡，个别幼猪死前见不到症状。病死率高达 80%～100%。

(2) 急性型：同舍或不同舍的许多猪患病，体温 40.5～41℃ 拒食，呼吸困难，咳嗽，心衰，由于饲养管理及气候条件的影响，病程长短不定，可能转为亚急性或慢性。

(3) 亚急性和慢性型：多由前者转来，体温 39.5～40℃，食欲废绝，不自觉的咳嗽或间歇性咳嗽，生长迟缓，异常呼吸，经过几天乃至 1 周，或治愈或症状进一步恶化。在慢性猪群中常存在隐性感染的猪,一旦有其他病原体经呼吸道感染,可使症状加重。

最初暴发本病时,可见到流产,个别猪可发生关节炎、心内膜炎和不同部位的脓肿。

【病理变化】死于本病的病猪,全身多淤血而呈暗红色,或有大面积的淤斑形成。本病的特征性病变主要局限于呼吸器官。

(1)最急性病例,眼观患猪流有血色样鼻液,气管和支气管腔内充满泡沫样血色黏液性分泌物。肺炎病变多发生于肺的前下部,而不规则的周界清晰的出血性实变区或坏死灶则常见于肺的后上部,特别是靠近肺门的主支气管周围。肺泡和肺间质水肿,淋巴管扩张,肺充血、出血和血管内纤维素性血栓形成。

(2)急性死亡的病例,肺炎多为两侧性。常发生于心叶、尖叶及隔叶的一部分。病灶的界限清晰,肺炎区有呈紫红色的红色肝变区和灰白色灰色肝变区;切面见大理石样的花纹,间质充满血色胶冻样液体。肋膜和肺炎区表面有纤维素物附着,胸腔有混浊的血色液体。

(3)亚急性型病例,肺脏可能发现大的干酪性病灶或含有坏死碎屑的空洞。由于继发细菌感染,致使肺炎病灶转变为脓肿;此时,在病猪的气管内常见大量的黄白色化脓性纤维素性假膜。肺表面被覆的纤维素性渗出物被机化后常与肋胸膜发生纤维素性粘连。病程较长的慢性病例,常于隔叶可见到大小不等的结节,其周围有较厚的结缔组织包绕,肺的表面多与胸壁粘连。

镜检不论是急性型还是亚急性型,肺脏的主要病变均为纤维素性肺炎变化。红色肝变期时可见肺泡隔的毛细血管极度扩张,肺泡腔中充满红细胞、纤维蛋白和浆液;灰白色肝变期时肺泡腔内则有大量的嗜中性白细胞和纤维蛋白;此时的肺间质则明显水肿、增宽,其中发生纤维素样坏死和淋巴栓形成。

【诊断】依据临床症状和特殊的病理变化,结合流行病学,可做出初步诊断;确诊需做细菌学检查,从支气管或鼻腔分泌物和肺部病变中很容易分离到病原体,但从陈旧的病灶中很难分离到病原。在新疫区,则需进行实验室检查才能确诊。

诊断本病时需与猪肺疫、猪气喘病等相区别。

【治疗】对本病采取早期治疗是提高疗效的重要条件。

常用有效的治疗药物有氯霉素、青霉素、卡那霉素、土霉素、四环素、链霉素及磺胺类药物;用药的基本原则是肌肉或皮下大剂量注射,并重复给药。一般的用药剂量为:氯霉素肌注或静注,每千克体重10～30毫克,每天2～4次;青霉素肌注,每头每次40万～100万单位,每天2～4次。能正常采食者,可在饲料中添加土霉素等抗生素或磺胺类药物,剂量为每千克饲料中加入土霉素0.6克,连服3天,可以控制本病的发生。

当连续使用某种药物数天而无效时,可能细菌对该种药物产生了耐药性,应立即更换药物,或几种药物联合使用,或注射庆增安,每次每千克体重用药量为0.1毫升,一天两次。最好青链霉素合并使用,土霉素1～3克溶于5%氯化镁10毫升中,分点肌注,每天或隔天一次,也可连续静注10%磺胺嘧啶钠100毫升,一天两次。

【预防】

(1)常规预防:预防本病的有效方法是对无病猪场应防止引进带菌猪,在引进种猪前应用血清学试验进行检疫。本病由于不同血清型菌株之间交互免疫性不强,因此,目前尚无有效的预防疫苗,一般可从当地分离病菌,制备灭活苗,对母猪和2～3月龄仔猪进行免疫接种。此法具有较好的地区性防疫作用。

(2)紧急预防:猪群一旦发生本病,可能大多数猪已被感染,在尚无菌苗应用的情况下,只能采取以下两种措施:一是对猪群普遍检疫,淘汰阳性猪;二是以含药添加剂饲喂,同时改善环境卫生,消除应激因素,用2%烧碱水每周消毒2次,可以收到较好的效果。

八、猪白痢病

仔猪白痢又称迟发性大肠杆菌病,由致病性大肠杆菌的某些血清所引起,是2~3周龄仔猪的一种急性肠道传染病。发生很普遍,几乎所有猪场都有本病,是危害仔猪的重要传染病之一。

【病原】本病病原是致病性大肠杆菌的某些血清型。

【发病特点】大肠杆菌在自然界分布很广,也经常存在于猪的肠道内,在正常情况下不会引起发病。当仔猪的饲养管理不良,猪舍卫生不好,阴冷潮湿,气候骤变,母猪的奶汁过稀或过浓,造成仔猪抵抗力降低时,就会致病。从病猪体内排出来的大肠杆菌,其毒力增强,健康仔猪吃了病猪粪便污染的食物时,就可引发。因此,一窝小猪中有1头下痢,若不及时采取措施,就很快传播。以10~20日龄的仔猪发病最多,一年四季均可发生。

【临床症状】主要症状为下痢,粪便呈灰白色或淡黄绿色,常混有黏液而呈糊状,其中含有气泡,有特殊的腥臭味。在尾、肛门及其附近常沾有粪便。当细菌侵入血液时,病猪的体温升高,食欲减退,日渐消瘦,精神不佳,被毛粗乱无光,眼结膜苍白,怕冷,恶寒战栗,喜卧于垫草上。有的并发肺炎,呼吸困难。一般经过5~6天死亡,或拖延2~3周以上。病死率的高低取决于饲养管理的好坏。

【病理变化】病死仔猪无特殊病变。肠内有不等量的食糜和气体,肠黏膜轻度充血潮红,肠壁菲薄。肠系膜淋巴结水肿。实质脏器无明显变化。

【诊断】根据本病多发于10~20日龄的小猪,一窝仔猪中陆续发生或同时发生;排白色、灰白色或黄白色粥样的粪便;多发于严冬及炎热季节;有较突出的诱因存在;大多发生在母猪饲养管理和卫生条件不良的养猪场内等特征,可做出诊断。

应与猪传染有肠炎、猪流行性腹泻、猪痢疾、仔猪红痢等鉴别。

【治疗】

(1)呋喃唑酮:每头猪每天0.1～0.3克,分2次内服,连服3天。

(2)土霉素:每千克体重50毫克,内服,每天2次,连服3天。或服用土霉素钙盐,母猪产前20天开始,每天25克;产仔后喂20天,每天5克,可有效地防治仔猪白痢。

(3)磺胺胍:每天2～3次,每次0.75～1.2克。

(4)磺胺二甲基嘧啶和敌菌净:按5:1的比例混合,每千克体重60毫克,内服,首次倍量,每天2次,连服3天。

(5)小檗碱:每头0.5克,每天2次,连服3天。

(6)5%新洁尔灭原液:配成25%的水溶液,每头1毫升,内服,每天1次,连服3天。

(7)氯霉素:每头20万国际单位,肌内注射,每天2次,连注3天。

(8)庆大霉素:每头100～250毫克,每天1～2次,肌内注射,连注3天。

(9)磺胺嘧啶钠:每头2～5毫升,肌内注射,每天1～2次,连注3天。或腹腔注射,每头仔猪1毫升。

(10)山楂炭:调成糊状,灌服,每天2次,连服3天。适于因消化不良引起的白痢。

(11)鲜韭菜:洗净切碎,捣烂,挤出汁水备用。每天内服12克,分2～3次喂服,连喂2～3天。

(12)复方新诺明:1～2片、乳酸菌素片、食母生1～2片,混合后一次内服,每天2次,连用2～3天。

(13)胡椒粉:50克,分2次拌料喂服。

【预防】由于仔猪白痢发病原因的多样性和复杂性,因此,必须采取综合性措施加以预防。

(1)加强临产母猪饲料管理。饲料应多样化,防止突然改变饲料,在饲料中补给适量的抗生素(如土霉素、四环素等)或其他药物,以保证产后母乳质量。

(2)搞好母猪厩卫生管理。对母猪厩做到勤起、勤垫、勤打扫、保温、干燥。可选用普通消毒药进行消毒,如10%～20%石灰乳、3%碱溶液、1%～2%来苏儿溶液、0.5%～1%高锰酸钾溶液等药物,能杀死猪厩内的大肠杆菌。

(3)注意做好母猪的接生工作。要防止胎衣被母猪食掉引起自体中毒,以及产生感染不能正常泌乳,致使乳汁过浓,引起仔猪消化不良发生此病,可在母猪产前、产后1～2天内注射或内服抗菌消炎类药物,可选用毒霉素、链霉素、四环素、土霉素、庆大霉素、安痛定、安基比林、安乃近等药物。

(4)强化初生猪预防工作。对初生3天后仔猪喂给少量0.1%高锰酸钾水,或给母猪适量加喂抗贫血药物,如硫酸亚铁250毫升、硫酸铜10毫升,每天一次,产前、产后半月内服用,可预防此病。

九、红痢病

仔猪红痢又称仔猪杆菌性肠炎、猪传染性坏死性肠炎,是由C型魏氏杆菌所引起的肠毒血症。在环境卫生条件不良的猪场,发病较多,危害较大。

【病原】本病的病原体为C型产气荚膜杆菌,亦称魏氏杆菌。本菌为革兰阳性、有荚膜、无鞭毛,不能运动的厌氧大杆菌;在不良的条件下可形成芽孢,后者呈卵圆形,位于菌体中央或近端,芽孢多超过菌体宽度,故使菌体成杆形而有"杆菌"之称。

一般根据病毒产生的毒素不同而将之分为A、B、C、D和E 5个血清型。其中C型菌株主要产生α和β毒素,特别是β毒素,后者成为引起仔猪肠毒血症、坏死性肠炎的主要致病因子。

本菌对外界环境的抵抗力并不强大，一般的消毒药在适当的浓度时均可将之杀灭；但它形成芽孢后，却有极强的抵抗力，80℃ 15～30分钟即可杀死，100℃则几分钟才能被杀死；冻干保存至少10年，其毒力和抗原性不发生变化。

【发病特点】本病发生于1周龄左右的仔猪，以1～3天的新生仔猪最多见，偶尔可在2～4周龄及断奶仔猪中见到。带菌猪是本病的主要传染源，消化道侵入是本病最常见的传播途径。据报道，一部分母猪是本病的带菌者，病菌随粪便排除体外，直接污染哺乳母猪的乳头和垫料等，当初生仔猪吮吸母猪的奶或吞入污染物后，细菌进入空肠繁殖，侵入绒毛上皮，沿基膜繁殖增生，产生毒素，使受损组织充血、出血和坏死。

另外，杆菌广泛在于人畜肠道、土壤、下水道及尘埃中，当饲养管理不良时，容易发生本病。

【临床症状】本病的病程长短差别很大，症状不尽相同，一般根据病程和症状不同而将之分为最急性、急性、亚急性和慢性型。

(1)最急性：发病很快，病程很短，通常于初生后一天内发病，症状多不明显或排血便，乳猪后躯或全身沾满血样粪便。病猪虚弱，很快变为濒死状态，病猪常于发病的当天或第二天死亡。少数病猪没有下血痢，便昏倒而死亡。

(2)急性型：病猪出现较典型的腹泻症状，这是最常见的病型。病猪在整个发病过程中大多排出含有灰色组织碎片的浅红色褐色水样粪便，病猪很快脱水和虚脱，病程多为2天，一般于发病后的第三天死亡。

(3)亚急性型：病初，病猪食欲减弱，精神沉郁，开始排黄色软粪；继之，病猪持续腹泻，粪便呈淘米水样，含有灰色坏死组织碎片；很快，病猪明显脱水，逐渐消瘦，衰竭，多于5～7天死亡。

(4)慢性型：病猪呈间歇性或持续性下痢，排灰色黏液便；病程十几天,生长很缓慢,最后死亡或被淘汰。

【病理变化】病变常局限于小肠和肠系膜淋巴结,以空肠的病变最重。最急性病例,空肠呈暗红色,肠腔充满血染液体,腹腔内有较多的红色液体,肠系膜淋巴结呈鲜红色。急性病例的肠黏膜坏死变化最重,而出血较轻,肠黏膜呈黄色或灰色,肠腔内有血染的坏死组织碎片粘着于肠壁,肠绒毛脱落,遗留一层坏死性伪膜,有些病例的空肠有约40厘米长的气肿。亚急性病例的肠壁变厚,容易碎,坏死性伪膜更为广泛。慢性病例,在肠黏膜可见1处或多处的坏死带。

【诊断】依据临床和病理变化,结合流行特点,可做出初步诊断,进一步的确诊需靠实验室检查。

本症应与猪传染性胃肠炎、猪流行性腹泻等相鉴别。

【治疗】

(1)硫酸抗敌素用蒸馏水稀释后,每头仔猪5万~8万国际单位,肌内注射,每天1次,连注2~3天。

(2)每头仔猪肌内注射新霉素10万国际单位。

(3)痢菌净,每千克体重5毫克,颈部注射,每天1次,连注3天。为了巩固疗效,停止穴位注射后,按每千克饲料拌入痢菌净片10毫克,连用2周。

【预防】由于本病发生较快,来不及治疗仔猪即死。因此,最好的办法是采取综合防治措施。

(1)加强对猪舍和环境的清洁卫生和消毒工作,产房和分娩母猪的乳房应于临产时彻底消毒。

(2)母猪分娩前一个月和半个月,各肌内注射C型魏氏杆菌氢氧化铝菌苗或仔猪红痢干粉菌苗1次,剂量为5~10毫升,以便使仔猪通过哺乳获得被动免疫;如连续产仔,前1~2胎再分娩前已经两次注射过菌苗的母猪,下次分娩前半个月再注射1次,剂量3~5毫升。

(3)仔猪初生后,口服氯霉素1片(0.2毫升),也有一定的预防作用;如果痢疾注射抗猪红痢血清(每千克体重肌内注射3毫升),可获得更好的保护作用(但注射要早,否则结果不理想)。

十、黄痢病

仔猪黄痢又称早发性大肠杆菌病,是初生仔猪的一种急性、致死性传染病,发病率和病死率均很高,是养猪场常见的传染病。若防治不及时,可造成严重的经济损失。

【病原】由致病性大肠杆菌的某些血清型所致。

【发病特点】主要发生在1~3日龄的乳仔猪,7日龄以上的乳仔猪较少发生此病。往往是一窝一窝地发病,死亡率很高。带菌母猪是本病发生的主要传染源,由粪便排出病菌、传染了母猪的乳头、皮肤及环境。仔猪出生后、吸吮乳头和舔吸母猪皮肤时,或接触传染物时,经消化道进入胃肠内传染发病。新建猪场,从不同场区引进种猪,如患有仔猪黄痢的病史,也会导致本病的扩散。本病的流行无季节性。猪场内一旦流行了仔猪黄痢病,就会经久不断,很难根除。因此,要抓早、抓小,采取综合性的科学的防治措施,扑灭之。

【临床症状】仔猪出生时尚很健康。有的乳仔猪出生后12小时左右就发生此病;有的在1~3日龄发生此病。最急性型,不显临床症状就突然死亡。病仔猪突然发生腹泻,粪便呈黄色糨糊状或黄色水样,并含有凝乳小片。病仔猪肛门松弛、捕捉时会因挣扎或鸣叫而增加腹压,常由肛门排出稀粪,呈水样喷出。病程稍长、很快消瘦、脱水,最后因衰竭昏迷而亡。但患此病的乳仔猪,无呕吐现象。

【病理变化】颈部、腹部皮下常有水肿,肠内有多量黄色液状内容物和气体,肠黏膜有急性卡他性炎症,肠腔扩张,肠壁很薄,肠黏膜呈红色,病变以十二指肠最为严重,空肠和回肠次之,结肠较轻。肠系膜淋巴结有弥漫性小出血点。肝、肾有小的坏死灶。

【诊断】根据其流行情况和症状,一般可做出诊断。本症应与猪传染性胃肠炎、猪流行性腹泻、猪痢疾、仔猪红痢等相鉴别。

【治疗】发现1头病猪,应全窝进行预防性治疗,若待发病后再治疗,往往疗效不佳。

(1)抗生素和磺胺药疗法

①庆大霉素每次每千克体重4~7毫克,1天1次,肌注。

②乙基环丙沙星,每千克体重2.5~10.0毫克,1天2次,肌注。

③壮观霉素,每千克体重25毫克,1天2次,口服。

④硫酸新霉素,每千克体重15~25毫克,分2次口服。

⑤氯霉素,每天每千克体重50毫克,肌注。

⑥青霉素8万单位加链霉素80毫克,1次内服,每天2次。

⑦磺胺脒0.5克加甲氧苄氨嘧啶0.1克,研末,每次每千克体重5~10毫克每天2次。

⑧庆增安注射液每次每千克体重0.2毫升,1天2次口服。

上述药物均需连用3天以上。

(2)微生态制剂疗法:目前我国有3种制剂,即促菌生、乳康生和调痢生。三者都有调整肠道内菌群平衡,预防和治疗仔猪黄痢、仔猪白痢的作用。

①促菌生于仔猪吃奶前2~3小时,喂3亿活菌,以后每天1次,连服3次。与药用酵母同时喂服,可提高疗效。

②乳康生于仔猪出生后每天早、晚各服1次,连服2天,以后每隔1周服用1次,可服6周,每头仔猪每次服0.5克(1片)。

③调痢生每千克体重0.10~0.15克,每天1次,连用3天。在服用微生态制剂期间,禁止服用抗菌药物。

【预防】要控制住仔猪黄痢的发生,就要治本。

(1)要做好猪舍的环境卫生和消毒工作。产房应保持清洁干燥、不蓄积污水和粪尿,注意通风换气,和保暖工作。母猪临产前,要对产房进行彻底清扫、冲洗、消毒,垫上干净的垫草。母猪产仔后,把仔猪放在已消毒好的保温箱里或筐里,暂不接触母猪。待把母猪的乳头、乳房、胸腹部皮肤,用0.1%高锰酸钾水溶液,擦洗干净后(消毒),逐个乳头挤掉几滴奶水后,再让仔猪哺乳,这样就切断了传染途径。

(2)要做好对初生仔猪开奶前的用药工作。就是在仔猪初生后,未让仔猪吃初乳之前,全窝逐头用抗生素药(庆大霉素、链霉素等)口服。以后每天服1次,连服3天。防止病从口入。

(3)要做好对母猪的接种免疫工作,提高保护率,我国已制成大肠杆菌k88ac-1tb双价基因工程菌苗、大肠杆菌k88、k99双价基因工程菌苗和大肠杆菌k88、k99、987p三价灭活菌苗,前两种采用口服免疫,后一种用注射法免疫。均于产前15～30天免疫(具体用法参见说明书)。母猪免疫后,其血清和初乳中有较高水平的抗大肠杆菌的抗体,能使仔猪获得很高的被动免疫的保护率。

十一、猪痢疾病

猪痢疾是一种危害严重的猪肠道传染病。本病可使病猪死亡,生长发育受阻,饲料利用率降低,给养猪业带来巨大的经济损失。

【病原】本病的原发性病原体为猪痢疾密螺旋体,大肠内固有的厌氧菌能协助螺旋体定居,使病变趋严重化。猪痢疾密螺旋体对外界环境有较强的抵抗力,在25℃粪内能存活7天,在4℃土壤中能存活18天。对消毒药的抵抗力不强,一般的消毒药能迅速将其杀死。

【发病特点】本病只发生于猪,最常见于断奶后正在生长发育的猪,仔猪和成猪较少发病。病猪、临床康复猪和无症状的带菌猪是主要传染源,经粪便排菌,病原体污染环境和饲料、饮水后,经消化道传染。易感猪与临床康复70天以内的猪同居时,仍可感染发病。在隔离病猪群与健康猪群之间,可因饲养员的衣、鞋等污染而传播。此外,小鼠和犬感染后也可排菌。

本病的发生无季节性,传播缓慢,流行期长,可长期危害猪群。各种应激因素,如阴雨潮湿、猪舍积粪、气候多变、拥挤、饥饿、运输及饲料变更等,均可促进本病发生和流行。因此,本病一旦传入猪群,很难清除。在大面积流行时,断乳猪的发病率可高达90%,经过合理治疗,病死率较低,一般为5%~25%。

【临床症状】潜伏期长短不一,一般为10~14天。本病的主要症状是轻重程度不等的腹泻。在污染的猪场,几乎每天都有新病例出现。病程长短不一,偶尔可见最急性病例,病程仅数小时,或无腹泻症状而突然死亡。大多数呈急性型,初期排出黄色至灰色的软便,病猪精神沉郁,食欲减退,体温升高(40~40.5℃),当持续下痢时,可见粪便中混有黏液、血液及纤维素碎片,使粪便呈油脂样或胶冻状,呈棕色、红色或黑红色,病猪弓背吊腹,脱水,消瘦,虚弱而死亡,或转为慢性型,病程1~2周。慢性病猪表现时轻时重的黏液出血性下痢,粪呈黑色(称黑痢),病猪生长发育受阻,高度消瘦。部分康复猪经一定时间还可复发,病程在两周以上。

【病理变化】病死猪显著消瘦,被毛为粪便污染。病变主要在大肠(结肠、盲肠),而小肠没有病变。急性期病猪的大肠壁和大肠系膜充血、水肿,当病情进一步发展时,大肠壁水肿减轻,而黏膜炎症逐渐加重,由黏液性出血性炎症发展至出血性纤维素炎症,表层黏膜坏死,形成黏液纤维蛋白伪膜。病变分布部位不定,可能分布于整个大肠部分,或仅侵害部分肠段。病的后期,病变区扩大,呈广泛分布。

【诊断】根据流行特点、临床症状和病变特征可做出初步诊断。在类症鉴别困难时,应进行实验室检查。

猪痢疾应与猪副伤寒、猪传染性胃肠炎、猪流行性腹泻、仔猪红痢、仔猪白痢、仔猪黄痢等鉴别。

【治疗】药物治疗有较好的效果,可以很快达到临床治愈,但停药2～3周后,又可复发,较难根治。对本病有效的治疗药物很多,列述如下,供选用。若发现疗效不佳,应迅速更换。

(1)痢菌净:治疗量,口服每千克体重5毫克,1天2次,连用3～5天。预防量,每吨饲料50克,可连续使用。

(2)痢立清:治疗量为每吨饲料50克,连续使用。预防量与治疗量同。

(3)二甲硝基咪唑:治疗用 250×10^{-6} 水溶液饮用,连续5天。预防量每吨饲料100克。

(4)甲硝咪乙酰胺:治疗用 60×10^{-6} 水溶液,连续饮用3～5天。预防量同治疗量,即每吨饲料60克。

(5)呋喃唑酮:治疗量为每吨饲料300克,连用14天。预防量为每吨饲料100克。

(6)异丙硝哒唑:治疗用 50×10^{-6} 水溶液,饮用7天。预防量为每吨饲料50克。

(7)维吉尼霉素:治疗量为每吨饲料100克,连用14天。预防量减半。

(8)洁霉素:治疗量为每吨饲料100克,连用3周。预防量为每吨饲料40克。

(9)硫酸新霉素:治疗量为每吨饲料300克,连用3～5天。

(10)杆菌肽:治疗量为每吨饲料500克,连用21天。预防量减半。

(11)四环素类抗生素:治疗量为每吨饲料100～200克,连用3～5天。

(12)泰乐菌素:治疗量为每升水570毫克,连饮3～10天。预防量为每吨饲料100克。

【预防】本病尚无菌苗。在饲料中添加药物,虽可控制本病发生,减少死亡,起到短期的预防作用,但不能彻底消灭。彻底消灭主要是采取综合性防疫措施。

(1)禁止从疫区引进种猪,必须引进种猪时,要严格隔离检疫1个月。

(2)在无本病的地区或猪场,一旦发现本病,最好全群淘汰,对猪场彻底清扫和消毒,并空圈2~3个月,经严格检疫后再引进新猪。这样重建的猪群可能根除本病。

(3)当病猪数量多、流行面广时,可用微量凝集试验或其他方法进行检疫,对感染猪群实行药物治疗,无病猪群实行药物预防,经常彻底消毒,及时清除粪便,改进饲养管理,以控制本病的发展。

十二、水肿病

猪水肿病是由病原性大肠杆菌产生的毒素而引起的疾病。常发生于刚断奶的仔猪,发病率虽低,病死率却较高。

【病原】一般认为本病是由溶血性大肠杆菌引起的,其血清型常见的是 O_2、O_8、O_{138}、O_{139}、O_{141} 等群。大肠杆菌广泛存在于自然界,在潮湿、阴暗温暖环境中,能存活1个月;在寒冷干燥环境中存活时间更长;在水和土壤中可存活数月之久。60℃加热15分钟可杀死,兽医常用的消毒药液和常用浓度作用下,短时间可被杀死。

【发病特点】本菌在部分健康母猪和感染的仔猪肠道内存在,在一定条件下大量繁殖,随粪便排出体外,污染饲料、饮水及环境,通过消化道传至其他健康猪。

本病主要发生于断乳前后的仔猪,以春秋产仔季节发生较多。在仔猪群中,部分仔猪常突然发病,迅速死亡。

猪水肿病的发生,一般认为与以下应激因素有关。

（1）仔猪在断奶前后由于饲料和环境的急剧改变，管理不善，圈舍卫生条件差；或突然断奶；或缺乏维生素或矿物质等，引起肠道微生物区系的变化，促进某些微生物的生长繁殖，引起发病。

（2）仔猪断奶后，喂给大量浓厚的精饲料，引起胃肠机能紊乱，有利于本菌的繁殖和产生毒素，诱发本病。

（3）气候变化，阴雨潮湿，由于寒冷的作用，使仔猪受凉，抵抗力减弱，本菌在肠内大量增殖，产生内毒素，并经吸收后引起速发性过敏反应，而使血管通透性增高，发生水肿。

（4）仔猪出生后，母源抗体的传递是通过小肠吸收母乳而获得。断奶前后的仔猪发病，与仔猪特异性抗体的减少或消失有关。出生后发生过黄痢病而康复的仔猪，一般不再发生水肿病。

【临床症状】在疾病暴发初期，常见不到症状就突然死亡。发病稍慢的早期病猪，表现为精神沉郁，食欲不振，多数病猪体温不高，有的升高到 40.5～41℃，行走不稳，摇摆，四肢运动不协调。有些病猪无目的走动或转圈，或类似盲目乱冲。有的病猪前肢跪地，两后肢直立，突然猛向前跃；当各种刺激或捕捉时，十分敏感，触之惊叫，突然倒地，四肢乱动弹，似游泳样动作，空嚼磨牙，口流泡沫液体。后期反应迟钝，呼吸困难，声音嘶哑，腹泻或便秘。病猪常见眼睑水肿，严重时上下眼睑间仅现一小缝隙，然后逐渐延至颜面、颈部、头部变"胖"。病程较快，除最急性死亡外，一般在 3 天以内死亡或可耐过。年龄稍大的猪，病期可长至 5～7 天。

【病理变化】病程长短不同，剖检变化不完全一样，主要的变化是水肿。上下眼睑、颜面、下颌部、头顶部皮下水肿，切开水肿部呈灰白色凉粉样，厚度可达 0.5～1 厘米，流出少量白色或黄白色液体。

胃壁及肠系膜水肿最为典型。胃壁特别是胃大弯部显著水肿，在胃的肌肉层和黏膜层之间，切开呈胶冻样，流出清亮无色或呈黄白色液体，水肿厚度可达 0.5～3 厘米。有的可见胃底黏膜出血。有时水肿病灶较小,须多切几处方可见到。贲门部也常见到水肿。结肠肠间膜水肿也很明显,整个肠间膜凉粉样,切开有无色液体流出,肠道黏膜红肿,大肠壁也发生水肿。严重时可见肠间膜呈红色,切开时流出淡红色液体,大肠浆膜有出血点,大肠黏膜红肿或见出血。

全身淋巴结几乎都有水肿,尤以肠系膜淋巴结明显。还有不同程度的充血或出血变化。肺水肿,心包、胸腔、腹腔内积液,呈无色或淡黄色,暴露空气后很快凝固或呈胶冻样。脑膜充血,大脑间有水肿或有出血点。部分病例,还可见肺、喉头、胆囊、肾包膜、直肠浆膜等发生水肿,以及其他器官亦有出血和变性的变化。

【诊断】根据本病的流行情况、临床症状和病理变化不难做出诊断,必要时亦可从肠系膜淋巴结和肠内容物分离病菌,并进行鉴定。

应注意与贫血性水肿、缺硒性水肿区别。二者均无明显的神经症状,注射抗贫血药或硒很快收效。

【治疗】出现症状后再治疗一般难以治愈。应在发现第一个病例后,立即对同窝仔猪进行预防性治疗。

(1)呋喃唑酮:每头仔猪 0.2～0.5 克,每天 2 次,内服,连服 2～3 天。

(2)链霉素:1 克混入 50～100 毫克氢化可的松中混匀,口服,每天 1 次,连服 3 天;或分 2 次肌内注射。

(3)青霉素:80 万～100 万国际单位,一次肌内注射,每天 3～4 次,连注 3 天。

(4)磺胺噻唑:1 克,磺胺脒 0.5 克,碳酸氢钠 0.5 克,均匀掺入饲料中喂服,早、晚各 1 次,3 天为 1 个疗程,10 天后再喂 1 个疗程。

(5)5%磺胺嘧啶钠:15～30 毫升,一次肌内注射,每天 2 次,连注 2 天。

(6)20％磺胺嘧啶钠:15～20毫升、50％葡萄糖注射液40～60毫升,静脉注射。另外,每千克体重肌内注射卡那霉素2万～4万国际单位,每天1次,连注2天;或庆大霉素,每千克体重2000国际单位,肌内注射,每天2次,连注2～3天。

(7)复方磺胺-5-甲氧嘧啶:每千克体重30毫升,肌内注射,每天1次,连注2～3天。

(8)卡那霉素:50万国际单位、5％碳酸氢钠30毫升、25％葡萄糖液40毫升,混合后一次静脉注射,每天2次,同时肌内注射维生素C 2毫升,每天2次。

(9)硫酸钠:15～30克,加适量冷开水内服,每天1次,连服2～3天。

(10)硫酸镁:15～30克,加适量冷开水内服,每天1次,连服2～3天。

(11)硫酸新霉素:25万～30万国际单位,肌内注射,每天2次,连注2～3天。

【预防】

(1)加强对断奶前后仔猪的饲养管理,多喂易消化的青饲料,补足钙和维生素,促进仔猪胃肠蠕动分泌。断奶、更换饲料不能太突然,要逐渐过渡。

(2)保持猪舍及周围环境卫生,同时保证仔猪有适当运动场所。定期对猪舍消毒。

(3)饲料中适当添加一些抗菌类药物,如土霉素、链霉素、氯霉素、呋喃唑酮等,对预防本病有一定作用。

(4)定时在饲料中添加复方磺胺二甲嘧啶,每头仔猪1.5克,也可以预防本病。

(5)仔猪25日龄时每头每日服土霉素125毫克、呋喃唑酮50毫克、0.1％亚硒酸钠1毫升、食母生0.9克,连服10天,到35日龄时改服土霉素0.25克、呋喃唑酮0.1克、0.1％亚硒酸钠2毫升,食母生1.8克,服至断奶分窝,预防效果较明显。

(6)猪水肿病多价灭活疫苗,于仔猪断奶前14天注射2毫升,颈部肌内注射。

十三、副伤寒

猪副伤寒又称猪沙门菌病,由于它主要侵害2～4月龄仔猪,也称仔猪副伤寒,是一种较常见的传染病。

【病原】病原体是猪霍乱沙门菌和猪伤寒沙门菌,在粪便中可存活1～2月,在垫草上可存活8～20周,在冻土中可以过冬,在10%～19%食盐腌肉中能生存75天以上。但对消毒药的抵抗力不强,用3%来苏儿、福尔马林等能将其杀死。

【发病特点】本病主要发生于密集饲养的断奶后的仔猪,成年猪及哺乳仔猪很少发生。其传染方式有两种:一种是由于病猪及带菌猪排出的病原体污染了饲料、饮水及土壤等,健康猪吃了被感染的食物而感染发病;另一种是病原体平时存在于健康猪体内,但不表现症状,当饲养管理不当、寒冷潮湿、气候突变、断乳过早、有其他传染病或寄生虫病侵袭,使猪的体质减弱、抵抗力降低时,病原体即乘机繁殖,毒力增强而致病。本病呈散发,若有恶劣因素的严重刺激,也可呈地方流行性发生。

【临床症状】潜伏期3～30天,临床上分为急性型和慢性型两种。

(1)急性型(败血型):多见于断奶后不久的仔猪。病猪体温升高(41～42℃),食欲不振,精神沉郁,但不像猪瘟那样委顿,鼻端干燥。病初便秘,以后下痢,粪便恶臭,有时带血,常有腹部疼痛症状,弓背尖叫。耳、腹部及四肢皮肤呈深红色,后期呈青紫色。最后病猪呼吸困难,体温下降,偶尔咳嗽,痉挛,一般经4～10天死亡。

(2)慢性型(结肠炎型):此型最为常见,临床表现与肠型猪瘟相似。体温稍许升高,精神不振欲减退,反复下痢,粪便呈灰白色、淡黄色或暗绿色,形同粥状,有恶臭,有时带血和坏死组织碎片,以后逐渐脱水消瘦,皮肤上出现痂样湿疹。有些病猪发生咳嗽。病程2～3周或更长,最后衰竭死亡。

【病理变化】病理变化是诊断本病的重要依据。

(1)急性型:主要是败血症变化。耳及腹部皮肤有紫斑。淋巴结肿胀、充血、出血;心内膜、心外膜、膀胱、咽喉及胃黏膜出血;脾肿大,呈暗紫色;肝肿大,有针尖大至粟粒大灰白色坏死灶;胆囊黏膜坏死;盲肠、结肠黏膜充血、肿胀,肠壁淋巴小结肿大。

(2)慢性型:主要病变在盲肠和大结肠。肠壁淋巴小结先肿胀隆起,以后发生坏死和溃疡,表面被覆有灰黄色或淡绿色麸皮样物质,以后许多小病灶逐渐扩大融合在一起,形成弥漫性坏死,肠壁增厚。肝、脾及肠系膜淋巴结肿大,常见到针尖大至粟粒大的灰白色坏死灶,这是猪副伤寒的特征性病变。肺有时见到卡他性或干酪样肺炎病灶。

【诊断】根据病理变化,结合临床症状和流行情况进行诊断,类症鉴别有困难时,可做实验室检查。对急性型病例诊断有困难时,可采取肝、脾等病料做细菌分离培养鉴定。也可做免疫荧光试验。本症应与猪瘟、猪痢疾相区别。

【治疗】要在改善饲养管理的基础上进行隔离治疗,才能收到较好疗效。同时用药剂量要足,维持时间宜长。

(1)抗生素疗法:常用的是氯霉素、土霉素、新霉素和强力霉素。

①氯霉素:口服,每天每千克体重50～100毫克,分2～3次服;肌注,每天每千克体重10～30毫克,分2～3次注射。连用4～6天。

②土霉素:口服,每天每千克体重50～100毫克,分2～3次

服;肌注,每千克体重40毫克,一次注射。

③新霉素:口服,每天每千克体重5～15毫克,分2～3次服。

④强力霉素:口服,每次每千克体重2～5毫克,每天1次。

(2)磺胺类疗法:磺胺增效合剂疗效较好。磺胺甲基异噁唑或磺胺嘧啶每千克体重20～40毫克,加甲氧苄氨嘧啶每千克体重4～8毫克,混合后分两次内服,连用1周。或用复方新诺明,每千克体重70毫克,首次加倍,每天内服2次,连用3～7天。

(3)呋喃类疗法:呋喃唑酮(痢特灵),每天每千克体重20～40毫克,分2次口服。连用3～5天后,剂量减半,继续服3～5天。

(4)大蒜疗法:将大蒜5～25克捣成蒜泥,或制成大蒜酊内服,1天3次,连服3～4天。

【预防】加强饲养管理,初生仔猪应争取早吃初乳。断奶分群时,不要突然改变环境,猪群尽量分小些。在断奶前后(1月龄以上),应口服或肌内注射仔猪副伤寒弱毒冻干菌苗等预防。

发病后,将病猪隔离治疗,被污染的猪舍应彻底消毒。耐过的猪多数带菌,应隔离育肥,予以淘汰。病死的猪不准食用,以防食物中毒。未发病的猪可用药物预防,在每吨饲料中加入金霉素100克,或磺胺二甲基嘧啶100克,可起一定的预防作用。

十四、李氏杆菌病

李氏杆菌病是多种畜、禽、野生动物和人共患的传染病,猪患此病较明显的症状是中枢神经系统机能障碍。

【病原】病原体是单核细胞增多症李氏杆菌,该菌为革兰阳性的小杆菌,现在已知的有7个血清型和11个亚型,对猪致病的以2型较为多见。本菌对周围环境的抵抗力很强,在土壤、粪便、干草上能生存很长时间,能耐食盐和碱,但常用的消毒药能将其杀死。

【发病特点】本病的易感动物很广泛,几乎各种家畜、家禽和野生动物都可自然感染,人也有易感性。因此,本病的传染源也较多,病原体随病畜、带菌动物的分泌物和排泄物排出后,污染土壤、饲料及饮水,经消化道、呼吸道及损伤的皮肤而感染,猪吃了带菌的鼠类尸体,也是感染发病的原因。本病的发生有一定季节性,主要发生于冬季和早春。通常呈散发,发病率很低,病死率很高。

【临床症状】猪李氏杆菌病的症状很不一致,可分为败血型、脑膜脑炎型和混合型,而常见的是混合型,多见于哺乳仔猪。

(1)败血型:多发生于仔猪,表现体温升高,精神沉郁,食欲减少或废绝,口渴;有的表现全身衰弱、僵硬、咳嗽、腹泻、皮疹、呼吸困难、耳部和腹部皮肤发绀,病程约 1~3 天,病死率高,妊娠母猪常发生流产。

(2)脑膜脑炎型:多发生于断奶后的猪,表现初期兴奋,共济失调,步态不稳,肌肉震颤,无目的的乱跑,在圈舍内转圈跳动,或不自主的后退,或以头抵地不动;有的头颈后仰,两前肢或四肢张开呈典型的观星姿势,或后肢麻痹拖地不能站立。严重的侧卧、抽搐,口吐白沫,四肢乱划,病猪反应性增强,给予轻微刺激就发生惊叫。病程 1~3 天,长的可达 4~9 天。

(3)混合型:多发生于哺乳仔猪,常突然发病,病初体温高达 41~42℃,吮乳减少或不吃,粪干尿少,中、后期体温降到常温或常温以下。多数病猪表现脑膜脑炎症状。

【病理变化】

(1)败血型:除见一般的败血症病变外,主要的特征性病变是局灶性肝坏死。其次,在脾脏、淋巴结、肺脏、肾上腺、心肌、胃肠道和脑组织中也可发现较小的坏死灶。镜检,坏死灶中细胞破坏,并有单核细胞和一些嗜中性白细胞浸润。

(2)脑膜脑炎型:可见脑膜和脑实质充血、发炎和水肿,脑髓液增量,稍显浑浊,内含较多的细胞成分。脑干,特别是脑桥、延髓和脊髓变软,有小的化脓灶。镜检见脑软膜、脑干后部,特别是脑桥、延髓和脊髓的血管充血,血管周围有以单核细胞为主的细胞浸润。流产母猪可见子宫内膜充血以至广泛坏死。

【诊断】单纯根据临床症状和流行病学不易诊断,而病理解剖变化又不明显,必须配合细菌学和病理组织学检查才能确诊。

猪李氏杆菌病应与猪的伪狂犬病、猪传染性脑脊髓炎、猪血凝性脑脊髓炎等区别。

【治疗】早期大剂量应用磺胺类药物,或与青霉素、四环素等并用,有良好的治疗效果。与氨苄青霉素和庆大霉素混合使用,效果更好。

(1)20%磺胺嘧啶钠液:5～10毫升,肌内注射;盐酸金霉素粉每千克体重20～50毫克,分两次灌服。

(2)庆大霉素:每千克体重1～2毫克,每天2次肌内注射。

(3)氨苄青霉素:每千克体重4～11毫克,肌内注射。也可肌内注射宫绝附红康注射液,用量为每千克体重0.1毫升。病猪高度兴奋不安时,可内服水合氯醛,每千克体重1克,溶于水后用胃管投药。

【预防】减少各种潜在性应激因素,加强营养,控制寄生虫,使动物保持高水平的抗感染能力。病畜隔离治疗,消毒畜舍、环境,处理好粪便。

十五、布鲁菌病

猪布鲁菌病是由布鲁菌引起的人、畜共患的一种急性或慢性传染病。本病已广泛分布于世界各地,我国某些地方有牛、羊、猪、犬种布鲁菌病发生,给畜牧业和人的健康带来较大的危害。

【病原】布鲁菌的抵抗力和其他不能产生芽孢的细菌相似。例如,巴氏灭菌法10～15分钟杀死,0.1%升汞数分钟,1%来苏儿或2%福尔马林或5%生石灰乳15分钟,而直射日光需要0.5～4小时。在布片上室温干燥5天,在干燥土壤内37天死亡,在冷暗处、在胎儿体内可活6个月。

【发病特点】猪种布鲁杆菌除感染猪外,也可感染牛、马、鹿、羊和人。

病猪或带菌猪是主要传染来源。病菌主要存在于被感染母猪的胎儿、胎衣、乳房及淋巴结中。当病母猪流产时是最危险的时期,可从胎儿、胎衣、胎水、奶、尿、阴道分泌物中大量排出细菌,污染产房、猪圈及其他物品。流产母猪的乳汁也在一定时间内排菌。病公猪的精液中也可有病原体,随精液传播疾病,这对公猪传播本病来说更为重要。

本病的传染途径主要是消化道,即通过采食被污染的饲料和饮水感染。其次是皮肤、黏膜及生殖道。本菌有强的侵袭力和扩散力,不仅可从破损的皮肤侵入机体,而且可从无创伤的皮肤、黏膜侵入机体。交配传染,是猪的重要传染途径之一。若病公猪精液中有病原体时,人工授精时,可使母猪被感染。

野猪也可感染猪种布鲁菌,野猪与家猪接触,就可能传播该病。母猪较公猪易感;幼龄猪只对本病有一定抵抗力,随着年龄增长易感性增高,性成熟后对本病很易感。所以,5月龄以下的猪对本病有一定的抵抗力。

【临床症状】母猪主要症状是流产,大多发生在怀孕的第30～50天或80～110天,在妊娠的2～3周早期流产时,胎儿和胎衣多被母猪吃掉,常不被发现。流产前可见母猪精神沉郁,阴唇和乳房肿胀,有时可见从阴道流出分泌物,也有流产前见不到明显的症状。流产的胎儿大多为死胎,并可能发生胎衣不下及子宫炎,影响配种。有的病猪产出弱胎或木乃伊胎。流产后从阴道排出黏性红色分泌物,大多经8～10天可消失。流产后又可怀孕,重复流产的较少见。新受感染的猪场,流产数量较多。

公猪主要症状是睾丸炎和附睾炎,一侧或两侧无痛性肿大,有的极为明显。有的病状较急,局部有热痛,并伴有全身症状。有的病猪睾丸发生萎缩、硬化,性欲减退,丧失配种能力。

无论公、母猪都可能发生关节炎,大多发生在后肢,偶见于脊柱关节,可使病猪后肢麻痹。局部关节肿大、疼痛,关节囊内液体增多,出现关节强硬,跛行。

【病理变化】流产胎儿的状态不同,有的为木乃伊化,有的为弱仔,死亡胎儿可见浆膜上有絮状纤维素分泌物,胸、腹腔有少量微红色液体及混有纤维素。胃内容物有黄色或白色混浊的黏液,并混有小的絮状物。有的黏膜上见有小出血点。流产的猪胎衣充血、出血和水肿,表面覆盖淡黄色渗出物,有的还见有坏死。

母猪子宫黏膜充血、出血和有炎性分泌物,约40%患病母猪的子宫黏膜上有许多如大头针帽至粟粒大的淡黄色小结节,质硬,切开可见少量化脓或干酪样物质;有的可见小结节互相融合成不规则的斑块,使子宫壁变厚和内腔狭窄,常称为粟粒性子宫布鲁菌病。

公猪的睾丸及副睾常见炎性坏死灶,鞘膜腔充满浆性渗出液;慢性者睾丸及副睾结缔组织增生、肥厚及粘连。精囊可能有出血及坏死灶。公猪睾丸及副睾肿大,切开见有豌豆大小的化脓和坏死灶、化脓灶,甚至有钙化灶。

猪患布鲁菌病还常见有关节炎,主要侵害四肢较大的复活关节。滑液囊有浆液和纤维素,重时见有化脓性炎症和坏死,甚至还见脊柱骨、管骨的炎症或脓肿。淋巴结、肝、脾、肾、乳腺等也可能见到布鲁菌病性结节病变。

【诊断】根据流行病学、症状及剖检变化还是可以作为诊断的依据。但要确诊,必须有赖于实验室细菌学、血清学的检验,特别是本病多呈隐性感染,只有反复多次检验,方可达到早期诊断的目的。

猪布鲁菌病要与猪细小病毒感染、猪繁殖和呼吸障碍综合征、猪伪狂犬病、猪乙型脑炎、猪衣原体病、猪瘟、猪钩端螺旋体病、猪弓形虫病等引起的流产相区别。

【治疗】

(1)定期检疫和隔离病猪：用凝集反应定期普遍检疫，将检出的阳性和可疑反应病种行屠宰淘汰。特别贵重的种猪可隔离饲养，继续利用。曾检出病猪的猪群在未达到净化前，应当做可疑病猪群隔离饲养，并反复地进行检疫，及时挑出病猪。对隔离群要严行隔离措施，避免病、健猪只接触，防止人员互相串往。在经两次连续检疫，猪群也无流产和公猪睾丸炎病例时，才可认为本猪群得到净化。

(2)加强消毒及兽医卫生措施：对隔离猪场、用具等进行常规的消毒。做好猪产房的卫生及消毒工作。妥善处理流产胎儿、胎衣、胎水及分泌物。粪便堆积发酵后利用。工作人员的防护工作，特别是发生流产时要注意防护。

(3)病种猪的处理：由于猪只饲养的周转较快，病猪以饲养屠宰淘汰为宜。实践证明逐步淘汰和肉品合理利用是一种积极的措施，各地可因地制宜采用。此外，对特别贵重的病种猪，可考虑进行对症治疗，如子宫炎时的冲洗和治疗、抗生素的应用等。

(4)培育健康幼龄种猪：这是净化病猪群，更新猪群的一项积极措施。仔猪在断乳后饲养，2月龄和4月龄各检疫一次，两次检疫为阴性时，才可认为是健康仔猪。

【预防】

(1)坚决保护健康猪群：对从未发生过布鲁菌病的健康猪群，必须贯彻"预防为主"的方针和坚持自繁自养的原则，防止从外部引入病猪。若必须从外单位引进种猪时，应从无此病地区购买，要进行检疫，购进后隔离观察2个月，再进行检疫，确实健康的方可并群饲养。同时，也要防止运入被污染的畜产品和饲料。每年定期对猪群进行布鲁菌病检疫,以能及时发现病猪。若有原因不明的流产时,必须严格隔离流产母猪,对流产胎儿及胎衣要进行微生物学检查,而且要严格消毒处理,对流产猪只做血清学检查,直到证明为非传染性流产时,才能取消隔离。

(2)受威胁猪群的预防措施

①对猪群进行定期检疫(至少每年一次),并要当作一件防疫制度固定执行,以能及时发现和处理患病猪只。

②定期进行免疫注射,是预防控制本病的有效措施。我国用于预防猪布鲁菌病的是用猪种布鲁菌弱毒 S_2 株制成的活疫苗。该苗毒力稳定、使用安全、免疫力好,是我国选育的一种优良布鲁菌菌苗。本疫苗适于口服免疫和肌内注射。

十六、坏死杆菌病

坏死杆菌病是畜禽共患的一种慢性传染病,多发生于猪收购场和猪集散地临时棚圈。

【病原】病原体是坏死梭杆菌。本菌为多形性杆菌,呈革兰阴性,在病灶内的细菌多呈长丝状,用复红亚甲蓝染色着色不均匀。本菌为严格厌氧菌,较难培养成功。本菌对外界环境的抵抗力不强,在空气中干燥,经 72 小时死亡,日光直射 8～10 小时可被杀死,1%福尔马林、1%高锰酸钾、4%醋酸(或食醋)等均可杀死本菌。除坏死梭杆菌外,结状拟杆菌、化脓放线菌、葡萄球菌等常起协同致病作用。

【发病特点】坏死梭杆菌广泛存在于自然界的土壤内、沼泽地、死水坑、污泥塘等处,健康猪的肠道内,都有坏死梭杆菌存在。当皮肤或黏膜发生损伤时,即可感染发病。特别是猪互相咬架,饲养场污泥很深,场地有突出的尖锐物体时,最易发生本病。一般为散发,如果诱发疾病的因素很多,也可成批发生。多发生于多雨、潮湿及炎热的季节。

【临床症状】猪坏死杆菌病,可因感染的途径和部位不同,临诊表现也有不同。总的来说,育肥猪或架子猪发生最多,仔猪次之,多发生口炎,母猪发生最少。

(1)坏死性皮炎:多见于架子猪和仔猪。其特征症状为猪的颈、胸侧、背部、臀、尾、耳、四肢下部等的皮肤及皮下发生坏死和溃疡。病初为皮肤上突起小丘疹,局部发痒,表面盖有一层干痂、质硬,痂下组织发生坏死,形成较大的囊状坏死区,坏死组织腐烂,积有多量灰黄色或灰棕色恶臭液体,并可从坏死皮肤破溃处流出,最后皮肤发生溃烂;少数严重病例,坏死深达肌肉,甚至波及骨骼。如果病猪四肢发病时,则高度跛行。有的病猪全身、或躯干、或背部大块皮肤发生干性坏死,如盔甲样覆盖体表,最后可脱离猪的背部。如果病变较轻,全身病症不明显,及时而有效的治疗,病猪还可治愈。也有的病猪发生耳及尾的干性坏死,最后脱落。猪的这两种干性坏死症状,在猪丹毒病例中,可能看到。

如果猪的坏死转移到内脏器官,发生转移性坏死灶时,或有某种病继发感染时,病猪则出现全身性症状,如精神不振、食欲减少或废食、体温升高等,特别严重病例,还可引起死亡。

母猪还可以发生乳头和乳房皮肤坏死,甚至乳腺坏死,并出现相应的临诊表现。

(2)坏死性口炎:坏死杆菌侵害受伤的口腔黏膜,可发生坏死性口炎,仔猪多发。病初仔猪厌食、体温升高、流涎、口臭、流鼻液和气喘;检查口腔时,可见舌、齿龈、上颌、颊部、喉头等处黏膜有假膜形成,灰褐色或灰白色,易剥脱,剥离后可见不规则的溃烂面,容易出血。发生在咽喉部时,病猪不能吃食和吞咽,呼吸困难,下颌水肿。如果病变蔓延到肺部或坏死物吸入肺内,可形成化脓性肺炎,常导致病猪死亡。

(3)坏死性肠炎:病猪临诊上表现为严重腹泻,病猪逐渐消瘦等全身症状。常可排出带脓样黏稠稀便,或混杂坏死黏膜,恶臭。剖检死猪时,可见肠道黏膜坏死和溃疡,溃疡表面覆盖坏死假膜,剥离后可见大小不等的不规则的溃疡灶。此病常与猪瘟、猪副伤寒并发或继发。

(4)坏死性鼻炎:猪单独发生者少,但以仔猪和育肥猪多发。病猪表现为咳嗽,从鼻孔流出脓性鼻液,减食,呼吸困难,鼻黏膜发炎、溃疡,表面覆盖有黄白色假膜。病猪或有腹泻,消瘦,或见病猪死亡。

(5)坏死性蹄炎:在羊、牛、马、鹿发生较多。猪单独发生者少,可因猪舍潮湿、粪污、泥泞,且有某种刺扎伤时,才可能发生。患口蹄疫的病猪,常可继发坏死性蹄炎,蹄部坏死、溃烂,跛行或不能站立,重者导致蹄匣脱落。

【病理变化】猪坏死杆菌病的病理变化与临诊上所见的症状相似。如死亡猪只有转移性病灶时,则见受害器官上有数量不等、大小不同的灰黄色坏死结节,切面多干燥。如有猪瘟、猪副伤寒并发或继发时,会出现相应的肠道的病理变化。

【诊断】一般根据流行情况和临床症状可以确诊。但口、鼻、肠的坏死杆菌病须实验室检查才能确诊。

【治疗】发现坏死性皮炎病猪后,及时隔离治疗,常能迅速治愈。首先彻底清除创内的坏死组织,至露出红色创面为止,而后用1%高锰酸钾液或3%过氧化氢液冲洗,最后涂擦或填充下列药物(任选1种):

(1)涂擦1:4的福尔马林松馏油合剂。

(2)撒布高锰酸钾、木炭末(等量)粉。

(3)填充大黄石灰粉(大黄1份,陈石灰2份,先将大黄煮沸10分钟,再掺入陈石灰,搅匀炒干,除去大黄,研为细末)。

(4)用豆油或各种植物油烧开后趁热灌入创口内。

(5)雄黄30克,陈石灰100克,加桐油调成糊状,填充创口病灶有转移迹象时,应注射氯霉素或四环素。

【预防】防止本病发生,关键是避免猪的皮肤和黏膜发生损伤。要求饲养人员做好平时的饲理工作,搞好环境卫生;及时清除粪便,保持圈舍清洁、干燥,定期消毒;避免拥挤,防止猪只相互咬斗和发生外伤,在运输时不宜装运太多;注意观察猪群,一旦发现猪只有外伤时,应及时进行处治。

发病猪舍,要清除猪圈污水、污物,并进行严格的消毒。病死猪及病猪腐败组织及时深埋,其上撒盖漂白粉或生石灰。

十七、萎缩性鼻炎

猪传染性萎缩性鼻炎是一种慢性传染病,以鼻甲骨(特别是下卷曲)萎缩、颜面部变形、慢性鼻炎为特征。本病随着养猪生产的规模化程度的提高,发病率有增加趋势,影响仔猪的生长发育。

【病原】本病的病原主要是支气管败血波氏杆菌的 I 相菌,其次是产毒素的多杀性巴氏杆菌(主要是 D 型)。前者单独感染时,鼻腔病变较轻,如果两者混合感染或继发感染时,则鼻腔病变很重。有时还可分离到绿脓杆菌、放线菌、毛滴虫及猪细胞巨化病毒。支气管败血波氏杆菌是小杆菌或球杆菌,革兰阴性,有两极着染的特点,有荚膜,能产生强坏死毒素。本菌的抵抗力不强,一般消毒药均可杀死。

【发病特点】不同年龄的猪都有易感性,但只有生后几天至几周的仔猪感染后才能发生鼻甲骨萎缩,较大的猪可能只发生卡他性鼻炎和咽炎,成猪感染后看不到症状而成为带菌者。病原体从病猪和带菌猪的鼻腔分泌物排出后,通过空气飞沫经呼吸道传染,特别是母猪有病时,最易将本病传染给仔猪。猫、鼠、兔和犬等也可带菌,并能传播本病。饲养管理不良,猪舍潮湿,饲料中缺乏蛋白质、无机盐和维生素时,可促进本病的发生。

【临床症状】病仔猪先表现打喷嚏,有鼾声,鼻孔流出少量浆液性或黏脓性分泌物,有时带有血丝,不时拱地、搔扒或摩擦鼻部。经常流泪,以致在内眼角下的皮肤上形成灰色或黑色的泪斑。数周后,少数猪可以自愈。但大多数猪有鼻甲骨萎缩变化,经过二三个月,鼻和面部变形。若两侧鼻腔的病理损害大致相等,则鼻腔变得短小,鼻端向上翘起,鼻背部皮肤粗厚,有较深的皱褶,下颌伸长。若一侧鼻腔病损严重时,则两侧鼻孔大小不一,鼻歪向病损严重的一侧。个别病例可引起肺炎。

【病理变化】病变限于鼻腔和邻近组织,最有特征的变化是鼻腔的软骨和骨组织的软化和萎缩,主要是鼻甲骨萎缩,特别是鼻甲骨的下卷曲最为常见。进行病理解剖诊断时,可沿两侧第一、二臼齿间的联线锯成横断面,然后观察鼻甲骨的形状和变化,正常的鼻甲骨分成上下两个卷曲,整个鼻腔被上下卷曲占据,上鼻道比下鼻道稍大,鼻中隔正直。当鼻甲骨萎缩时,卷曲变小而钝直,甚至消失,使鼻腔变成一个鼻道,鼻中隔弯曲,鼻黏膜常有黏液性或干酪样分泌物。

【诊断】根据症状和病理变化可做出正确诊断。但是在本病的早期,其症状和病变均不典型,需实验室检查才能确诊。注意与坏死性鼻炎、骨软病、猪传染性鼻炎、猪细胞巨化病毒感染症相鉴别。

【治疗】支气管败血波氏杆菌对抗生素和磺胺类药物敏感。但不能彻底清除呼吸道内的细菌,停药后部分或相当多的猪复发。具体治疗方法如下:

(1)母猪(产前1个月)、断奶仔猪及生长猪:磺胺二甲嘧啶每吨料100~450克;或磺胺二甲嘧啶每吨料100克、金霉素每吨100克、青霉素每吨50克;或泰乐菌素每吨料100克、磺胺嘧啶每吨料100克;或土霉素每吨料400克,拌匀饲喂。连喂4~5周。

(2)乳猪:从2日龄开始每隔1周肌内注射1次增效磺胺,用量为磺胺嘧啶每千克体重12.5毫克,加甲氧苄氨嘧啶每千克体重

2.5毫克,连续3次。或每周肌内注射1次长效土霉素,用量每千克体重20毫克,连续3次。

【预防】引进种猪时,要了解种猪场的疫情,并对引进的种猪隔离观察1个月以上;一旦发生本病,可根据本场的情况采取相应措施。若发病猪很少,可及时淘汰,根除传染源;若发病猪相当多,已散播到全猪群,最好采取"全进全出"的措施,将患病猪群全部育肥后屠宰,经彻底消毒后,重新引进种猪;如不能做到,只有对全群猪实行药物治疗和预防,连续喂药5周以上,以促进康复。

我国已制成支气管败血波氏杆 I 相菌油佐剂灭活菌苗。妊娠母猪在预产期前2个月及1个月各皮下注射1次,剂量分别为1毫升及2毫升,下1胎在预产期前1个月加强免疫1次,剂量为2.5毫升。对非免疫母猪所生的仔猪,在1周龄及3~4周龄各皮下注射1次,有加速清除鼻腔细菌的效果,若能配合滴鼻免疫,可明显提高鼻腔的抗感染力。此外,还用支气管败血波氏杆菌 I 相菌和产毒素 D 型多杀性巴氏杆菌制成了油佐剂二联灭活菌苗,在妊娠母猪产前1个月注射1次,可使下一代仔猪的鼻甲骨萎缩率减少 92%~97%。免疫母猪所生仔猪在4周龄和8周龄各注射1次,未免疫母猪所生仔猪在1,4,8周龄各注射1次,可产生坚强的免疫力。此种二联苗较多用。

十八、钩端螺旋体病

钩端螺旋体病是一种人兽共患传染病。猪感染后,常无一定症状,可能出现黄疸、血红蛋白尿、皮下水肿及流产等,大多数呈隐性感染。在长江以南地区发生较多。

【病原】病原体是多种钩端螺旋体,而最常见的是波摩那型钩端螺旋体。钩端螺旋体为细长圆形,呈螺旋状,一端或两端弯曲呈钩状,能活泼运动,用姬姆萨染色呈淡紫红色,用镀银染色呈棕黑色。钩端螺旋体在25～30℃的池塘、河流中,能生存3周以上,对热和日光敏感,在干燥环境中容易死亡,不耐酸碱,常用消毒药能迅速将其杀死。

【发病特点】各种家畜和野生的哺乳动物以及人等均可感染,特别是鼠类最易感。病畜和带菌动物是传染源,特别是带菌鼠和感染猪在本病的传播上起着重要的作用。病原体从尿液排出后,污染周围的水源、土壤,经过损伤的皮肤、黏膜及消化道而感染。本病多发生于夏秋季节,以气候温暖、潮湿多雨、鼠类繁多的地区发病较多。

【临床症状】在临诊上,猪钩端螺旋体病可分为急性型、亚急性型和慢性型。

(1)急性型:多见于仔猪,特别是哺乳仔猪和保育猪,呈暴发或散发流行。潜伏期1～2周。临诊症状表现为突然发病,体温升高至40～41℃,稽留3～5天,病猪精神沉郁,厌食,腹泻,皮肤干燥,全身皮肤和黏膜黄疸,后肢出现神经性无力,震颤;有的病例出现血红蛋白尿,尿液色如浓茶,粪便呈绿色,有恶臭味,病程长可见血粪。死亡率可达50%以上。

(2)亚急性和慢性型:主要以损害生殖系统为特征。病初体温有不同程度升高,眼结膜潮红、浮肿,有的泛黄,有的下颌、头部、颈部和全身水肿。母猪一般无明显的临诊症状,有时可表现出发热、无乳。但妊娠不足4～5周的母猪,受到钩端螺旋体感染后4～7天可发生流产和死产,流产率可达20%～70%。怀孕后期的母猪感染后可产弱仔,仔猪不能站立,不会吸乳,1～2天死亡。

【病理变化】

(1)急性型:此型以败血症、全身性黄疸和各器官、组织广泛性出血以及坏死为主要特征。皮肤、皮下组织、浆膜和可视黏膜、肝脏、肾脏以及膀胱等组织黄染和不同程度的出血。皮肤干燥和坏死。胸腔及心包内有浑浊的黄色积液。脾脏肿大、淤血,有时可见出血性梗死。肝脏肿大,呈土黄色或棕色,质脆,胆囊充盈、淤血,被膜下可见出血灶。肾脏肿大、淤血、出血。肺淤血、水肿,表面有出血点。膀胱积有红色或深黄色尿液。肠及肠系膜充血,肠系膜淋巴结、腹股沟淋巴结、颌下淋巴结肿大,呈灰白色。

(2)亚急性和慢性型:表现为身体各部位组织水肿,以头颈部、腹部、胸壁、四肢最明显。肾脏、肺脏、肝脏、心外膜出血明显。浆膜腔内常可见有过量的黄色液体与纤维蛋白。肝脏、脾脏、肾脏肿大。成年猪的慢性病例以肾脏病变最明显。

【诊断】本病的临床症状和病理变化不典型,只能作为诊断时的参考,需要实验室检查才能确诊。

【治疗】链霉素、庆大霉素、强力霉素(多西环素)、土霉素等都有较好的疗效。

(1)链霉素每千克体重25~30毫克,1天2次肌内注射。

(2)庆大霉素每千克体重1.0~1.5毫克,1天2次肌内注射。

(3)强力霉素每千克体重2~5毫克,每天1次口服,混饲浓度为每吨饲料100~200克。

(4)土霉素每千克饲料加入0.75~1.50克,连喂7天,可控制本病发生。

【预防】首先,要消灭猪圈及其周围的鼠类,杜绝传染源,有放养猪群习惯的地区应改为圈养,减少接触鼠类和污染水的机会。其次,对病猪粪尿污染的场地及水源,可用漂白粉或2%烧碱液消毒。其三,在本病常发地区,应注射钩端螺旋体多价菌苗,两次肌内注射,间隔1周,用量2~5毫升,免疫期约为1年。

十九、红皮病

猪红皮病是一种由蚊蝇传播的猪附红球细胞体内侵袭猪体血液内而引起的,其流行有明显季节性,一般多在每年5~6月份高温多湿、蚊蝇大量增殖突然发病。

【病原】猪附红细胞体病的临床特征是呈现急性黄疸性贫血和发热。其病原体是猪附红细胞体,属于立克次体目,寄生于红细胞内,也可游离在血浆中,其增殖过程是在红细胞内行二分裂萌芽法。附红细胞体对干燥类化学药品的抵抗力很低,但耐低温,在5℃能保存15天,在加15%甘油的血液中,于-79℃条件下可保存80天。

【发病特点】不同年龄和品种的猪均有易感染性,仔猪的发病率和病死率较高。本病的传播途径还不清楚,由于附红细胞体寄生于血液内,又多发生于夏季,因此,推测本病的传播与吸血昆虫有关,特别是猪虱。

另外,注射针头、手术器械、交配等也可能传播本病。应激因素如饲养管理不良、气候恶劣或其他疾病等,可使隐性感染猪发病,甚至大批发生,症状加重。

【临床症状】小猪表现为皮肤和黏膜苍白,黄疸,发热,精神沉郁,食欲不振,发病后1天至数日死亡,或者自然恢复变成僵猪。

母猪的症状分为急性和慢性两种:急性感染的症状为持续高热(40.0~41.7℃),厌食,偶有乳房和阴唇水肿,产仔后奶量少,缺乏母性行为,产后第三天起逐渐自愈;慢性感染母猪呈现衰弱,黏膜苍白及黄疸,不发情,或屡配不孕,如有其他疾病或营养不良,可使症状加重,甚至死亡。

【病理变化】主要变化为贫血及黄疸。皮肤及黏膜苍白,血液稀薄,全身性黄疸。肝肿大变性,呈黄棕色,胆囊充满浓明胶样胆汁。脾肿大变软。有时淋巴结水肿,胸腔、腹腔及心包积液。

【诊断】本病经病理学初步诊断,然后再镜检、血清学诊断、分子生物学技术诊断即可确诊。

【治疗】目前比较有效的药物有新胂凡纳明、对氨基苯砷酸钠、土霉素、四环素等。根据猪的大小及病情的轻重,可采用不同剂量。

(1)新胂凡纳明:每千克体重10～15毫克,静脉注射,在2～24小时内,病原体可从血液中消失,在3天内症状也可消除。由于副作用较大,目前较少应用。

(2)对氨基苯砷酸钠的用法:对病猪群,每吨饲料混入180克,连用1周,以后改为半量,连用1个月。对感染猪群也用半量。还可用于预防。

(3)土霉素、四环素:每天每千克体重15毫克,分2次肌内注射,可以连续应用。如果用来预防,可在每吨饲料中混入土霉素600克,连续应用。

(4)铁制剂和土霉素:对阳性反应的、初生不久的贫血仔猪,1～2日龄注射铁制剂200毫克和土霉素25毫克,至2周龄再注射周剂量铁制剂1次。同时应消除一切应激因素,驱除体内外寄生虫,以提高疗效,控制本病的发生。使用砷剂时,应充分供应饮水,以防中毒。

【预防】

(1)在雨季来临前应做好猪舍周围的清沟排水和猪栏清洁消毒工作,提前驱虫灭蚊。

(2)搞好棚舍清洁,注意饮水卫生,晚间做好驱蚊工作,可增强猪的抵抗力,缩短病程,并可防止发生。

二十、结核病

结核病是多种家畜、家禽、野生动物及人的慢性传染病。病的特征是在某些器官形成结核结节,病程较长者结节中心干酪样坏死(如豆腐渣样)或钙化。

【病原】猪结核病的病原体是禽型结核杆菌、牛型结核杆菌和人型结核杆菌。结核杆菌是一种纤细的小杆菌,呈革兰染色阳性,具有抗酸染色的特性。结核杆菌因含有丰富的脂类,因此,对外界因素的抵抗力很强,在水、土壤、粪便中能生存5个月以上,常用消毒药可将其杀死。

【发病特点】结核病的易感动物很多(包括50种哺乳动物和25种禽类),比较易感的是牛、猪、鸡和人。猪得结核病主要由于与结核病人、牛和鸡直接或间接接触,特别是结核病在这些动物中流行时。比如在猪舍内养鸡,用鸡粪喂猪,以鸡用过的锯木屑(垫料)垫猪舍,利用结核病院残羹喂猪,未经消毒的结核病牛肉和乳品等直接给猪吃,都可以感染结核病。一般呈散发。发病率和病死率不高。

【临床症状】猪对三型结核菌都有易感性,且对禽分枝杆菌的易感性较其他哺乳动物高,但牛分枝杆菌比其他两型的结核菌会在猪中引起更严重的病,呈进行性感染,常导致死亡。猪结核病主要经消化道感染,多表现为淋巴结核,在扁桃体和颌下淋巴结发生病灶,很少出现临床症状。当肠道有病灶时则发生下痢。

【病理变化】猪结核病常通过消化道传染,其病灶大多数局限于咽部、颈部及肠系膜的淋巴结。病灶的数量和大小不等,有的只有几个小的干酪样坏死灶,有的整个淋巴结呈弥漫性肿大。有的只侵害一组淋巴结,有的波及许多淋巴结。猪的全身性结核病甚少见,偶尔可在肝、脾、肺、肾及许多淋巴结见到结核病变。结核病灶的特征为特异性肉芽肿,结节坚实、隆起,呈灰色或灰黄色,中心干酪样坏死或钙化,周围界限较明显。呈弥漫性增生者无明显的干酪样坏死,周围界限也不明显。

【诊断】结核病猪生前无明显症状,依据死后剖检变化才能确诊,必要时可做结核菌素试验和显微镜检查。

【治疗】本菌对常用的磺胺类药物、青霉素及其他广谱抗生素均不敏感。但对链霉素、异烟肼、环丝氨酸、对氨基水杨酸、利福平等敏感。中草药中的白及、百部、黄芩等在实验室内试验,对结核菌有中等的抑菌作用。

【预防】该病是一种常见的人畜共患病,而结核分枝杆菌、牛分枝杆菌和禽分枝杆菌又都可引起猪发病。消灭和减少猪结核病的发生主要采取综合性防御措施,防止疾病传入,净化污染群,培育健康畜群。

(1)患结核的人禁止饲养、接触家畜。

(2)猪场一旦发生猪结核,病群应做淘汰处理。

(3)被污染的厩舍、场地等可用20%石灰乳、10%漂白粉或5%来苏儿进行2~3次彻底消毒,3~6个月后猪舍再利用。

二十一、脑脊髓炎

猪传染性脑脊髓炎又称猪脑脊髓灰质炎,主要侵害中枢神经系统,呈现中枢神经系统紊乱症状和四肢麻痹。

【病原】病原体是小核糖核酸病毒科肠道病毒属中的猪传染性脑脊髓炎病毒,其中血清1型毒力最强,是主要的病原,2,3,5型毒力较低。病毒能耐酸和碱,对外界环境有较强的抵抗力,但用次氯酸钠、20%漂白粉和70%酒精可将其杀死。

【发病特点】猪是惟一的易感动物,幼龄仔猪(4~5周龄)最易发病,成猪多为隐性感染。病猪和健康带毒猪随粪便排出病毒,主要通过污染饲料、饮水等经消化道传染,经呼吸道和其他途径传染也有可能。有新疫区,发病率和病死率较高;在老疫区,多呈散发。

【临床症状】潜伏期平均约6天。病的早期发热(40~41℃),不食,倦怠,随后不久发生共济失调。病情严生者,出现眼球震颤,肌肉抽搐,头颈后弯,昏迷。接着发生麻痹,有时呈犬坐姿势,或侧面躺下,受到响声或触摸的刺激时,可引起四肢不协调运动或头颈后弯,通常于出现症状的3~4天内死亡,有些病例于急性期过后,在精心护理下可免一死,但残留有肌肉萎缩和麻痹症状。

由毒力较低的毒株引起的病例症状较轻,发病率和病死率均较低。病初体温升高,后腿控制能力减退,运动失调,背部软弱,这些症状大多可在几天内消失,有些病猪随后出现易兴奋,发抖,平衡失调,运动失控,最后是肢体麻痹等症状,因此,称其为良性地方性轻瘫。

【病理变化】病变主要分布在脊髓腹角、小脑灰质和脑干。肉眼病变不明显,组织学检查可见非化脓性脑脊髓质炎变化,灰质部分的神经细胞变性和坏死,神经胶质细胞增生聚集,有明显的噬神经现象,小血管周围有大量淋巴细胞浸润,形成明显的管套现象。在神经细胞质内有嗜酸性包涵体。病程较长的,心肌和肌肉有萎缩现象。

【诊断】病毒分离是诊断本病最准确的方法。特别是对新发生本病的地区更为重要。以无菌操作从病猪采取小脑和脊髓的灰质部,冷藏或放入50%甘油生理盐水中,送实验室检查。也可用仔猪做接种试验,将病料制成10%悬液,离心沉淀,取上清液直接脑内接种,如被接种猪经10天左右发病,出现与自然病例相同症状和病理组织学变化,在排除类症的情况下,可确诊为本病。

本病应与其他呈现神经症状的猪病相鉴别。特别要注意与猪血凝性脑脊髓炎、李氏杆菌病、伪狂犬病鉴别。

【治疗】对本病目前无特效疗法。在加强护理的基础上进行对症治疗,有一定效果。也可试用康复猪的血清或血液进行治疗。

【预防】要特别注意引进种猪的检疫,以防止引入带病毒猪。一旦发生本病,要迅速确诊,坚决采取隔离、消毒等措施,予以消灭。疫情严重时,可试用组织培养消灭。

二十二、皮肤真菌病

皮肤真菌病又称皮霉病、表皮真菌病、小孢子菌病等,是由多种皮肤致病真菌引起的人、畜、禽共患的皮肤病的总称。该病对猪俗称为钱癣、脱毛癣、秃毛癣等,主要引起被毛、皮肤、蹄等角质化组织的损害,形成癣斑,特征症状为脱毛、脱屑、炎性渗出、痂块及痒感等。

【病原】引起猪的皮肤真菌病几乎全部都是由真菌门和半知菌纲、念珠菌目、念珠菌科的各种小孢子菌和毛癣菌所引起的,特别是须毛癣和细小孢子菌。由于多数皮肤真菌能产生孢子,在不利环境下,孢子内的胞浆可以浓缩,胞壁增厚,变成厚壁孢子,因此,对外界环境影响的抵抗力很强。

【发病特点】皮肤真菌可感染所有家畜和野生哺乳动物与人类,猪的感染源和感染锁链中要注意猫、狗、牛以及垫料、饲料等对猪的传染作用。病猪与带菌动物是主要传染源,被病菌污染的猪舍、栏圈、器具、空气、尘埃以及管理人员都可以成为传播媒介。通过病猪与健猪直接接触与空气传播。环境潮湿、阴冷多雨、闷热、拥挤、营养不良与卫生条件差可促使本病的发生与传播。病的发生无明显的季节性,但以夏、秋、冬季多发。呈地方性流行,主要危害保育舍的仔猪,特别是断乳前后的仔猪最易感染,哺乳仔猪发病少,成年猪一般不感染。发病率高达 50%~60%,病死率很低。病的发生与猪的品种和性别无关。

【临床症状】病猪头部、颈部、躯干、腹部和四肢上部等处可见指盖或铜钱大小的圆形或不规则形,灰白色鳞屑斑。发病初期,病猪食欲、精神、体温无异常,表现中度的瘙痒,不见脱毛。病灶中度潮红,嵌有小水疱。当病灶的面积扩展到体表面积 50% 后,病猪精神沉郁,食欲减退,体温略高,发痒磨墙,怕冷嗜睡,被毛松乱,严重者瘦弱而死亡。

【病理变化】本病一般不引起内脏器官的病理变化。

【诊断】根据流行特点和临床特征可做出初步诊断,确诊应进行显微镜检查。

【治疗】

(1)外用药物:病猪隔离治疗,先对患部剪毛,再用温肥皂水洗净痂皮,再用2%的硫化石灰液进行冲洗,然后涂擦10%水杨酸软膏或15%磺胺水杨酸软膏或水杨酸醑剂或5%～10%硫酸铜溶液,每天1次,直至痊愈。

(2)内服药物:一般用药后4～7周才会痊愈。

①灰黄霉素:每头猪1日内服量为每千克体重20～30毫克,连续使用7天以上。

②制霉菌素:每头猪1次内服量为50万～100万单位。

③克霉唑:每头猪1日内服量为1.5～3克。

【预防】

(1)加强饲养管理,防止各种应激的发生,注意饲养密度要适中;保持猪舍清洁卫生与用具、垫料、饲料及环境的干燥;清除污物与粪尿,定期进行消毒;猪舍与环境、空气可用驰骋一片净、抗毒威或强力消毒灵等进行消毒;猪体可选用1∶1000驰骋一片净、强力消毒王1000倍液或0.1%过氧乙酸溶液等进行喷雾消毒。

(2)猪体皮肤要保持清洁干净,防止皮肤发生外伤,一旦发生外伤应涂擦碘酊或青霉素软膏;消灭各种吸血昆虫,防止其叮咬皮肤,可有效的预防本病的发生。

(3)平时要防止饲料发霉变质,轻度发霉的玉米等要及时用水清洗,晒干,粉碎后加克霉唑再饲喂。可选用驰骋动物疫病研究所研发的生物克霉唑(每吨饲料中添加400～600克,可长期使用)。严禁用发霉变质的饲料喂猪,一定要保证猪只的营养水平。

(4)药物预防:仔猪发病日龄期间可在饲料中投服维生素A,每头猪每次内服3万～5万单位。

第三节 猪寄生虫病

一、蛔虫病

猪蛔虫病是由猪蛔虫寄生于猪小肠内而引起的一种寄生虫病,是猪常见的寄生虫病,主要危害 3~6 月龄的仔猪。

【病原】猪蛔虫是寄生于猪小肠中最大的一种线虫。新鲜虫体为淡红色或淡黄色。虫体呈中间稍粗、两端较细的圆柱形。

【发病特点】猪蛔虫病的流行很广,一般在饲料管理较差的猪场,均有本病的发生;尤以 3~5 月龄的仔猪最易大量感染猪蛔虫,常严重影响仔猪的生长发育,甚至发生死亡。其主要原因是蛔虫生活史简单,蛔虫繁殖力强,产卵数量多,并且虫卵对各种外界环境的抵抗力强,能在外界环境中长期存活,大大增加了感染性幼虫在自然界的积累。虫卵还具有黏性,容易借助粪甲虫、鞋靴等传播。

【临床症状】猪蛔虫幼虫和成虫阶段引起的症状和病变是各不相同的。

(1)幼虫移行至肝脏时,引起肝组织出血、变性和坏死,形成云雾状的蛔虫斑,直径约 1 厘米。移行至肺时,引起蛔虫性肺炎。临诊表现为咳嗽、呼吸增快、体温升高、食欲减退和精神沉郁。病猪伏卧在地,不愿走动。幼虫移行时还引起嗜酸性粒细胞增多,出现荨麻疹和某些神经症状类的反应。

(2)成虫寄生在小肠时机械性地刺激肠黏膜,引起腹痛。蛔虫数量多时常凝集成团,堵塞肠道,导致肠破裂。有时蛔虫可进入胆管,造成胆管堵塞,引起黄疸等症状。

(3)成虫能分泌毒素,作用于中枢神经和血管,引起一系列神经症状。成虫夺取宿主大量的营养,使仔猪发育不良,生长受阻,被毛粗乱,常是造成"僵猪"的一个重要原因,严重者可导致死亡。

【病理变化】猪蛔虫幼虫和成虫阶段引起的症状和病变是各不相同的。

(1)幼虫移行至肝脏时,引起肝组织出血、变性和坏死,形成云雾状的蛔虫斑,直径约1厘米。移行至肺时,引起蛔虫性肺炎。

(2)成虫寄生在小肠时机械性地刺激肠黏膜,引起腹痛。蛔虫数量多时常凝集成团,堵塞肠道,导致肠破裂。有时蛔虫可进入胆管,造成胆管堵塞,引起黄疸等症状。

(3)成虫能分泌毒素,作用于中枢神经和血管,引起一系列神经症状。成虫夺取宿主大量的营养,使仔猪发育不良,生长受阻,被毛粗乱,常是造成"僵猪"的一个重要原因,严重者可导致死亡。

【诊断】诊断除根据流行病学和临床症状外,可采取实验室检查和尸体剖检。

(1)实验室检查取被检粪便采用直接涂片法或饱和盐水浮集法,做粪便虫卵检查。猪蛔虫卵大小为(60～70)微米×(40～60)微米,受精卵呈黄褐色短椭圆形,卵壳较厚,最外层为凸凹不平的波浪状。未受精卵的形状稍长,卵最外层薄而不整齐。

(2)尸体剖检解剖猪体,在小肠里发现成虫。为了发现哺乳期仔猪的早期蛔虫病,可取肺脏和肝脏,用幼虫检查法分裂幼虫,以求确诊。

【治疗】

(1)驱虫净(四咪唑):若是注射液,每千克体重12～14毫克,一次肌内注射;若内服,每千克体重15～30毫克,加水溶解后投服,或每千克体重10毫克拌料喂服。

(2)兽用敌百虫:每千克体重0.1克,拌入少量精饲料一次饲喂,对于体质较弱的仔猪,每千克体重用量为0.15克,分2次喂服,间隔4小时。若服药后猪表现出流涎、呕吐、肌肉痉挛、神情不安、后肢无力等症状,说明敌百虫用量过多而中毒。轻者短时间内能自行恢复,重者可用0.1%的硫酸阿托品解毒,用量为2~3毫升,一次肌内注射。

(3)驱蛔灵:按每千克体重用枸橼酸哌嗪0.3克,或磷酸哌嗪0.25克,每天1次,连服2~3次。

【预防】

(1)定期驱虫,保持猪舍清洁卫生:每年春秋两季各驱虫1次,平时每隔2个月驱虫1次。经常打扫粪便,将猪粪进行无害化处理,如堆积发酵,生物热处理,以消灭虫卵。应特别注意饮用水要保持清洁。

(2)猪舍消毒:常用20%~30%的热草木灰或4%的氢氧化钠溶液消毒杀虫。此外,2%~5%的热碱水(65℃以上)、生石灰、5%~10%的石炭酸或热开水(50℃以上)也可以杀死虫卵。

(3)用提前发酵的饲料喂猪:有人试验,饲料发酵(52℃)24小时后蛔虫卵会全部死掉。

(4)发现病猪及时驱虫,最好在成虫前驱虫。

(5)对断奶仔猪坚持饲喂含有蛋白质、维生素、矿物质等营养丰富且易消化的饲料,以增强仔猪抗病能力。

二、旋毛虫病

旋毛虫病是由旋毛虫引起的一种重要的人兽共患寄生虫病,也是一种自然疫源性疾病。

【病原】旋毛虫成虫寄生于宿主的小肠,幼虫寄生于同一宿主体的肌肉。当人或动物吃了含有旋毛虫幼虫包囊的肉后,包囊被消化,幼虫逸出钻入十二指肠和空肠的黏膜内,经1.5~3天即发育成成虫。成虫为白色、前细后粗的小线虫,肉眼勉强可以看到。雄虫长1.4~1.6毫米,雌虫长3~4毫米。雌雄交配后,雄虫死亡,雌虫钻入肠腺或黏膜下淋巴间隙中产出幼虫。大部分幼虫经肠系膜淋巴结到达胸导管,入前腔静脉流入心脏,然后随血流散布到全身。横纹肌是旋毛虫幼虫最适宜的寄生部位,其他如心肌、肌肉表面的脂肪,甚至脑、脊髓中也曾发现过虫体。

【发病特点】目前,已知有100多种动物在自然条件下可以感染旋毛虫病,包括肉食兽、杂食兽、啮齿类和人,其中哺乳动物至少有65种,家畜中主要见于猪和犬。

【临床症状】自然发病时,猪表现出极大的耐受性,一般无明显的症状。人工接种时,病猪食欲减退,引起肠炎,呕吐,腹泻。体温升高,肌肉僵硬、疼痛。当幼虫侵入肌肉内时,肌肉发炎、肿胀。病猪声音嘶哑,吞咽、咀嚼困难。呼吸急促,卧地不起,日渐消瘦。重病者12~15天死亡。

【病理变化】自然感染的病猪无明显病理剖解变化。病猪宰杀时肌旋毛虫在肌肉中寄生的数量以膈肌寄生的最多。形成包囊的虫体,其包囊与周围肌纤维有明显界限,包囊内一般只含一个清晰盘卷的虫体,严重感染的病例,也有包囊含有2条至数条虫体的。

【诊断】由于旋毛虫自然感染的病猪无明显症状,所以生前诊断较困难,可采用酶联免疫吸附试验和间接血凝试验,可在感染后17天测得特异性抗体。

目前多采用肌肉压片法进行诊断,首先从待检动物的左右膈肌脚割取小块肉样,撕去肌膜和脂肪,然后再从肉样的不同部位剪取2~4个麦粒大小的小肉块,用旋毛虫检查玻板压片镜检或用旋毛虫投影器检查,如有包囊即可做出诊断。

【治疗】

(1)丙硫咪唑:每千克体重80~100毫克,拌入饲料喂给,每天

1~2次,连喂3~6天。

(2)磺苯咪唑:每千克体重30毫克,肌内注射,每天1次,连注2~3天。

(3)噻苯咪唑:每千克体重50毫克,内服,连服5~10天。

(4)氟苯咪唑:每千克饲料125毫克,拌匀,一次喂给,连喂10天。

(5)康苯咪唑:每千克体重20毫克,一次内服。

【预防】

(1)加强肉品卫生检疫,禁止人吃生猪肉或未煮熟的猪肉。

(2)消灭老鼠。

(3)发现疫情,及时处理,防止扩散。

三、囊尾蚴病

猪囊尾蚴病又称猪囊虫病,俗称囊虫病,有囊虫的猪肉为"米肉"或称"豆肉"。是由猪带绦虫幼虫寄生于人或猪、野猪等中间宿主引起人畜共患的寄生虫病。多国的东北及华北较多见,华中、华东、西北及西南也有发生。

【病原】病原体为猪囊尾蚴或称猪囊虫,其成虫是有钩绦虫或称猪带绦虫,寄生于人的小肠,虫体大,长达2~7米。

幼虫(猪囊尾蚴)寄生在猪肌肉里,特别是活动性较大的肌肉。虫体为一个长约1厘米的椭圆形无色半透明包囊,内含囊液,囊壁的一侧有一个乳白色的结节,内含一个由囊壁向内嵌入的头节。通常在咬肌、心肌、舌肌和肋间肌、腰肌、臂三头肌及股四肌等处最为多见,严重时可见于眼球和脑内。囊虫包埋在肌纤维间,如散在的豆粒,故常称猪囊虫的肉为"豆猪肉"或"米猪肉"。囊尾蚴在猪肉中的数量,可由数个到成千上万个,甚至多到无法计算。

成虫寄生于人的小肠内,其孕卵节片随人的粪便单独地或数节相连地排出体外。节片自行收缩压挤出或破裂排出大量的卵。虫卵随着被污染的饲料而被猪吞食,胚膜在胃和小肠内被消化液消化,幼虫借助自身体表所具有的6个小钩,钻入肠壁小血管,随血液散布到全身肌肉,在肌纤维间发育成猪囊虫。

【发病特点】人吃了带有猪囊虫而未煮熟的猪肉时,囊虫的包囊在胃肠内被溶解,翻出头节,并以头节的小钩和吸盘固着于肠壁上,逐渐发育为成虫。约经2~3个月又可随粪便排出孕卵节片或虫卵。有钩绦虫在人体内可生活25年以上,每月随粪排出节片达200个,每个节片平均含虫卵4万个。一个患者、一条绦虫便可使大量虫卵散布于土壤、草地、菜园等处,感染许多猪。

如果人食进虫卵,或患绦虫病人小肠内的孕卵片因小肠的逆蠕动而进入胃,游离的虫卵在胃液的作用下,卵膜被消化,逸出的六钩蚴进入肠壁血管及血流散布到各组织内发育成囊尾蚴,这时人就成为中间宿主。寄生人体内的囊尾蚴多寄生于脑、眼及皮下组织等部位,可能给人的身体健康造成严重影响。我国以华北、东北、西南等地区发生较多。

【临床症状】猪感染少量的猪囊尾蚴时,不呈明显的变化。成熟的猪囊尾蚴的致病作用,很大程度上取决于寄生部位,寄生在脑时可能引起神经机能的某种障碍;寄生在猪肉中时,一般不表现明显的致病作用。大量寄生的初期,常在一个短时期内引起寄生部位的肌肉发生疼痛、跛行和食欲不振等,但不久即消失。在肉品检验过程中,常在外观体满腰肥的猪只中发现严重感的病例。幼猪被大量寄生时,可能造成生长迟缓,发育不良。寄生于眼结膜下组织或舌部表层时,可见寄生处呈现豆状肿胀。

【病理变化】严重感染的猪咬肌、舌肌、膈肌、肋间肌和肩、颈、腹部及心脏等部位的肌肉,表现为苍白色,切面湿润,可见囊尾蚴。成熟的猪囊尾蚴,外形椭圆形,约黄豆粒大小,为半透明的包囊,长约6~10毫米,短径5毫米,囊内充满液体,囊壁为一层薄膜,壁上有一个粟粒大小的乳白色的结节,即虫体的头节,故整个外形如石榴子。在临床上笔者曾见过非常严重的囊尾蚴病,剖检时可见所有的脏器、腹腔、肌肉都含有虫体,数量巨大。内脏组织学检查可以见到,猪囊尾蚴周围有结缔组织增生和炎症细胞浸润。

【诊断】生前检查眼睑和舌部,查看有无因猪囊尾蚴引起的豆状肿胀。触摸到舌部有稍硬的豆状结节时,可作为生前诊断的依据。一般只有在宰后检验时才能确诊。宰后检验咬肌、腰肌、心肌、骨骼肌看是否有乳白色椭圆形或圆形包囊。包囊内有半透明的液体,囊壁上有一白色结节。镜检时,可见猪囊虫头节上有4个吸盘,两排小钩。钙化后的囊虫,包囊中呈现大小不同的黄白色颗粒。

【治疗】

(1)丙硫苯咪唑:每千克体重20~40毫克,早上空腹1次喂服,每间隔1日服1次,连服3次,或每千克体重60~65毫克丙硫苯咪唑,用石蜡油、豆油或橄榄油配成6%悬液(1:10),充分溶解后,臀部肌肉多点注射,1次用完,间隔3周后再用药1次。

(2)吡喹酮:先将吡喹酮与石蜡油按1:5比例混合,均匀研磨备用。每千克体重60~100毫克,皮下或肌内注射;或每千克体重50毫克,口服,每天1次,间隔1日再服1次,连服3次。

(3)氟苯哒唑:每千克体重30~60毫克(若为进口药只需8~40毫克),混入饲料喂服,每天1次,连用4天。

(4)复方吡喹酮:每千克体重80毫克,一次多点肌内注射。

【预防】防治猪囊尾蚴病是一项非常重要的工作,因为有钩绦虫和猪囊尾蚴病对人的危害性很大,是人的一种相当严重的绦虫病。另外,有囊尾蚴的猪肉,不能供食用,造成很大的经济损失。对于这类病应着重预防,而不是治疗。

(1)人患绦虫病时,必须驱虫。驱虫后排出的虫体和粪便必须严格处理。

(2)做到人有厕所,猪有圈。在北方主要是改造连茅圈,防止猪食人粪而感染囊虫。

(3)坚持卫生防疫检查,所有宰猪必须接受检疫。

(4)不吃"米猪肉",不生食猪肉,有病及时治疗,杜绝人猪相互感染。

(5)猪囊虫虫苗:将肌肉中完整囊虫挑出,用青链霉素溶液清洗消毒后,放入37℃的培养液中培养20分钟,待囊尾蚴孵出头节,使头节在相同培养液中继续培养8~12小时,过滤,其上清液加入适量佐剂,即制成猪囊虫虫苗。使用时,取4毫升,一次皮下或肌内注射,可达到免疫目的。

四、弓形虫病

猪弓形虫病是由刚第弓形虫引起的一种原虫病,又称弓形体病。弓形虫病是一种人畜共患病,宿主的种类十分广泛,人和动物的感染率都很高。猪暴发弓形虫病时可使整个猪场的猪只发病,死亡率高达60%以上。经全国的调查,证实我国各地均有人和家畜弓形虫病。

【病原】弓形虫在宿主体内因寄生的不同发育阶段所表现出来的形态各异。在其整个发育过程中分为5种类型,即滋养体、包囊、裂殖体、配子体和卵囊。其中滋养体和包囊是在中间宿主(人、猪、狗、猫等)体内形成的,裂殖体、配子体和卵囊是在终末宿主(猫)体内形成。

【发病特点】弓形虫是一种多宿主原虫,对中间宿主的选择不严。可感染多种动物并引起发病,猪发病多见于3~4月龄,死亡率较高。

病畜和带虫动物的脏器和分泌物、粪、尿、乳汁、血液及渗出液,尤其是随猫粪排出的卵囊污染的饲料和饮水都成为主要的传染源。猪主要是吃了被卵囊或带虫动物的肉、内脏、分泌物等污染的饮料和饮水，经消化道感染。猫是最主要的传染源。速殖子也可能通过口、鼻、咽、呼吸道黏膜及受损的皮肤而进入猪体内。母猪还通过胎盘感染胎儿，这种现象很普遍。

本病无明显的季节性。有些地方以6~9月份的夏秋炎热季节多发。

【临床症状】我国猪弓形虫病分布十分广泛，全国各地均有报道。且各地猪的发病率和病弓形虫病死率均很高。10~50千克仔猪发病尤为严重。多呈急性经过。病猪突然废食，体温升高至41℃以上，稽留7~10天。呼吸急促，呈腹式或犬坐式呼吸，流清鼻涕，眼内出现浆液性或脓性分泌物。常出现便秘，呈粒状粪便，外附黏液，有的患猪在发病后期拉稀，尿呈橘黄色。少数发生呕吐。患猪精神沉郁，显著衰弱。发病后数日出现神经症状，后肢麻痹。随着病情的发展，在耳翼、鼻端、下肢、股内侧、下腹等处出现紫红斑或间有小点出血。有的病猪在耳壳上形成痂皮，耳尖发生干性坏死。最后因呼吸极度困难和体温急剧下降而死亡。孕猪常发生流产或死胎。有的发生视网膜脉络膜炎，甚至失明。有的病猪耐过急性期而转为慢性，外观症状消失，仅食欲和精神稍差，最后变为僵猪。

【病理变化】急性病例出现全身性病变，淋巴结、肝、肺和心脏等器官肿大，并有许多出血点和坏死灶。肠道重度充血，肠黏膜上常可见到扁豆大小的坏死灶。肠腔和腹腔内有多量渗出液。病理组织学变化为网状内皮细胞和血管结缔组织细胞坏死，有时有肿胀细胞的浸润；弓形虫的速殖子位于细胞内或细胞外。急性病变主要见于仔猪。慢性病例可见有各脏器的水肿，并有散在的坏死灶；病理组织学变化为明显的网状内皮细胞的增生，淋巴结、肾、肝和中枢神经系统等处更为显著，但不易见到虫体。慢性病变常见于年龄大的猪只。隐性感染的病理变化主要是在中枢神经系统

(特别是脑组织)内见有包囊,有时可见有神经胶质增生性和肉芽肿性脑炎。

【诊断】根据流行特点、病理变化可初步诊断,确诊需进行实验室检查。在剖检时取肝、脾、肺和淋巴结等作成抹片,用姬氏或瑞氏液染色,于油镜下可见月牙形或梭形的虫体,核为红色,细胞质为蓝色即为弓形虫。

【治疗】

(1)磺胺嘧啶:片剂,口服初次量0.14～0.2克/千克体重,维持量0.07～0.1克/千克体重,每天2次。针剂,静脉或肌内注射0.07～0.1克/千克体重,每天2次,连用3～4天。

(2)磺胺嘧啶＋甲氧苄氨嘧啶:前者0.07克/千克体重,后者0.014克/千克体重,每天2次,连用3～5天。

(3)磺胺嘧啶＋二甲氧苄氨嘧啶(敌菌净):前者0.07克/千克体重,后者6毫克/千克体重,每天2次,连用3～5天。

(4)磺胺间甲氧嘧啶:内服首次量0.05～0.1克/千克体重,维持量0.025～0.05克/千克体重,每天2次,连用3～5天。

(5)增效磺胺-5-甲氧嘧啶注射液(内含10%磺胺-5-甲氧嘧啶和2%甲氧苄氨嘧啶):用量每10千克体重不超过2毫升,每天一次,连续3～5天。

【预防】已知弓形虫病是由于摄入猫粪便中的卵囊而遭受感染的,因此,猪舍内应严禁养猫并防止猫进入圈舍,严防饮水及饲料被猫粪直接或间接污染。控制或消灭鼠类。大部分消毒药对卵囊无效,但可用蒸汽或加热等方法杀灭卵囊。

五、球虫病

球虫是专门寄生于细胞内的原虫。猪的球虫病是由多种球虫寄生于猪肠道黏膜上皮细胞内,引起肠黏膜出血和腹泻为主的寄生虫病。

【病原】引起猪球虫病的病原有很多种,目前还不确切,但由猪等孢球虫引起的新生仔猪的球虫病是猪最重要的原虫病。据报道,新生仔猪52％的球虫病的病原是猪等孢球虫。

【发病特点】本病主要发生于小猪,且多发于7~11日龄的乳猪,但是断奶仔猪也会发生,成年猪为带虫者。各种研究表明哺乳仔猪并不是摄入母猪粪便中的球虫卵囊而感染,目前还不知道等孢球虫是如何在猪场中传染。由于球虫卵囊发育需要较高的温度,因此本病多发于春末和夏季。哺乳仔猪发病无季节性。

【临床症状】本病的临床症状多出现在7~11日龄的健康乳猪中,有报道说猪等孢球虫引起了5~6周龄断奶仔猪的腹泻,腹泻出现在断奶后4~7天时,发病率很高(80％~90％),但死亡率都极低。腹泻是本病主要的临床症状,粪便呈黄色到灰色。开始时粪便松软或呈糊状,随着病情加重粪便呈液状。仔猪粘满液状粪便,使其看起来很潮湿,并且会发出腐败乳汁样的酸臭味。一般情况下,仔猪会继续吃奶,但被毛粗乱,脱水,消瘦,增重缓慢。不同窝的仔猪症状的严重程度往往不同,即使同窝仔猪不同个体受影响的程度也不尽相同。本病发病率通常很高,但死亡率一般较低。

【病理变化】仔猪球虫病特征性大体病变是空肠和回肠黏膜出现纤维素性坏死,但只有在严重感染的仔猪中出现。

【诊断】根据本病主要引起7~14日龄仔猪腹泻,并且这种腹泻用抗生素治疗无效等特征做出初诊。确诊要通过查找有临床症状的仔猪粪便中的卵囊来进行。

本症要与其他引起仔猪腹泻的病原,如大肠杆菌、传染性胃肠炎病毒、轮状病毒、C型产气荚膜梭菌、蓝氏类圆线虫相区别。

【治疗】将药物添加在饲料中预防哺乳仔猪球虫病,效果不理想;把药物加入饮水中或将药物混于铁剂中可能有比较好的效果;

个别给药是治疗本病最佳效果。

(1)磺胺类,磺胺二甲基嘧啶、磺胺间甲氧嘧啶、磺胺间二甲氧嘧啶等,连用7~10天。

(2)抗硫胺素类,氨丙啉、复方氨丙啉、强效氨丙啉、特强氨丙啉、SQ氨丙啉,每千克体重20毫克,口服。

(3)均三嗪类,杀球灵、百球清,3~6周龄的仔猪口服,每千克体重20~30毫克。

(4)莫能霉素,每1000千克饲料加60~100克。

(5)拉沙霉素,每1000千克饲料加150毫克,喂4周。

【预防】搞好环境卫生是迄今减少新生仔猪球虫病损失的最好方法。要将产房彻底清除干净,用50%以上的漂白粉或氨水复合物消毒几小时或过夜和熏蒸;要尽量减少人员进入产房,以免由鞋子或衣服携带卵囊在产房中传播;要防止宠物进入产房,以免其爪子携带卵囊在产房中传播。

六、冠尾线虫病

猪肾虫病又称冠尾线虫病,是由有齿冠尾线虫寄生于猪的肾盂、肾周围脂肪和输尿管等处引起的。虫体偶尔寄生于腹腔和膀胱等处。本病分布广泛,危害性大,常呈地方性流行,是热带和亚热带地区猪的主要寄生虫病。

【病原】虫体粗壮,呈灰褐色,形似火柴杆,体壁较透明,其内部器官隐约可见。雄虫长20~30毫米,交合伞小,交合刺两根。雌虫长30~45毫米。

【发病特点】本病多发生于气候温暖的多雨季节,在我国南方,猪只感染多在每年3~5月和9~11月。感染性幼虫多分布于猪舍的墙根和猪排尿的地方,其次是运动场中的潮湿处。猪只往往在墙根掘土时摄入幼虫,及在墙根下或其他潮湿的地方躺卧时,感染性幼虫钻入皮肤而受感染。

【临床症状】猪无论大小,病初均出现皮肤炎症,有丘疹和红色小结节,体表淋巴结肿大。以后表现精神沉郁,食欲不振,贫血消瘦,被毛粗乱,行动迟钝。随着病情的发展,则出现后肢无力,走路时后驱左右摇摆或跛行,喜躺卧。尿液中带有白色黏稠的絮状物或脓液。有时继发后躯麻痹或后肢僵硬,不能站立,拖地爬行,食欲废绝。仔猪发育停滞,公猪性欲减退或失去交配能力,母猪不孕或流产,严重的病猪,多因极度衰弱而死亡。

【病理变化】皮肤上有丘疹或结节,淋巴结肿大。肝内有包囊和脓肿,内含幼虫。肝肿大变硬,结缔组织增生,切面上可看到幼虫钙化的结节。肝门静脉中有血栓,内含幼虫。肾盂有脓肿,结缔组织增生。输尿管管壁增厚,常有数量较多的包囊,内包成虫。有时膀胱外围也有类似的包囊。腹腔内腹水较多,并可见到成虫。在胸膜和肺脏中也可发现结节和脓肿,脓液中可找到幼虫。在后肢瘫痪的病猪可见幼虫压迫脊髓。

【诊断】临床观察,发现病猪腰背松软无力,后躯麻痹或有不明原因的跛行时,可镜检尿液,发现大量虫卵,即可确诊。

【治疗】

(1)噻苯唑:按 0.1%～0.4%的比例混于饲料喂饲。对移行中的幼虫有较好效果。

(2)左噻咪唑:10 毫克/千克体重,配成 5%的水溶液,肌内一次注射。驱虫效果可达 55.8%～87.1%,并能抑制成虫排卵 77～105 天。

(3)四咪唑:20～30 毫克/千克体重,拌入少量饲料中喂饲。或给药 3 次,每次间隔 3 天,第一次 25 毫克/千克体重,第二次 15 毫克/千克体重,第三次 10 毫克/千克体重。或给药 2 次,间隔 7 天,每次 25 毫克/千克体重。或按 10～15 毫克/千克体重肌内注射。对肝脏内的幼虫有一定的驱虫效果,并能抑制成虫排卵达

70~98天。

(4)敌百虫:0.1克/千克体重,配成10%~20%溶液肌内注射,每天1次,连注3次。

(5)海群生(乙胺嗪):30毫克/千克体重,内服。

【预防】对本病的预防,应根据流行情况,采取行之有效的具体措施。

(1)无肾虫病感染的猪场,为坚决杜绝病原的传入,应坚持自繁自养。如需从外地引进猪时,必须进行隔离检疫,在此期间要经常观察猪只体况与排尿,同时坚持每周尿检一次。在隔离检疫期间尿检全为阴性,并无可疑症状者,方准与本场合群饲养。

(2)疑有肾虫病感染的猪场,必须经常观察猪群健康状况,每月坚持尿检一次,若发现病猪或带虫猪,立即隔离,及时治疗。

(3)有肾虫病感染的猪场,应做好以下几个方面的工作:

①病猪与带虫猪的驱虫。在全面普查的基础上,对患病猪和带虫猪进行隔离,彻底治疗。

②预防性驱虫。对全场猪每年要进行两次驱虫,仔猪断奶后进行驱虫。

③种公母猪要有单独的圈舍和运动场,避免互相感染;仔猪断奶后,与母猪隔离饲养。

④保持猪圈舍和运动场的清洁干燥,调教猪只在固定地点大小便,经常注意清除猪圈舍、运动场地面污物和积水,定期用1%~4%漂白粉、5%烧碱或10%~20%新鲜石灰水进行消毒,以便杀死虫卵和幼虫。

⑤加强饲养管理,喂给富有营养的饲料,尤其注意补给维生素和矿物质,以增强猪只对疾病的抵抗力。

七、姜片吸虫病

姜片吸虫病是我国南部和中部常见的一种人兽共患的吸虫病。本病对人和猪的健康有明显的损害，可以引起贫血、腹痛、腹泻等症状，甚至引起死亡。

【病原】布氏姜片吸虫寄生于人和猪的小肠内，以十二指肠为最多，偶见于犬和野兔。虫体背腹扁平，前端稍尖，后端钝圆，肥厚宽大，很像斜切下的生姜片，故称姜片虫。新鲜虫体呈肉红色，虫体大小常因肌肉伸缩而变化很大，一般长20～75毫米，宽8～20毫米，厚2～3毫米。姜片吸虫在小肠内产出虫卵，随粪便排出体外，落入水中孵出毛蚴，毛蚴钻入中间宿主——扁卷螺体内发育繁殖，经过胞蚴、母雷蚴、子雷蚴各个阶段，最后形成大量尾蚴由螺体逸出，尾蚴附着在水生植物（如水浮莲、水葫芦、茭白、菱角、荸荠等）上，脱去尾部，分泌黏液并形成囊壁，尾蚴居在其内，形成灰白色、针尖大小的囊蚴。猪生食这种植物而感染。囊蚴进入猪的消化道后，囊壁被消化溶解，幼虫吸附在小肠黏膜上生长发育，约经3个月发育为成虫。

【发病特点】姜片吸虫病是地方性流行病，主要发生于以水生喂的南方地区。

【临床症状】主要特征是消瘦、肠炎、发育不良。具体表现为病猪精神沉郁，低头，流涎，结膜苍白。食欲减退，呕吐，消化不良，下痢，粪便稀薄、混有黏液。有时贫血、水肿，被毛粗乱。母猪泌乳量减少。若寄生虫数量多，可能造成肠道阻塞而死亡。

【病理变化】寄生部位肠黏膜及附近组织炎症，点状出血，水肿，肠黏膜脱落、溃疡、肠壁变薄。黏膜上皮细胞的黏液分泌增加，黏膜上有一层光滑黏液。

【诊断】根据临床症状和流行病学资料的分析，对病猪做粪便检查,应用直接涂片法和反复沉淀法查出虫卵便可确诊。

【治疗】

(1)敌百虫:每千克体重100毫克,混入饲料喂服;或内服,每隔1日服1次。注意用量不得超过8克。若中毒,可用阿托品解毒。

(2)吡喹酮:每千克体重30～50毫克,每天1次或2次喂服。

(3)硫双二氯酚(别丁):每千克体重100毫克,混入饲料一次喂服。若100千克以上的大猪可适当加大用量。

(4)四氯化碳:每千克体重0.3毫升,用胃管投服或胶囊喂服。

(5)辛硫磷:每千克体重0.12毫升,一次喂服。尤其对童虫及成虫有效。

(6)血防846:每千克体重120毫克,一次喂服。

(7)硝硫氰胺:幼猪每千克体重5～6毫克,成年母猪每头1克,拌入饲料中自食,或早晨空腹喂后,隔一段时间再喂。

(8)六氯乙烷:每千克体重300毫克,一次喂服。

【预防】

(1)定期进行驱虫:每年对猪进行两次预防驱虫,可减少传染源,驱虫后的粪便应集中处理,达到灭虫、灭卵的要求。目前用的驱虫药有:

①敌百虫(纯度95%),每千克体重100～200毫克,早晨空腹混在少量精料中1次喂入,每头极量不得超过8克,隔天1次,两次为1个疗程。服药后要观察1小时,个别猪有流涎、肌肉震颤等副作用,一般几小时后可消除。如呕吐、卧地不起等副作用较重的,可皮下注射硫酸阿托品解救。

②硫双二氯酚,每千克体重用100～200毫克,混在少量精料中喂服。此药无异味,较敌百虫喂服方便。一般服后可出现腹泻现象,1～2天后可自然恢复正常。

③吡喹酮,每千克体重用3～6毫克,拌料1次喂服。

(2)加强粪便管理：养猪场应建立贮粪池，猪粪应堆肥发酵，杀死虫卵后，再作肥料。应杜绝舍内的粪尿直接流入水生饲料池塘内，也要防止虫卵因雨水、排灌等情况而流入池塘内，以免扁卷螺受到毛蚴的感染。

(3)合理处理水生植物饲料：将附在水生植物上的囊蚴杀灭，是防止猪感染姜片吸虫的一种有效措施。虽然有自然晒干、阳光照射和煮沸等多种方法，但实际应用时都有一定困难，并难以杀灭所有的囊蚴，仅青贮发酵是较好的方法。据试验，水生饲料青贮发酵1个月以后，囊蚴可全部被杀死，用来喂猪无一发生感染。

八、肝片吸虫病

肝片吸虫病是由片形属吸虫寄生在动物的肝脏胆管内所引起的一种寄生虫病。以破坏动物肝脏、胆管引起急性慢性肝炎、胆管炎为特征，严重时可造成幼畜大批死亡。

【病原】在我国主要为肝片形吸虫和大片形吸虫，属复殖目、片形科、片形属。

片形吸虫成虫为雌雄同体，新鲜虫体呈棕红色，背腹扁平，口吸盘位于虫体前端，腹吸盘与口吸盘相距很近。肝片形吸虫长20～40毫米，宽10～13毫米，前端突出部呈锥形，其底部突然变宽，形成明显的"肩"。大片形吸虫长30～75毫米，宽5～12毫米，肩不明显。

【发病特点】虫卵随粪便排出体外，在水中孵出毛蚴，钻入锥实螺体内发育成尾蚴，离开螺体，在水生植物或水面上形成囊蚴。猪吃草或饮水时吞入囊蚴，幼虫在体内移行到肝脏钻进胆管，发育为成虫。

本病在多雨年份多发，而在干旱年份发病少。在自然条件下，新鲜雨水能刺激成熟的尾蚴大量溢出，特别在久旱逢雨的温暖季节与多雨年份,常促成暴发。主要侵害牛、羊、骆驼、鹿、马,猪也能感染,人偶尔也可感染。多呈地方性流行。

【临床症状】轻微或中等感染,而家畜体况又好时,一般不表现症状。严重感染时,有明显症状。

(1)急性型:精神沉郁,食欲减退或消失,体温升高,贫血,腹痛,腹泻,肝肿大有压痛。有时突然死亡。

(2)慢性型:贫血,结膜与口黏膜苍白,在颌下、胸部及腹部发生水肿。食欲不振,体态消瘦,被毛粗乱、干燥易脱断、无光泽,肝肿大和肠炎等。

【病理变化】寄生虫数量多时,胆管显著扩张,管壁肥厚并突出于肝脏表面呈曲张膨大的条索。

【诊断】当怀疑为本病时可以做粪便虫卵检查。

【治疗】

(1)硫双二氯酚,每千克体重0.1克,1次混入饲料中喂给。

(2)槟榔100克,木香25克,煎液汁,空腹1次内服,连服3次;或鸦胆子50克,大茶药(干燥)15克,生姜15克,水煎服。

(3)贯众50克,煎汁,1次灌服,连服3~4次。

【预防】在本病流行地区,每年春末、冬初进行预防性驱虫。将粪便等堆积发酵。

九、肉孢子虫病

本病由肉孢子虫科的肉孢子虫寄生于猪的骨骼肌和心肌等处而引起的一种人畜共患寄生虫病。

【病原】病原有三种,即米氏肉孢子虫、猪人肉孢子虫及猪肉孢子虫,我国主要为前两种,其形态大致相同。

【发病特点】肉孢子虫的生活史由有性生殖和无性生殖两个阶段组成。有性生殖是在终末宿主猪、猫、人的小肠中进行的,所产生的卵囊随终末宿主的粪便排出体外,之后卵囊孢子化形成子孢子而具有感染性。当这种卵囊或其释放出的孢子囊或子孢子被猪吞食后,子孢子进入肠壁血管内皮细胞进行裂殖生殖,产生大量的裂殖子,裂殖子再经血液循环带到肌肉内发育为虫囊。终末宿主吞食了肌肉中的成熟虫囊而受感染,虫体在其体内进行有性生殖,形成卵囊。本病的流行与猫、狗有关,并且与农村中随地大小便的情况及猪只的散放有关。

【临床症状】大量感染时(1克重膈肌有40个以上的虫体),表现腹泻、消瘦、不安、腰无力,并有肌肉僵硬和短时间后肢瘫痪等症状。

【病理变化】肉眼观察肾脏褪色,胃肠黏膜充血、肌肉除呈水肿样、褪色、小斑点外,陈旧病灶出现钙化。病理组织学检查,在肌纤维间发现胞囊体,伴有轻度的细胞浸润。肺充血、胸水、腹水增多,肌纤维间可发现住肉孢子虫。

【诊断】生前诊断比较困难,须通过临床症状、流行病学资料,结合血清学方法进行确诊。死后则主要靠剖检发现肌肉组织存在住肉孢子虫包囊而做出确诊。目前血清学诊断方法有间接血凝试验、酶联免疫吸附试验等。

【治疗】对肉孢子虫病的治疗尚处于探索阶段。有人报道使用常山酮、土霉素、氨丙啉、莫能菌素等抗球虫药治疗有一定的疗效。

【预防】预防的关键是切断肉孢子虫的传染途径。严禁犬、猫及其他肉食兽接近猪场,避免其粪便污染饲料和水源。各屠宰场和兽医站均应做好肉品的卫生检验工作,对带虫肉品必须进行无害化处理;严禁用生肉喂犬、猫等终末宿主;因人也可能感染住肉孢子虫病,故应注意个人的饮食卫生,不吃生的或未煮熟的肉品。

十、华支睾吸虫病

华支睾吸虫病,俗称肝吸虫病,是由后睾华支睾属的中华支睾吸虫寄生于人、猪、狗、猫等的肝脏胆管和胆囊中而引起的一种重要的人畜共患吸虫病。

【病原】华支睾吸虫是一种较小而透明的吸虫,长10~20厘米,宽2~5毫米,呈柳叶状。虫卵随粪便排比,在水中被第一中间宿主淡水螺吞食,在螺体内发育,成为尾蚴而逸出。尾蚴进入第二中间衍主淡水鱼的体内而形成囊蚴,终宿主(猪等)吃下未煮熟的含有囊蚴的鱼类而感染。在猪小肠中,囊蚴壁膜被消化,幼虫移行入胆管内发育为成虫。

【发病特点】华支睾吸虫病的流行决定于有第一中间宿主扁卷螺和可作为第二中间宿主的鱼虾。猪圈或厕所盖在塘边,或粪便未作处理即入池塘,以及生喂鱼虾等都易致病。

【临床症状】多呈慢性经过,主要表现消化不良,下痢、食欲减少,乏力,贫血,消瘦和轻度黄疸。严重感染时病程较长,可并发其他疾病而死亡。少量寄生时,没有任何症状,大量寄生时,食欲减退,消瘦,下痢,浮肿,腹水,轻度黄疸。

【病理变化】胆囊肿大,胆管变粗,胆汁浓稠呈草绿色,胆管和胆囊内有很多虫体和虫卵,肝表面结缔组织增生,有时引起肝变化或脂肪变性。胆管发炎,管壁结缔组织增生,虫体多时可阻塞胆管、肝硬变,有时见坏死灶。

【诊断】临床症状结合在粪便中发现虫卵可确诊。

【治疗】

(1)六氯酚:每千克体重20毫克每天1次口服,连用2~3天。

(2)海涛林(海托林、三氯苯丙酰嗪):每千克体重50~60毫克混于饲料中喂,每天1次,5天为1个疗程。

（3）用硫双二氯酚（别丁）：每千克体重80～100毫克灌服或混于饲料中喂服。

（4）用六氯对二甲苯（血防846、海涛林）：每千克体重200毫克口服，每天1次，连用7天。

【预防】禁止犬、猫进入猪舍，在流行区域内的犬、猫要定期进行粪检，发现病猪立即治疗，同时不用生鱼虾或未煮熟的鱼虾喂猪，为避免感染禁止在鱼塘附近放牧，并消灭沟塘中的淡水螺。粪便进行发酵处理，不要给猪吃生鱼。

十一、食道口线虫病

食道口线虫病是由盅口虫科食道口属有齿食道口线虫、长尾食道口线虫、短尾食道口线虫等寄生在猪结肠而引起。

【病原】猪大肠线虫往往与结节虫同时寄生在猪的大肠中。有齿结节虫为小型白色或灰棕色，不透明的线状蠕虫，雄虫长8～9毫米，雌虫长8～11.3毫米。

【发病特点】结节虫的虫卵随粪便排出，在适当的环境下，经2～3天孵出幼虫，再过4～8天变成侵袭期幼虫，猪吞食含有这种幼虫的饲料或饮水而被感染。幼虫进入大肠中生长寄生，幼虫从侵入猪体到发育为成虫，并开始排卵约需5～7周。猪大肠线虫生活史与结节虫大致相似。

【临床症状】结节虫对猪的致病性不强，一般常不表现任何症状。猪大肠线虫一般也不见任何症状。只有严重感染时，大肠才产生大量结节，发生结节性肠炎。粪便中带有脱落的黏膜，猪只表现腹痛、腹泻或下痢、高度消瘦、发育障碍。继发细菌感染时，则发生化脓性结节性大肠炎。也有引起仔猪死亡的报道。

【病理变化】幼虫在大肠黏膜下形成结节，结节周围有炎症。有齿食道口线虫引起的结节较小，直径约1毫米，长尾食道口线虫所致的结节直径可达 6 毫米以上,高出黏膜表面,有时回肠也有结节;局部肠壁增厚,黏膜充血,肠系膜肿胀,肉眼可见黏膜上的黄色小结节,破裂形成溃疡。如结节向浆膜破裂,则形成腹膜炎。也有幼虫进入肝脏,形成包囊。幼虫死亡,可见坏死组织。

【诊断】用漂浮法检查粪便中有无虫卵。注意察看粪便中有否自然排出的虫体。虫卵不易鉴别时,可培养检查幼虫。剖检时发现虫体和结节性病灶即可确诊。

【治疗】

(1)敌百虫:每千克体重 0.1 克内服。

(2)驱蛔灵:每千克体重 0.2 克混入饲料一次服完。

(3)丙硫苯咪唑:每千克体重 20 毫克口服。

(4)硫化二苯胺:每千克体重 0.2~0.5 克混饲料喂(有些幼年猪用每千克体重 440 毫克即中毒)。

(5)0.5％福尔马林溶液:2000 毫升倒提后腿灌肠。

(6)噻苯咪唑:按每千克体重 100 毫克,一次口服。

【预防】注意搞好猪舍和运动场的清洁卫生,保持干燥,及时清理粪便;保持饲料和饮水的清洁,避免幼虫污染。每吨饲料中加入 0.12％的潮霉素 B,连喂 5 周,有抑制虫卵产生和驱除虫体的作用。

十二、类圆线虫病

猪类圆线虫病是由兰氏类圆线虫引起的一种寄生虫病。主要危害 3~4 周龄的仔猪。本病呈世界性分布,但在温热带地区尤为严重。

【病原】兰氏类圆线虫只有孤雌生殖的雌虫寄生。

成虫在猪的小肠中产卵,卵随粪便排至外界,夏季一般经 5~6 小时即孵出杆状幼虫,再经 2~3 天变为丝状幼虫(直接发育型),即可感染宿主。部分杆状幼虫经蜕皮发育为独立生活的雌虫和雄虫。雌虫受精后产出的虫卵与寄生在小肠中的雌虫所产的虫卵相似,它们在土壤或厩肥中孵出杆状幼虫,经蜕皮发育成可以感染宿主的丝状幼虫。丝状幼虫具有感染性,能主动钻透宿主的皮肤,进入血管和淋巴管,并随血流到达肺,再随气管中的黏液到达咽部,重返小肠中发育为寄生性雌虫(孤雌生殖)。另一种感染途径为经口感染,随饲料和饮水被仔猪吞食的丝状幼虫,经胃黏膜进入血管,随血流到达肺,由肺再转入消化道,并在小肠中发育为寄生性雌虫。

仔猪也可经初乳感染,在产后 4 天发育为成虫。在南方地区,此为新生仔猪的主要感染方式。母猪初乳中的幼虫与第三期幼虫在生理上不同,可经过胃到达小肠直接发育为成虫。感染新生仔猪的幼虫可从母乳乳脂中分离出来,在初乳中具有活力。

哺乳仔猪也可发生胎盘感染,在出生后 2~3 天即可出现严重感染。母猪体内的幼虫可在妊娠后期在胎儿的各种组织中聚集,在仔猪出生后迅速移行至新生仔猪的小肠中,14 天后即可发育为成虫。

【发病特点】主要侵袭仔猪,生后 5~8 天的仔猪粪便中即可见到虫卵,1 月龄左右感染最为严重,2~3 月龄后逐渐减少。春产仔猪较秋产的感染严重。本病在夏季和雨季流行严重。

【临床症状】本病主要侵害仔猪,其症状为消化障碍、腹痛、下痢、便中带血和黏液,皮肤上可见到湿疹样病变;当移行幼虫误入心肌、大脑或脊髓时,可发生急性死亡,死亡率可高达 50%。

【病理变化】主要限于小肠,肠黏膜充血,并间有斑点状出血,有时可见有深陷的溃疡。肠内容物恶臭。

【诊断】新鲜粪便查虫卵,夏季不超过 5 小时。陈旧粪便可用贝尔曼幼虫分离法查幼虫。死后查小肠黏膜内虫体。

【治疗】用甲苯咪唑,每千克体重 30 毫克,一次口服。也可使用噻苯唑(每千克体重30毫克,一次口服)、丙硫咪唑(每千克体重40毫克,一次口服)、伊维菌素(每千克体重,一次皮下注射或口服)驱虫。

【预防】由于虫卵及幼虫对干燥的抵抗力很低,经常保持圈舍干燥是非常重要的。清除猪粪,堆集发酵。此外,应定期对猪群进行预防性驱虫。

十三、疥螨病

猪疥螨病是由猪疥螨寄生于猪的皮肤内而引起的一种接触感染的慢性皮肤寄生虫病,是以皮肤剧痒和皮肤炎症为特征。

【病原】疥螨(穿孔疥虫)寄生在猪皮肤深层由虫体挖凿的隧道内。虫体很小,肉眼不易看见,大小为 0.2~0.5 毫米,呈淡黄色龟状,背面隆起,腹面扁平,腹面有 4 对短粗的圆锥形肢;虫体前端有一钝圆形口器。疥螨的口器为咀嚼型,在宿主表皮挖凿隧道,以皮肤组织和渗出的淋巴液为食,在隧道内发育和繁殖。疥螨全部发育过程都在宿主体内度过,包括卵、幼虫、若虫、成虫 4 个阶段,离开宿主体后,一般仅能存活 3 周左右。

【发病特点】各种年龄、品种的猪均可感染本病。主要是由于病猪与健康猪的直接接触,或通过被螨及其卵污染的圈舍、垫草和饲养管理用具间接接触等而引起感染。幼猪有挤压成堆躺卧的习惯,这是造成本病迅速传播的重要原因。此外,猪舍阴暗、潮湿、环境不卫生及营养不良等均可促进本病的发生和发展。秋冬季节,特别是阴雨天气,本病蔓延最快。

【临床症状】病猪靠在各种物体上如饲槽、墙壁、栏杆、树木、石头等不断蹭痒,用力摩擦,最初皮屑和被毛脱落,之后皮肤潮红,浆液性浸润,甚至出血,形成痂皮。

【病理变化】通常病变开始发生于头部、眼窝、颊及耳部,之后蔓延到颈部、肩部、背部、躯干两侧和四肢。皮肤增厚,粗糙变硬,失去弹性,形成皱褶和龟裂。

【诊断】在患部与健康部交界处采集病料,用手术刀刮取痂皮,直到稍微出血。症状不明显时,可检查耳内侧皮肤刮取物中有无虫体。由于患猪常啃咬患部,有时在用水洗沉淀法做粪便检查时,可发现疥螨虫卵。

【治疗】

(1)敌百虫制剂

①0.5%～1.0%敌百虫水溶液,涂擦或喷洒患部。

②来苏儿5份,溶于温水100份中,再加入敌百虫5份,涂擦患部。

③敌百虫1份加液体石蜡4份加温溶解后,涂擦患部。

(2)0.05%辛硫磷涂擦,喷雾或药浴2次,间隔5天。

(3)0.025%～0.05%蝇毒磷药液喷雾或药浴。

(4)烟叶或烟梗1份,加水20份浸泡1天,再煮沸1小时后捞出烟叶、梗,用水溶液擦洗患部。

另外,螨净、杀虫脒、双甲脒、依维菌素、皮蝇磷、马拉硫磷、二氯醚菊酯、戊酸氰菊酯和升华硫等,均有杀灭作用。

【预防】

(1)由于虫卵及幼虫对干燥的抵抗力很低,经常保持圈舍干燥是非常重要的。清除猪粪,堆集发酵。

(2)一旦发现病猪,应立即隔离治疗。在治疗病猪的同时,应用杀螨药彻底消毒猪舍和用具,将治疗后的病猪安置到已消毒过的猪舍内饲养。为了使药物能充分接触虫体,最好用肥皂水或来苏儿水彻底洗刷患部,清除硬痂和污物后再涂药。由于大多数治螨药物对螨卵的杀灭作用差,因此,需治疗2～3次,每次间隔5天,以杀死新孵出的幼虫。

十四、猪虱病

猪虱病是由猪血虱寄生于猪的体表而引起的一种昆虫病,猪血虱是猪最常见、永久性寄生的、对猪危害较大的一种寄生虫。

【病原】猪虱病是由猪虱寄生在猪的体表皮毛所引起的。猪虱是各种畜禽虱类中个体最大的一种,雄虫长 1.5 毫米,雌虫长 5 毫米,体呈灰黄色。虫体扁平,多寄生于猪的耳根、颈侧、内股及下腹部。

【发病特点】本病分布于全世界,我国各地也普遍存在。饲养管理不良、卫生条件差的猪场易诱发本病。猪虱终生不离开猪体。本病可通过直接接触传播,也可通过垫草、用具等间接感染。

【临床症状】猪虱吮吸猪的血液,引起猪只瘙痒和不安。经常摩擦和啃咬,造成被毛粗乱、脱落及皮肤损伤;严重侵袭时,影响仔猪生长发育。在患猪体表可检查看到黄白色的虫卵和深灰色的虫体。

【病理变化】主要病变在皮肤。

【诊断】检查猪体表、耳壳后、猪体下侧面等皮肤毛根处,可找到虫体或虫卵即可诊断。

【治疗】

(1)生桃树叶捣碎,在猪皮毛上涂擦数遍。

(2)扁柏叶 250 克,研末,煮沸,候冷,对猪全身进行洗澡。每天 1 次,连用 2～3 天。

(3)4%～5%烟草水洗搽猪体每天 1 次,连用 3～4 天。

(4)百部 50 克、烧酒 500 克,将百部放入酒内浸 1 天后,滤去药渣,用滤液涂搽患部。

(5)煤油 357 毫升,热水 189 毫升,肥皂 14 克,先用热水把肥皂溶解,再加煤油,搅成乳剂,使用时加10倍清水冲淡,涂搽患部。

(6)1‰敌百虫水溶液,用喷雾器对准患部喷洒,或直接取药液在患部涂搽。

【预防】经常打扫猪栏,勤换垫草,保持清洁卫生,发现虱子寄生,应立即隔离治疗,以防传播。

十五、蠕形螨虫病

本病是由猪蠕形螨寄生于猪的毛囊和皮脂腺中而引起的一种慢性皮肤病,故称毛囊虫病、脂满病。

【病原】猪蠕形螨寄生在猪的毛囊和皮脂腺内,蠕形螨的全部发育过程都在宿主体上进行。雌虫产卵于毛囊内,卵无色透明,呈蘑菇状,长0.07～0.09毫米。据研究证明,犬蠕形螨尚能生活在宿主的组织和淋巴结内,并有部分在此繁殖。它们多半先在发病皮肤毛囊的上部,而后在毛囊底部,很少寄生于皮脂腺内。虫体离开宿主后在阴暗潮湿的环境中可生存21天左右。

【发病特点】为接触传染性,先发生于猪的头部颜面、鼻部和耳基部颈侧等处的毛囊和皮脂腺,而后逐渐向其他部位蔓延。

【临床症状】猪蠕形螨病先产生于眼四周、鼻部和耳基部,而后徐徐向其他部位伸张。痛痒稍微,或没有痛痒,仅在病变部位呈现针尖、米粒乃至核桃大小的白色的囊。囊内含有很多蠕形螨、表皮碎屑及脓细胞,细菌传染时,成为单个的小脓肿,末了连成片。有的患猪皮肤增厚、不洁,弯曲而盖以皮屑,并产生皱裂。

【病理变化】切开皮肤上的白色囊或脓疱,作成涂片,镜检可发现虫体。

【诊断】本病的早期诊断较困难,可疑的情况下,可切破皮肤上的结节或脓包,取其内容物做涂片镜检,以发现病原体。猪蠕形螨感染时应与疥螨感染相区别。

【治疗】隔离治疗病猪,消毒污染场地和用具,同时加强对患畜的照顾护理。

(1)0.2%威远金伊维预混剂,仔猪每吨料拌1千克,育肥猪每吨料拌2千克,种猪每吨料拌2.5~3千克,各连用7天。

(2)皮下打针,出口型金伊维,剂量为每千克体重0.3毫克,每周打针1次,3~4次为1个疗程。

(3)爱普利打针液,1毫升/35千克体重,同时可驱除猪的各类线虫。每周打针1次,3~4次为1个疗程。

(4)对脓包型重症病例还应同时选用高效抗菌药物,对体质衰弱患畜应补给营养,以增强体质及抵当力。当继发细菌传染时,可局部应用抗菌、止痒、抗过敏药物。满身传染时,适当服这些药物,有助于治疗继发性细菌传染。

【预防】

(1)搞好环境卫生,保持猪舍干燥,通风良好,光照充足。

(2)环境和用具定期消毒,可用2%烧碱、10%~20%石灰水、0.1%的高效消毒剂等。

(3)加强饲养管理,提高机体抗病力。

(4)同群饲养的猪,密度不宜过大。

(5)引进或输出猪只时要认真检查,并做好预防处理,以免病原传入或传出。

(6)引进的猪要隔离观察,确认无病时再合群。

(7)经常检查猪群,发现病猪及时隔离和治疗。

第四节 猪内科病

一、便秘

肠便秘是因肠运动分泌机能紊乱,内容物停滞,而使某段或某几段肠管发生完全或不全阻塞的一组腹痛病。

【发病特点】多因长期饲喂含纤维过多或干硬的饲料,缺乏青饲料,饮水不足或运动不足及某些疾病的继发病引起。

【临床症状】精神沉郁,采食减少,饮水增加,腹围逐渐增大,呼吸增数。腹痛呻吟,起卧不安,回头望腹。弓腰努责,排便困难,病初只排出少许干硬附有黏液的小粪球。小猪或瘦弱的病猪腹部容易触诊到便秘的肠管或串珠状的坚硬的粪球,按压时,猪表现疼痛不安。严重便秘时直肠可充满大量粪球,压迫膀胱颈导致膀胱麻痹,尿潴留或尿闭。若无并发症,体温一般正常。继发于热性病的常伴有原发病的症状。

【诊断】根据临床症状,基本可以确诊。

【治疗】

(1) 植物油 100～300 毫升,灌服。怀孕母猪可灌服液体石蜡油 100～300 毫升。

(2) 用适当浓度的肥皂水灌肠(怀孕母猪不得使用此法,以免引起流产)。

(3) 硫酸镁或硫酸钠 30～100 克,加水 600～2000 毫升,一次灌服。

(4) 射干 20 克,水煎灌服。

(5)鲜大黄 70 克,水煎灌服或开水泡服。

(6)大黄 15 克,芒硝 50 克,研末,加水 150～200 毫升,加蜂蜜 100 克,调和后一次灌服(中等大小猪的用量)。

(7)麻油 50 毫升,灌服,每天 2 次。

(8)鲜香蕉头 200 克,鲜旱莲草 30 克,捣汁内服,每天 3 次。

(9)番泻叶 60～90 克,水煎,加入蜂蜜 250 克,麻油 500 克,一次灌服。

【预防】合理搭配饲料,粗料细喂,喂给 10% 青绿多汁饲料,每天保证足够的饮水和适量运动。对于初发病的猪只,要停止给喂粗料,对同批的其他无病症猪也要结合喂精料,同时对病猪隔离治疗。

二、胃肠炎

胃肠炎是胃肠表层黏膜及深层组织的重剧炎症过程,由于胃肠相互的密切关系,胃和肠的炎症多相继发生或同时发生。

【发病特点】饲料品种的突然改变,喂给腐败变质、霉烂的饲料或不清洁的饮水,胃肠受有毒物质或冰冻饲料的刺激,冬季受寒、感冒、长途运输等均可引起胃肠炎。此病是由肠内容物停滞在某些肠管引起的,多见于结肠或直肠便秘,常造成肠不完全阻塞或全阻塞,年龄不同的猪,都有发生。由某些传染病继发。

【临床症状】突然出现剧烈而持续性的腹泻,排出水样物,有时伴有假膜、血液或脓性物,味恶臭。食欲减少或消失,常饮水,伴发呕吐,有时呕出物中带血液。精神委靡,喜卧,间或发生急性腹痛而表现不安。病初体温达 40～41℃,皮温不匀,耳尖及四肢冷藏感。鼻端发热,结膜发红,呼吸加快。肛门及尾部沾有粪液,有的大便失禁,肠音增强,当腹泻时间长后,肠音逐渐消失。随着病情的发展,腹泻严重的逐渐眼窝低陷,呈失水状,四肢无力,下痢。

最后起立困难,呼吸、心跳加速而微弱,肌肉震颤,体温下降,随后全身衰竭而死。如由中毒引起,症状不明显,约经1~3天左右全身痉挛死亡。

【诊断】根据腹泻、粪便中有黏液或脓性物等临诊症状,可做出诊断。

【治疗】

(1)氯霉素1~1.5克,一次肌内注射,每天2次,连用3~4天。也可注射磺胺嘧啶钠(0.1~0.15克/千克)或10%增效磺胺嘧啶(0.2~0.3毫升/千克)或口服痢特灵(10毫克/千克)。

(2)5%葡萄糖溶液或生理盐水100~300毫升、10%~25%葡萄糖注射液30~50毫升、5%碳酸氢钠注射液30~50毫升,一次静脉注射。

(3)次硝酸铋2~6克,一次内服。也可用鞣酸蛋白2~5克或木炭末、锅底灰10~30克内服。

(4)10%安钠咖或樟脑磺酸钠注射液5~10毫升,一次肌内注射。

(5)硫酸阿托品注射液2~4毫克,一次皮下注射。

(6)胃肠炎缓解后,幼猪用多酶片、酵母片或胃蛋白酶乳酶各10克,大猪用健胃20克、人工盐20克分三次内服,或用五倍子、龙胆、大黄各10克水煎服,可增加疗效,防止复发。

【预防】不要喂发霉变质的和具有机械刺激性的饲料,防止化学药品混入饲料,注意环境卫生,不间断地供应洁净饮水,杜绝舐饮污水,以防止本病的发生。

三、口　炎

口炎多是口腔黏膜表层急性炎症,可波及颊黏膜、舌、齿龈、上腭等处。

【发病特点】猪口炎是由于饲料粗硬,或混有尖锐杂物等引起口腔黏膜机械性挫伤,或由于冰冻、灼热的饲料和饮水,或误食发霉有毒饲料、腐蚀性药物,以及互相咬架等引起口腔发炎。

【临床症状】病猪减食,口腔有唾液流出,并有不同程度的臭味。体温一般正常。口腔黏膜红肿,口角、齿龈和舌的边缘常发生水泡,水泡破后成鲜红色烂斑。

【诊断】根据临床症状,很容易确诊。

【治疗】

(1)3%硼酸水溶液适量或1%明矾水或1%高锰酸钾溶液适量冲洗口腔,每天3～4次。

(2)1%碘甘油适量(碘1克,碘化钾1克,甘油加至100毫升)口腔黏膜溃烂部涂布,每天1～2次。

(3)青霉素100万单位、链霉素100万单位、注射用水5～10毫升一次肌内注射,每天2次,连用3～5天。

(4)盐酸土霉素片剂5～7片、维生素C片剂5～7片口服,每天2次,连用3～5天。

(5)冰片2克,硼砂12克,玄明粉20克,共研极细末,吹入口内,一天数次。

【预防】注意饲养管理,饲料必须经过选择和检查,除去铁丝、铁钉、玻璃片等各种杂物以及霉烂饲料;正确使用和保管好腐蚀性化学药品和消毒药品;对病猪给予稀软和易消化的饲料。

四、肺 炎

猪肺炎一般分为小叶性肺炎和大叶性肺炎两种。

【发病特点】小叶性肺炎又可分为卡他性肺炎和化脓性肺炎,是猪受冷空气侵袭而感冒,抗病能力降低,猪圈通风不良,特异气体(如氨气、烟气等)被吸入等原因而致。在特殊情况下,如有神经症状时,或因饥饿、缺水而抢食、抢饮相互争夺时,误将饲料或水呛入气管也可引发。支气管炎、肺丝虫病、蛔虫病及流感等病也能继发本病。当子宫炎、乳房炎病原菌转移至肺脏后也能继发本病。

大叶性肺炎又称格鲁布性肺炎或纤维素性肺炎,大多由病原微生物引起,以肺泡内纤维蛋白渗出为主要特征。

【临床症状】小叶性肺炎病猪步行摇摆,常作一定方向的旋回运动,冲撞墙壁等障碍物,或者头顶屋角,呆然站立,有的暂时作后退运动。严重的不能起立,横卧作游泳状。如果是由于轻度中毒或便秘引起的,预后良好,否则大都死亡。

大叶性肺炎精神沉郁,食欲废绝,结膜充血、黄染;呼吸困难、频率增加,呈腹式呼吸;体温升高达41~42℃,呈稽留热型,脉搏增加。典型病例病程明显分为4个阶段,即充血期、红色肝变期、灰色肝变期和溶解期,在不同阶段症状不尽相同。充血期胸部听诊呼吸音增强或有干啰音、湿啰音、捻发音,叩诊呈过清音或鼓音;在肝变期流铁锈色鼻液,大便干燥或便秘,可听到支气管呼吸音,叩诊呈浊音;溶解期可听到各种啰音及肺泡呼吸音,叩诊呈过清音或鼓音,肥猪不易检查。

【诊断】根据临诊症状、剖检病变、听诊和叩诊、X线检查做出诊断。但要注意小叶性肺炎和大叶性肺炎的区别。

【治疗】

(1)小叶性肺炎

①青霉素40万~160万国际单位、链霉素50万~100万国际单位混合肌注,12小时1次。

②10%安钠咖2~10毫升、10%樟脑磺酸钠2~10毫升分上、下午交替肌注,以促进血液循环,利于肺部渗出物的排泄。

③食欲不好,用50%葡萄糖50~100毫升、含糖盐水200~300毫升、25%维生素C 2~4毫升/千克静注,每日或隔天1次。

④制止渗出,可用5%氯化钙5~10毫升或10%葡萄糖酸钙

25~50毫升静注,隔天1次。

⑤为止咳祛痰,25千克的猪用氯化铵1克、磺胺嘧啶1克、碳酸氢钠1克,以蜂蜜调为糊状作舐剂服用,12小时1次。氯化铵应另调分开服用。

(2)大叶性肺炎:因本病发展迅速,病情加剧,在选用抗菌消炎药时,要特别慎重,最好先做药敏试验再选择抗菌药,并且不要轻易换药。新胂凡纳明有较好的疗效,用1.5~2.5克,用温5%葡萄糖生理盐水溶解缓慢静注,不得漏出血管外,用前可先肌内注射10%安钠咖10~20毫升。也可采用10%磺胺嘧啶钠溶液30毫升,40%的乌洛托品20~40毫升,5%糖盐水100~300毫升,一次静注,每天1次。

【预防】防治本病要加强饲养管理,猪舍应保持干燥、温暖、通风,并有适当的光照,防止猪受寒感冒。给病猪灌药时,应固定好猪体,防止强迫灌药造成呛肺。同时,要预防传染病与寄生虫病。

五、中 暑

中暑又称日射病与热射病,是由产热增多或散热减少所致的以急性体温过高为特征的疾病。

【发病特点】常发生在炎热的夏季,主要是由于猪舍狭小,猪只多,过分拥挤,外界气温过高,猪圈又无防暑设备或夏季放牧、车船运输防暑措施不力,强烈日光直接照射等原因引起,尤其在气温高、湿度大、饮水又不足时更易促进本病的发生。

【临床症状】患猪精神沉郁,四肢无力,步态不稳,皮肤干燥,常出现呕吐,呼吸迫促,黏膜潮红或发紫,心跳加快,狂躁不安。特别严重者,精神极度沉郁,体温升至42℃以上,全身高热烫手。进一步发展则呈昏迷状态,最后倒地痉挛而死亡。

【诊断】主要根据临诊症状和病史做出诊断。

【治疗】发现中暑现象要及时治疗。中暑的病猪,应放在荫凉通风地方,用凉水浇头部,冷水灌肠并让其饮用冷水,剪尾和耳尖放血,并做进一步治疗。

(1)葡萄糖和生理盐水 100~500 毫升,静脉注射或腹腔注射。

(2)氯丙嗪每千克体重 2 毫克或 4~5 毫升 2.5% 盐酸氯丙嗪注射液,肌内注射,可以防止精神兴奋。

(3)20% 安钠咖注射液 5~10 毫升,肌内或皮下注射。

(4)十滴水 10~20 毫升,内服,每天 2 次。

(5)10% 氯化钠注射液 30~50 毫升,静脉注射。

(6)10%~25% 葡萄糖注射液 100~200 毫升,静脉注射。

(7)5% 碳酸氢钠注射液 50~100 毫升,静脉注射,可以中和自体酸中毒。

(8)巴比妥,每头猪 0.1~0.2 克,内服,或 10% 水合氯醛 100~200 毫升,灌肠。或安乃近注射液 5~10 毫升,肌内注射。可有效治疗狂躁不安的病猪。

(9)食醋 500 毫升,白糖 300 克,井水调服。

(10)西瓜 5 千克,白糖 250 克,捣烂灌服。

(11)鲜菖蒲根 125~250 克,捣烂取汁。开水冲服。

【预防】

(1)炎热的夏天不让猪受日晒时间过长,避免日光直射,注意防暑降温。

(2)饮水要充足,清洁,饮水器的出水量要保证在每分钟 2 升以上。

(3)猪舍要保持干燥、通风。

(4)猪舍、运动场所要经常喷洒凉水。

(5)混养猪群不宜过多,长途运输时密度不易过大,要注意防暑降温。

六、维生素 A 缺乏症

维生素 A 缺乏症是体内维生素 A 或胡萝卜素长期摄入不足或吸收障碍所引起的一种慢性营养缺乏症,以夜盲、干眼病、角膜角化、生长缓慢、繁殖机能障碍及脑和脊髓受压为特征,仔猪及育肥猪易发,成猪少发。

【发病特点】饲料中缺乏维生素 A,猪舍阳光不足,空气不流通,猪只缺乏运动及患胃肠病等可促使发病。

【临床症状】仔猪呈现明显的神经症状,头颈向一侧歪斜,步样蹒跚,共济失调,不久即倒地并发出尖叫声。目光凝视,瞬膜外露,继发抽搐,角弓反张,四肢呈游泳状。有的表现皮脂溢出,周身表皮分泌褐色渗出物,可见夜盲症。视神经萎缩及继发性肺炎。育成猪后躯麻痹,步态蹒跚。后躯摇晃,后期不能站立,针刺反应减退或丧失。母猪发情异常、流产、死产、胎儿畸形,如无眼、独眼、小眼、腭裂等。公猪睾丸退化缩小,精液质量差。

【诊断】根据饲养管理状况、病史、临诊症状、维生素 A 治疗效果,可做出初诊,确诊须进行血液、肝脏、维生素 A 和胡萝卜素含量测定等。

【治疗】

(1)内服鱼肝油,仔猪 5～10 毫升,育成猪 20～50 毫升,每天 1 次,连用数天。

(2)尚未吃食的猪,可灌服鱼肝油 2～5 毫升,每天 2 次,其拌入料中,任其自食。肌内注射维生素 A、维生素 D,2～5 毫升,隔天 1 次。

【预防】主要是保持饲料中有足够的维生素 A 原或维生素 A,日粮中应有足量的青绿饲料、优质干草、胡萝卜、块根类等富含维生素 A 的饲料。妊娠母猪需在分娩前 40～50 天注射维生素 A 或内服鱼肝油、维生素 A 浓油剂,可有效地预防初生仔猪的维生素 A 缺乏。

七、维生素 B 缺乏症

维生素 B 族是一组多种水溶性维生素,包括维生素 B_1、维生素 B_2、维生素 B_6、维生素 B_{12}、叶酸、泛酸等。猪长时间摄入不足,可致缺乏。

【发病特点】维生素 B 在青绿饲料、酵母、麸皮、米糠及发芽的种子中含量最高,但有些饲料中缺乏一种或几种维生素,如玉米中维生素 B_1、维生素 B_2、泛酸、烟酸、胆碱等 B 族维生素含量极低,如果饲料单一,长时间饲喂可造成维生素 B 族的不足或缺乏。动物患慢性胃肠病,长期腹泻或患有高热等消耗性疾病,维生素 B 族吸收减少,消耗增加;长期、大量应用抗生素等能抑制维生素 B 族合成的药物;妊娠、哺乳期母猪、仔猪代谢旺盛,维生素 B 族需求增加;仔猪由于初乳、母乳中维生素 B 族含量不足或缺乏等均可造成维生素 B 缺乏症。

【临床症状】

(1)维生素 B_1(硫胺素)缺乏:猪病食欲减退,严重时可呕吐、腹泻,生长发育缓慢,尿少色黄,病猪喜卧少动,有见跛行,甚至四肢麻痹,严重者目光斜视、转圈,阵发性痉挛,后期腹泻。仔猪表现腹泻、呕吐、生长停滞、心动过速、呼吸急促,突然死亡。

(2)维生素 B_2(核黄素)缺乏:病猪厌食,生长缓慢,经常腹泻,被毛粗乱无光,并有大量脂性渗出,惊厥,眼周围有分泌物,运动失调,昏迷,死亡。鬃毛脱落,由于跛行,不愿行走,眼结膜损伤,眼睑肿胀,卡他性炎症,甚至晶体混浊、失明。怀孕母猪缺乏维生素 B_2,仔猪出生后不久死亡。

(3)维生素 B_3(泛酸)缺乏:猪在用全玉米日粮时可自然产生

泛酸缺乏症病例,典型特点是后腿踏步动作或成正步走,高抬腿,鹅步,并常伴有眼、鼻周围痂状皮炎,斑块状秃毛,毛色素减退呈灰色,严重者可发生皮肤溃疡、神经变性,并发生惊厥。渗出性鼻黏膜炎发展到支气管肺炎,肝脂肪变性,腹泻,有时肠道有溃疡、结肠炎,并伴有神经鞘变性。肾上腺有出血性坏死,并伴有虚脱或脱水,低色素性贫血,可能与琥珀酰辅酶A合成受阻,不能合成血红素有关。有时会出现胎儿吸收、畸形、不育。

(4)维生素B_5(烟酸)缺乏:猪食欲下降,严重腹泻;皮屑增多性发炎,呈污秽黄色;后肢瘫痪;胃、十二指肠出血,大肠溃疡,与沙门菌性肠炎类似;回肠、结肠局部坏死,黏膜变性。用抗烟酰胺药产生的烟酸缺乏症,还出现平衡失调,四肢麻痹,脊髓的脊突,腰段腹角扩大,灰质损伤,软化,尤其是灰质间呈明显损伤。

(5)维生素B_6(吡哆醇)缺乏:呈周期性癫痫样惊厥,呈小细胞性贫血和泛发性含铁血黄素沉着,骨髓增生,肝脂肪浸润。

(6)维生素B_7(生物素)缺乏:缺乏生物素时表现为耳、颈、肩部、尾巴、皮肤炎症、脱毛、蹄底蹄壳出现裂缝,口腔黏膜炎症、溃疡。

(7)维生素B_{12}缺乏:厌食,生长停滞,神经性障碍,应激增加,运动失调,以及后腿软弱,皮肤粗糙,背部有湿疹样皮炎,偶有局部皮炎,胸腺、脾脏以及肾上腺萎缩,肝脏和舌头常呈现肉芽瘤组织的增殖,开始发生典型的小红细胞性贫血(幼猪中偶有腹泻和呕吐),成年猪繁殖机能紊乱,易发生流产、死胎,胎儿发育不全、畸形,产仔数减少,仔猪活力减弱,生后不久死亡。

【诊断】根据饲料中B族维生素的不足,结合临诊症状可做出初步诊断。确诊需测定血中B族维生素的含量。

【治疗】根据缺乏不同的B族维生素,应用不同的药物。

(1)维生素B_1缺乏,按每千克体重0.25~0.5毫克,采取皮下、肌内或静脉注射维生素B_1,每天1次,连用3天。亦可内服丙

硫胺或维生素 B_1 片。

(2)维生素 B_2 缺乏,每吨饲料内补充核黄素 2~3 克,也可采用口服或肌内注射维生素 B_2,每头猪 0.02~0.04 克,每天 1 次,连用 3~5 天。

(3)泛酸缺乏,可肌内注射泛酸。对生长阶段猪饲料每千克加入 11~13.2 毫克泛酸,繁殖泌乳阶段的猪饲料中每千克加 3.2~16.5 毫克,能起到很好的预防作用。

(4)维生素 B_5 缺乏,口服烟酸 100~200 毫克。

(5)维生素 B_6 缺乏,每天口服维生素 B_6 每千克体重 60 微克。饲喂酵母和糠麸。

(6)维生素 B_7 缺乏,口服生物素每千克体重 200 微克。

(7)维生素 B_{12} 缺乏,可肌内注射维生素 B_{12},也可配合铁钴针注射。

【预防】调整日粮组成,添加复合维生素饲料添加剂,补充富含维生素 B 的全价饲料或青绿饲料。

八、钙、磷缺乏症

钙、磷缺乏症是由饲料中钙和磷缺乏或者二者比例失调引起,幼龄猪表现为佝偻病,成年猪则形成骨软病。临床上以消化紊乱、异嗜癖、跛行、骨骼弯曲变形为特征。

【发病特点】日粮钙磷缺乏或比例失调是该病的重要特征之一。若单一饲喂缺乏钙磷的饲料及长期饲喂高磷低钙饲料或高钙低磷饲料都可引起发病。饲料或动物体内维生素 D 缺乏也可能导致本病发生。胃肠道疾病、寄生虫病、先天性发育不良等因素及肝肾疾病也可影响钙、磷及维生素 D 的吸收利用。

【临床症状】先天性佝偻病常表现为生后仔猪颜面骨肿大,硬性腭突出,四肢肿大,而不能屈曲,患猪衰弱无力。后天性佝偻病发病缓慢,早期呈现食欲减退,消化不良,精神不振,不愿站立和运动,出现异嗜癖;随着病情的发展,关节部位肿胀肥厚,触诊疼痛敏感,跛行,骨骼变形;仔猪常以腕关节站立或以腕关节爬行,后肢则以跗关节着地;疾病后期,骨骼变形加重,出现凹背、"X"形腿、颜面骨膨隆,采食咀嚼困难,肋骨与肋软骨结合处肿大,压之有痛感。成年猪的骨软症多见于母猪,病初表现为以异嗜为主的消化机能紊乱。随后出现运动障碍,腰腿僵硬、拱背站立、运步强拘、跛行,经常卧地不动或匍匐姿式。后期则出现跖关节、腕关节、跗关节肿大变粗,尾椎骨移位变软,肋骨与肋软骨结合部呈串珠状;头部肿大,骨端变粗,易发生骨折和肌腱附着部撕脱。

【诊断】佝偻病发病于幼龄猪,骨软病发生于成年猪;饲料钙磷比例失调或不足、维生素 D 缺乏、胃肠道疾病以及缺少光照和户外活动等可引发本病。必要时结合血清学检查、X 光检查以及饲料分析以帮助确诊。鉴别诊断应注意与仔猪支原体性关节炎相区别;骨软症应注意与慢性氟中毒、生产瘫痪、冠尾线虫病、外伤性截瘫相区别。

【治疗】治疗采取改善妊娠母猪、哺乳母猪和仔猪的饲养管理,补充钙磷和维生素 D 源充足的饲料,如青绿饲料、骨粉、蛋壳粉、蚌壳粉等,合理调整日粮中钙磷的含量及比例,同时适当运动和照射日光。对于发病仔猪,可用维丁胶性钙注射液,按 0.2%毫克/千克体重,隔日 1 次肌内注射;维生素 A、维生素 D 注射液 2~3 毫升肌内注射,隔天 1 次。成年猪可以 10%葡萄糖酸钙 50~100 毫升静脉注射,每天 1 次,连用 3 天,也有人建议配合应用亚硒酸钠以提高疗效。此外 20%磷酸二氢钠注射液 30~50 毫升耳静脉注射 1 次,或喂服麸皮(1.5~2 千克麸皮加 50~70 克酵母粉煮后过液,每日分次喂给)。也可用磷酸钙 2~5 克,每日 2 次拌料喂给。

【预防】应经常检查饲料,保证日粮中钙、磷和维生素 D 的含量,合理调配日粮中钙、磷比例。平时多喂豆科青绿饲料,对于妊娠后期的母猪更应注意钙、磷和维生素 D 的补给,特别是长期舍饲的猪,不易受到阳光照射,维生素 D 来源缺乏,及时采取预防措施更具有重要意义。

九、铜缺乏症

铜缺乏症是指日粮中铜含量不足或缺乏,引起仔猪贫血、生长发育缓慢的疾病。

【发病特点】由于饲料中含铜量不足或缺乏,或饲料中存在影响猪吸收铜的不利因素从而诱发铜缺乏症,如金属元素钼、锌、铅、镉、锰及维生素 C 和硫酸盐、植酸盐等含量过多,影响铜的吸收利用。

【临床症状】食欲不振,生长发育缓慢,腹泻,贫血,被毛粗糙,无光泽,且大量脱落,皮肤无弹性,毛色由深变淡,黑毛变为棕色、灰白色。仔猪四肢发育不良,关节不能固定,跗关节过度屈曲,呈犬坐姿势,出现共济失调,骨骼弯曲,关节肿大,表现僵硬、跛行,严重时后躯瘫痪,出现异嗜。

【诊断】根据病史及临床症状可做出初步诊断。如有怀疑时,可采取饲料或动物组织和体液进行铜含量的测定。

【治疗】通过补充铜制剂治疗病猪(但是补铜过量也会引起铜中毒,每千克饲料中含量达 250 毫克或以上,就会引起铜中毒)。

(1)硫酸铁 2.5 克,硫酸铜 1 克,混于 1000 毫升开水中,混匀后喂仔猪,或多次涂擦母猪乳头,有较好的防治效果。

(2)每千克体重氯化钴和硫酸铁各 1 克,硫酸铜 0.5 克,溶于 1000 毫升开水中,供全窝仔猪内服。

【预防】预防可在食盐中加入 1%～5% 硫酸铜;治疗影响铜吸收的胃肠疾病;合理调配日粮;保持微量元素的正常含量。

十、碘缺乏症

碘缺乏症又称为甲状腺肿,是碘绝对或相对不足而引起的以甲状腺机能减退和甲状腺肿大为病理特征的慢性营养缺乏症。

【发病特点】由于猪摄入碘不足可直接诱发原发性碘缺乏;而某些化学物质或致甲状腺肿物质可影响碘的吸收,干扰碘与酪蛋白结合,从而诱发继发性碘缺乏症,如芜菁、甘蓝、油菜、油菜籽饼、亚麻籽饼等含有阻止或降低甲状腺聚碘作用的硫氰酸盐、硝酸盐。植物中致甲状腺肿素、硫脲及硫脲嘧啶也可干扰酪氨酸碘化过程,引起动物发病。

【临床症状】病猪表现为甲状腺明显肿大,生长发育缓慢,被毛生长不良,消瘦贫血。繁殖能力下降,母猪发生胎儿吸收、流产、死产或所产仔猪衰弱、无毛;部分新生仔猪水肿,皮肤增厚,颈部粗大,存活仔猪嗜睡,生长发育缓慢,死后剖检可见甲状腺异常肿大。临诊病理学检查,血清蛋白结合碘、尿碘及甲状腺碘含量普遍降低。

【诊断】根据饲料缺碘的病史,临诊症状见甲状腺肿大、生长发育迟缓、繁殖性能减退、被毛生长不良可做出诊断。必要时进行实验室检查,测定饲料、饮水或食盐的含碘量,测定血清蛋白结合碘含量,测定尿碘量等。

【治疗】饲料中加喂碘盐(10 千克食盐中加碘化钾 1 克)。每日口服碘化钠或碘化钾,剂量为 0.5~2.0 克,连用数日。

【预防】减少饲喂致甲状腺肿的植物饲料;饲料中添加碘盐;妊娠母猪 60 日龄时,每月在饲料或饮水中加入碘化钾 0.5~1 克,或每周在颈部皮肤上涂抹 3% 碘酊 10 毫升。

十一、硒缺乏症

硒缺乏症是由于饲料中硒含量不足所引起的营养代谢障碍综合征,主要以骨骼肌、心肌及肝脏变质性病变为基本特征。猪主要病型有仔猪白肌病、仔猪肝坏死和桑葚心等。一年四季都可发生,以仔猪发病为主,多见于冬末春初。

【发病特点】主要原因是饲料中硒的含量不足。我国由东北斜向西南走向的狭窄地带,包括黑龙江、河北、山东、山西、陕西、贵州等10多个省、自治区,普遍低硒,而以黑龙江、四川省最严重。因土壤内硒含量低,直接影响农作物的硒含量。植物性饲料的适宜含硒量为0.1毫克/千克、当土壤含硒量低于0.5毫克/千克、植物性饲料含硒量低于0.05毫克/千克时,便可引起动物发病,此外,酸性土壤也可阻碍硒的利用,而使农作物含硒量减少。

【临床症状】

(1)仔猪白肌病:一般多发生于生后20日左右的仔猪,成猪少发。患病仔猪一般营养良好,身体健壮而突然发病,体温一般无变化,食欲减退,精神不振,呼吸促迫,常突然死亡。病程稍长者,可见后肢强硬,弓背。行走摇晃,肌肉发抖,步幅短而呈痛苦状;有时两前肢跪地移动,后躯麻痹。部分仔猪出现转圈运动或头向侧转。最后呼吸困难,心脏衰弱而死亡。死后剖检变化:骨骼肌和心肌有特征性变化,骨骼肌特别是后躯臀部和股部肌肉色淡,呈灰白色条纹,膈肌呈放射状条纹。切面粗糙不平,有坏死灶。心包积水,心肌色淡,尤以左心室变性最为明显。

(2)仔猪肝坏死:急性病例多见于营养良好、生长迅速的仔猪,以3~15周龄猪多发,常突然发病死亡。慢性病例的病程3~7天或更长,出现水肿不食,呕吐,腹泻与便秘交替,运动障碍,抽搐,尖叫,呼吸困难,心跳加快。有的病猪呈现黄疸,个别病猪在耳、头、背部出现坏疽,体温一般不高。死后剖检,皮下组织和内脏黄染,急性病例的肝脏呈紫黑色,肿大1~2倍,质脆易碎,呈豆腐渣样。慢性病例的肝脏表面凹凸不平,正常肝小叶和坏死肝小叶混合存在,体积缩小,质地变硬。

(3)猪桑葚心:病猪常无先兆病状而突然死亡。有的病猪精神沉郁,黏膜紫绀,躺卧,强迫运动常立即死亡。体温无变化,心跳加快,心律失常。粪便一般正常。有的病猪,两腿间的皮肤可出现形态不一的紫色斑点,甚至全身出现斑点。死后剖检变化:尸体营养良好,各体腔均充满大量液体,并含纤维蛋白块。肝脏增大呈斑驳状,切面呈槟榔样红黄相间。心外膜及心内膜常呈线状出血,沿肌纤维方向扩散。肺水肿,肺间质增宽,呈胶冻状。

【诊断】本病根据病史、临诊症状,特别是用硒进行防治效果的验证不难诊断。必要时可进行饲料、组织中硒及血液谷胱甘肽过氧化物酶活性测定。

【治疗】患病仔猪,肌内注射亚硒酸钠维生素E注射液1~3毫升(每毫升含硒1毫克,维生素E 50国际单位)。也可用0.1%亚硒酸钠溶液皮下或肌内注射,每次2~4毫升,隔20日再注射1次。配合应用维生素E 50~100毫克肌内注射,效果更佳。成年猪10~15毫升,肌内注射。

【预防】猪对硒的需要量不能低于日粮的0.1毫克/千克,允许量为0.25毫克/千克,不得超过5~8毫克/千克。维生素E的需要量是:4.5~14.0千克的仔猪以及怀孕母猪和泌乳母猪为每千克饲料22国际单位;一般猪14~54千克体重为每千克饲料11国际单位。平时应注意饲料搭配和有关添加剂的应用,满足猪对硒和维生素E的需要。麸皮、豆类、苜蓿和青绿饲料含较多的硒和维生素E,要适当选择饲喂。

缺硒地区的妊娠母猪,产前15~25天内及仔猪生后第二天起,每30天肌内注射0.1%亚硒酸钠液1次,母猪3~5毫升,仔猪 1 毫升；也可在母猪产前 10～15 天喂给适量的硒和维生素 E 制剂，均有一定的预防效果。

十二、锰缺乏症

锰缺乏症是饲料中锰含量绝对或相对不足引起的一种营养缺乏病。

【发病特点】以玉米、大麦和大豆作为基础日粮时，因锰含量低也可引起锰缺乏。饲料中钙、磷、铁、钴及植酸盐含量过高，可影响机体对锰的吸收利用，从而发生继发性的锰缺乏症。

【临床症状】患病猪出现生长发育受阻，消瘦；繁殖机能障碍，母猪乳腺发育不良，发情期延长，不易受胎，出现流产、死胎、弱胎；新生仔猪运动失调，仔猪弱小，呻吟，震颤，共济失调，生长缓慢；骨骼畸形，管状骨变短，见步态强拘或跛行。

【诊断】实验室检查可见血液的锰含量较低。

【治疗】治疗可每 100 千克饲料中添加 12～24 克硫酸锰。

【预防】预防本病要改善饲养管理，合理调配日粮，给予富含锰的饲料，饲喂青绿饲料、块根饲料和小麦、糠麸。减少影响锰吸收的不利因素。

十三、锌缺乏症

猪的锌缺乏症也称角化不全症，是由于日粮中锌绝对或相对缺乏而引起的一种营养代谢病。本病在养猪业中危害甚大。

【发病特点】原发性缺锌主要原因是饲料中缺锌，我国约 30％的地区属缺锌区，土壤、水中缺锌，造成植物饲料中锌的含量不足，或者是有效态锌含量少于正常。继发性缺锌是因为饲料存在干扰锌吸收利用的因素，已发现如钙、碘、铜、铁、锰、钼等，均可干扰饲料锌的吸收和利用。高钙日粮,尤其是钙,通过吸收竞争而干扰锌的利用,诱发缺锌症。饲料中植酸、氨基酸、纤维素、糖的复合物、维生素D过多,不饱和脂肪酸缺乏,以及猪患有慢性消耗性疾病时,均可影响锌的吸收而造成锌的缺乏。

【临床症状】患病不严重时体温和食欲均正常,重症时病猪出现食欲不振,有不同程度的厌食。因采食量下降导致生长缓慢,饲料利用率降低,生长发育迟缓。轻度缺锌表现为皮肤干燥而粗糙,缺乏弹性,角化不全,被毛粗乱而焦黄,随后被毛脱落。严重缺锌时耳朵、颈部、前后肢下部、尾部和肷部有明显的结痂和皲裂,多为对称性,患猪最后因长时间进行性消瘦而死亡。出现繁殖机能障碍,母猪分娩时间延长,死胎率增加,出生仔猪体重降低,骨骼发育异常。

【诊断】根据生长缓慢、皮肤角化不全、繁殖机能障碍、骨骼发育异常和日粮中低锌或高钙的病史而做出诊断。确诊可补锌做治疗性试验,测定饲料、血清和组织锌含量。

【治疗】使用0.02%的硫酸锌或碳酸锌进行治疗,并减少钙的摄入以利于锌的吸收。皮肤皲裂严重时可局部涂抹氧化锌软膏,皮肤破溃化脓时可涂抹1%甲紫溶液。

【预防】在饲料中加入0.1%碳酸锌有预防本病的作用。当仔猪发病时,可在母猪的日粮中添加0.5~1克硫酸锌。适当限制钙的含量以利于锌的吸收。

十四、黄脂病

猪黄脂病俗称"猪黄膘",指猪体内脂肪组织为蜡样质的黄色颗粒沉着,呈现出黄色,并伴有特殊的鱼腥味或蛹臭味,影响肉质。

【发病特点】诱发猪发生黄脂病的原因主要有两种:一种是病理性的,称为黄疸,有实质性黄疸、阻塞性黄疸和溶血性黄疸的区别,其病因是由猪锥虫病、焦虫病或钩端螺旋体侵入机体,引起机体内大量溶血,发生中毒和全身感染,胆汁排泄出现障碍,使大量胆红素排入血液,将全身各组织染成黄色,造成黄疸肉。这里主要讨论饲料因素形成黄膘的原因。

(1)饲料中不饱和脂肪酸含量过高:若饲料中全部或部分为鱼或其副产品(鱼肝油下脚料,比目鱼和鲑鱼的副产品最危险)、鱼粉、蚕蛹粕和油渣、油糟类、米糠、玉米、豆饼、亚麻饼、蝇饲料等高脂肪、易酸败原料,在饲喂量超过日粮的20%且饲料中不饱和脂肪酸含量高或者生育酚含量不足的情况下,使机体内维生素E的消耗量大增,引起机体内维生素E相对缺乏,加上其他抗氧化剂不足的共同作用,导致抗酸色素在脂肪组织中沉积,并使脂肪组织形成一种棕色或黄色无定性的非饱和叠合物小体,促使黄膘产生。

(2)饲料中含有色素含量高的原料:如紫云英(草籽)、芜菁、胡萝卜和南瓜等,这些原料中胡萝卜素和叶红素含量较高,在体内代谢不全引起黄染。另外,如果原料商卖出的原料本身就是染色的,例如染色掺假棉粕、柠檬酸渣等,猪吃这些原料做成的饲料,染料会沉积到脂肪上,变成黄膘。

(3)饲料中添加了导致产生猪黄脂病的药物:如磺胺类和某些有色中草药,在使用时间较长或没有经过足够长的休药期便屠宰,会造成猪胴体局部或全身脂肪发黄。

(4)饲料霉变:当给猪喂了感染黄曲霉的饲料,如玉米、花生等,死后剖检会发现全身脂肪呈淡黄色。"变异"的预混料在仔猪阶段会给猪的机体造成伤害,再加上原料霉变会使油脂氧化,气温升高和饲养期加长等因素使部分猪"中标"产生黄脂。

(5)饲料添加剂配方或生产工艺不合理:高铜的配方可使饲料中的油脂氧化酸败导致黄脂。实际上高铜本身并不会导致黄脂,而在于高铜本身的催化氧化作用,铜的使用主要与类抗生素作用有关,在维生素E添加量可有可无处于临界状态时,高铜导致饲料氧化加快,加大了维生素 E 需要量,尤其在湿热的条件下更是如此。一般条件下,30℃维生素 E 与饲料硫酸铜混合存留时间约为 3 天,损失过半;而湿润条件下,这种损失更快、更明显,这是调质(对颗粒饲料制粒前的粉状物料进行水热处理的一道加工工序)制粒的饲料更容易导致黄脂的主要原因。

如果饲料生产线通风不良(尤其是玉米粉碎系统),在玉米粉碎过程中产生的大量热量和水蒸气,就会凝结在粉碎玉米的表面,导致玉米中不饱和脂肪酸过氧化,或者配合料从生产到使用时间间隔长,引起饲料中不饱和脂肪酸过氧化。全价料在高温、高湿的季节,饲料中的不饱和脂肪酸更容易发生酸败,而酸败的脂肪可以形成黄脂。另外,变质的淀粉导致胆汁外泄,形成黄脂,实际如同于黄疸;调质制粒时遇到高温和高湿,并在铜的参与下,这种黄脂变化会更为迅速。

【临床症状】该病的临床症状不够明显,大多数病猪食欲不振,精神倦怠,衰弱,被毛粗糙,增重缓慢,结膜色淡,有时发生跛行,眼有分泌物,黄脂病严重的猪血红蛋白水平降低,有低色素性贫血的倾向,个别病猪突然死亡。剖检可见体脂呈柠檬黄色,骨骼肌和心肌呈灰白(与白肌病相似),变脆;肝呈黄褐色,脂肪变性明显;肾呈灰红色,横断面发现髓质呈浅绿色;淋巴结水肿,有出血点,胃肠黏膜充血。

【诊断】生前诊断较难,主要根据宰后剖检病变做出诊断。鉴别诊断注意与黄疸的区别。黄膘猪的肥膘及体腔内脂肪呈不同程度的黄色,其他组织无黄色现象。而黄疸使猪的皮肤、黏膜、皮下脂肪、腱膜、韧带、软骨表面、组织液、关节液及内脏等均呈黄色。

【治疗】因本病生前很难诊断,也无法治疗。

【预防】

(1)对于病理原因引起的"黄疸":要积极采取防治措施,控制锥虫病、焦虫病和钩端螺旋体病。究竟是哪种病原体引起的黄疸,还应观察其他方面的病理变化,进行微生物学和免疫学诊断,并结合流行病学调查。确定病原体后,有针对性地进行防治,做好猪寄生虫和钩端螺旋体病的防治工作。

(2)磺胺类药物原因引起的黄膘:防治比较简单,控制药物用量及屠宰前设定合理的停药期即可。

(3)饲料不当引起的黄膘肉

①立刻停喂致病饲料:如果饲粮中使用了高比例、易引起色素沉着的非常规原料,则要控制在总料量的30%以下,如紫云英和胡萝卜等。减少这些原料的用量或用其他原料代替即可。芫菁、南瓜、紫云英、胡萝卜等含天然色素饲料,要多种饲料搭配饲喂,避免单一饲喂,在育肥后期最好不喂或少喂。饲粮中不饱和脂肪酸含量过高,或抗氧化成分效力不足引起的黄膘肉,需要饲料厂、规模化猪场和养猪个体户共同努力加以防治。

②对于预混料产品:载体应当使用脱脂油糠或换用其他不饱和脂肪酸含量低的产品;增加维生素E、硒和抗氧化剂的用量提高其效力,每头每日添加500~750毫克维生素E或加上6%的干燥小麦芽与30%米糠或每猪50克茵陈蒿煎水连渣服等措施对预防黄脂的形成有一定效果,对已形成的黄脂要使组织中的抗酸色素都被除去,需要较长的时间才能见效。

③对于浓缩料产品:减少鱼粉的用量或使用高质量的脱脂鱼粉;如果添加油脂类物质,减少不饱和脂肪酸含量高的产品用量;如果油脂量无法减少,可以更换饱和脂肪酸含量高的产品。

④对于全价料:这里既包括饲料公司生产的全价料产品,也包括猪场自配的全价料,减少不饱和脂肪酸含量高的产品用量,特别是鱼粉。中大猪阶段用量比较大的糠麸类产品(南方的米糠和北方的小麦麸),用量大可能会导致脂肪变软,最终出现黄脂肪;也可以用沸石粉代替部分糠麸类产品,同时要严格控制米糠和小麦麸的质量。

⑤在新鲜青饲料缺乏时:应定期补喂含维生素 E 多的饲料,如禾本科的种子、胚芽(小麦胚芽等)。

(4)霉菌毒素引起的要进行脱毒:不能用污染的原料,限制易氧化原料的用量。使用陈玉米时,要测定脂肪酸价,同时可以补充抗氧化剂和霉菌毒素吸附剂,联合使用防止霉菌毒素的产生。蚕蛹、鱼下脚料要限量喂猪,只喂新鲜的,凡发霉饲料一律禁喂。

(5)把握好生猪不同生长阶段的饲料停用技巧:在猪育肥后期应尽量少喂米糠、玉米、豆饼、亚麻饼等含不饱和脂肪酸高的饲料,在宰前 2 个月应改换含不饱和脂肪酸低的饲料,可防止形成黄脂。饲喂剩菜饭泔水下脚料的育肥猪,应在宰前 2 个月改换其他含不饱和脂肪酸低的饲料。长期饲喂鱼粉、鱼肝油下脚料、蚕蛹粕等含多量不饱和脂肪酸饲料时,要控制饲喂量,一般每头每天不得超过 100~250 克,并在宰前 2 个月停喂。

(6)做好品种的选育工作:即淘汰黄脂病的易发品种,选育抗该病的品种。

十五、异食癖

猪的异食癖是养猪生产中经常遇到的问题之一,特别是在光照时间不足、气温低的冬春季节该病高发。饲养管理不当、环境不适、饲料营养供应不平衡、疾病及代谢机能紊乱等是本病的诱因。猪由于长期异食,常常造成发育迟缓、消瘦、厌食,给养猪户造成不必要的经济损失。

【发病特点】

(1)管理不当:饲养密度过大、饲养空间狭小、饮水不足、同一圈舍猪只大小强弱悬殊、争夺位次等是发生异食癖的诱因。

(2)环境因素:冬秋季节发病率比较高的原因可能是干燥和高尘环境导致了猪烦躁并出现攻击行为。如舍内温度过高或过低,通风不良及有害气体蓄积,猪舍光照过强猪处于兴奋状态而焦躁不安,猪受到惊吓、天气的异常变化、猪圈潮湿等均会造成猪产生不适感最终引发啃咬等异食癖。

(3)个体差异:同一猪圈内如果饲养不同品种或同一品种间体重差异过大的猪,因品种和生活特点差异,互相矛盾、相互争雄而发生咬架。个体之间差异大,在占有睡觉面积和抢食中常出现以大欺小现象。

(4)疾病因素:猪患有虱子、疥癣等体外寄生虫时,可引起猪体皮肤刺激而烦躁不安,在猪舍摩擦而导致耳后、肋部等处出现渗出物,对其他猪产生吸引作用而诱发咬尾。猪体内寄生虫病,特别是猪蛔虫,刺激患猪攻击其他猪。猪只体内荷尔蒙刺激导致情绪不稳定也可发生咬尾现象。

(5)营养水平:当饲料营养水平低于饲养标准,满足不了猪生长发育的营养需要时,可导致咬尾症的发生。另外,日粮中的各种微量营养成分不平衡,如日粮中钾、钠、镁、铁、磷、钙、维生素的缺乏或者不平衡也会造成此症。

(6)本身天性:猪爱玩、爱动,在环境舒适时,小猪咬其他猪的尾巴并相互模仿,猪的模仿性是猪发生异食癖而引发大群异食癖的原因之一。同时因破皮与流血等外伤,又引发猪相互咬架。

【临床症状】猪患异食癖表现为咬尾、咬耳、咬肋、吸吮肚脐,特别是喜食鸡粪、食尿、拱地、啃木棍,有闹圈、跳栏等现象。相互咬斗是异食癖中较为恶性的一种,表现为猪对外部刺激敏感,举止不安,食欲减弱,目光凶狠。起初只有几只互相咬斗,逐步由多头参与,主要是咬尾,少数也有咬耳,被咬猪尾部脱毛出血,猪群进而对血液产生异嗜癖,危害逐步扩大。被咬猪常出现尾部皮肤和皮毛脱落,影响增重,严重时可继发感染骨髓炎和脓肿,若不及时处理可并发败血症等,从而导致死亡。

【诊断】异食癖的临床特点为到处舔食、食平时不吃的异物、啃咬,一看便知,但要弄清发生的原因是比较困难的。必须根据病史、症状等方面综合分析。

【治疗】

(1)综合治疗:每天增加光照 2~3 小时。一般每吨饲料中可加入电解多维 2 千克、安康宁 200 克、血尔 200 克、铬壮素 200 克、利依肥素 44.2 千克、维他康 500 克、优配 2 千克、小苏打 3~5 千克、爱维佳 300 克,连续饲喂 5~7 天。有学者实践经验发现,在饲料中适量添加异食灵、黄金搭档,连喂 10~15 天可收到良好效果。

(2)对症治疗

①对有啃墙、啃圈习惯的猪,可喂红土或烧砖用的页岩粉末,以补充铁、锰、锌、镁等多种微量元素。

②有吃猪粪、鸡粪习惯的可肌注维生素 B_{12},每次 500~1500 毫升,每天一次,连用 3~4 天。

③有吃石灰习惯的应在饲料中添加钙和磷,如熟石灰、骨粉等,也可在料中添加维生素 AD。

④患寄生虫病的猪,应该及时驱虫。常用的驱虫药有丙硫咪唑、敌百虫、伊维菌素、阿维菌素等。

⑤啃吃垫草的猪,可喂服多种维生素或肌内注射复合维生素,每次 10~20 毫升,每天 1 次,连续 3~4 天。

⑥有吃胎衣和胎儿习惯的母猪,除加强护理外,还可以用河虾或小鱼 100~300 克煮汤饮服,或在饲料中加鱼粉,每头猪每天 50~100 克,连续喂 10~20 天。

⑦对爱啃砖头、吃煤渣、饮尿的猪,应在饲料中添加 0.5%~0.8% 的食盐,添加量不可超过 1%,以防食盐中毒。

【预防】在查明病因的基础上,有的放矢地改善饲养管理,给予全价饲料,补充维生素、微量元素,保证钙磷比例,定期驱虫。发现病猪立即隔离,防止其他猪只模仿。

十六、发霉饲料中毒

霉饲料中毒就是动物采食了发霉的饲料而引起的中毒性疾病,临床上以神经症状为特征。各种猪都可发生,仔猪及妊娠母猪较敏感。

【发病特点】自然环境中,含有许多霉菌,常寄生于含淀粉的饲料上,如果温度(28℃左右)和湿度(80%～100%)适宜,就会大量生长繁殖。有些霉菌在生长繁殖过程中,能产生有毒物质。目前已知的霉菌毒素有百种以上,最常见的有黄曲霉毒素、镰刀菌毒素和赤霉菌毒素,此外还有棕曲霉毒素、黄绿青霉素、红色青霉素酸以及黑穗病、麦角病、锈病等。这些霉菌毒素都有可引起猪中毒。发霉饲料中毒的病例,临床上常难以肯定为何种霉菌毒素中毒,往往是几种霉菌毒素协同作用的结果。

【临床症状】仔猪和妊娠母猪较为敏感。中毒仔猪常呈急性发作,出现中枢神经症状,头弯向一侧,头顶墙壁,数天内死亡。大猪病程较长,一般体温正常,初期食欲减退。白猪的嘴、耳、四肢内侧和腹部皮肤出现红斑。后期停食,腹痛,下痢或便秘,粪便中混黏液或血液,被毛粗乱,迅速消瘦,生长迟缓等。妊娠母猪常引流产及死胎。

【诊断】根据疾病的突然性和群发性;疾病的流传快、死亡率高;疾病的发生同摄取的饲料有关基本可以确诊。

【治疗】霉饲料中毒无特效疗法。发病后立即停喂发霉饲料,换喂优质饲料,同时进行对症治疗。急性中毒,用0.1%高锰酸钾溶液、温生理盐水或2%碳酸氢钠液进行灌肠、洗胃后,内服盐类泻剂,如硫酸钠30～50克,水1升,1次内服。静脉注射5%葡萄糖生理盐水300～500毫升,40%乌洛托品20毫升;同时皮下注射20%安钠咖5～10毫升,以增强猪体抗病力,促进毒素排出。

【预防】防止本症的根本措施是防止饲料发霉变质。对轻微发霉的饲料，必须经过去霉处理后限量饲喂；对发霉严重的饲料，绝对禁止喂猪。

(1)防霉方法：防止饲料发霉变质的关键是控制水分和温度，使谷物尽快干燥，并置于干燥、低温及通风良好处贮存。

(2)去霉方法：目前尚无满意的方法，对轻微发霉的饲料，使用1.5%氢氧化钠液或草木灰水浸泡处理，或用清水多次清洗，直至泡洗液清澈无色为止，但经过这种方法处理的饲料，仍含有一定的毒性物质，应限量饲喂。

十七、食盐中毒

猪食盐中毒主要是由于采食含过量食盐的饲料，尤其是在饮水不足的情况下而发生的中毒性疾病。本病多发于散养的猪，规模化猪场少发。猪食盐内服急性致死量约为每千克体重2.2克。

【发病特点】猪食盐中毒是由于采食含盐份较多的饲料或饮水，如泔水、腌菜水、饭店食堂的残羹、洗咸鱼水或酱渣等，配合饲料时误加过量的食盐或混合不均匀等而造成。全价饲养，特别是日粮中钙、镁等矿物质充足时，对过量食盐的敏感性大大降低，反之则敏感性显著增高。饮水是否充足，对食盐中毒的发生更具有绝对的影响。

【临床症状】根据病程可分为最急性型和急性型两种。

(1)最急性型：为一次食入大量食盐而发生。临床症状为肌肉震颤，阵发性惊厥，昏迷，倒地，2天内死亡。

(2)急性型：当病猪吃的食盐较少，而饮水不足时，经过1～5天发病，临床上较为常见。临床症状为食欲减少，口渴，流涎，头碰撞物体，步态不稳，转圈运动。大多数病例呈间歇性癫痫样神经症状。神经症状发作时，颈肌抽搐，不断咀嚼流涎，犬坐姿势，张口呼吸,皮肤黏膜发绀,发作过程约 1～5 分钟,发作间歇时,病猪可不呈现任何异常情况,1 天内可反复发作无数次。发作时,肌肉抽搐,体温升高,但一般不超过 39.5℃,间歇期体温正常。末期后躯麻痹,卧地不起,常在昏迷中死亡。

【诊断】主要根据过食食盐和(或)饮水不足的病史,暴饮后癫痫样发作等突出的神经症状及脑组织典型的病变初步诊断。如为确诊,可采取饮水、饲料、胃肠内容物以及肝、脑等组织作氯化钠含量测定。肝和脑中的钠含量超过 1.50 毫克/克,或氯化钠含量超过 2.50 毫克/克和 1.80 毫克/克,即可认为是食盐中毒。

【治疗】无特效解毒药。要立即停止食用原有的饲料,逐渐补充饮水,要少量多次给,不要一次性暴饮,以免造成组织进一步水肿,病情加剧。可以采取辅助治疗,其原则是促进食盐的排除,恢复阳离子平衡和对症处置。

(1)大量饮水,并静脉注射 5%葡萄糖液 100～200 毫升。

(2)为缓解兴奋和痉挛发作应用 5%溴化钾或溴化钙 10～30 毫升静脉注射,以排除体内蓄积的氯离子。

(3)使用双氢克尿噻利尿以排除钠离子、氯离子,口服 0.05～0.2 克。

(4)为缓解脑水肿,降低颅内压,可用甘露醇注射液 100～200 毫升静脉注射,或用 50%葡萄糖液静脉注射。

【预防】不宜用过咸的残羹剩饭喂猪,日粮含盐量不应超过 0.5%以免过量。平时应供给足够的饮水,有利于体内多余的氯和钠离子及时随尿液排出,维持体液离子的动态平衡。

十八、亚硝酸盐中毒

猪亚硝酸盐中毒,是猪摄入富含硝酸盐、亚硝酸盐过多的饲料或饮水,引起高铁血红蛋白症,导致组织缺氧的一种急性、亚急性中毒性疾病。本病在猪较多见,常于猪吃饱后15分钟到数小时发病。

【发病特点】油菜、白菜、甜菜、野菜、萝卜、马铃薯等青绿饲料或块根饲料富含硝酸盐。而在使用硝酸铵、硝酸钠、除草剂、植物生长剂的饲料和饲草,其硝酸盐的含量增高。硝酸盐还原菌广泛分布于自然界,在温度及湿度适宜时可大量繁殖。当饲料慢火闷煮、霉烂变质、枯萎等时,硝酸盐可被硝酸盐还原菌还原为亚硝酸盐,以至中毒。

亚硝酸盐的毒性比硝酸盐强15倍。亚硝酸盐亦可在猪体内形成,在一般情况下,硝酸盐转化为亚硝酸盐的能力很弱,但当胃肠道机能紊乱时,如患肠道寄生虫病或胃酸浓度降低时,可使胃肠道内的硝酸盐还原菌大量繁殖,此时若动物大量采食含硝酸盐饲草饲料时,即可在胃肠道内大量产生亚硝酸盐并被吸收而引起中毒。

【临床症状】急性中毒的猪常在采食后10~15分钟发病,慢性中毒时可在数小时内发病。一般体格健壮、食欲旺盛的猪因采食量大而发病严重。病猪严重呼吸困难,多尿,可视黏膜发绀,刺破耳尖、尾尖等,流出少量酱油色血液,体温正常或偏低,全身末梢部位发凉。因刺激胃肠道而出现胃肠炎症状,如流涎、呕吐、腹泻等。共济失调,痉挛,挣扎鸣叫,或盲目运动,心跳微弱。临死前角弓反张,抽搐,倒地而死。

中毒猪尸体腹部多膨满,口鼻青紫,可视黏膜发绀。口鼻流出白色泡沫或淡红色液体,血液呈酱油状,凝固不良。肺膨大,气管和支气管、心外膜和心肌有充血和出血,胃肠黏膜充血、出血及脱落,肠淋巴结肿胀,肝呈暗红色。

【诊断】依据发病急、群体性发病的病史、饲料储存状况、临诊见黏膜发绀及呼吸困难、剖检时血液呈酱油色等特征,可以做出诊断。可根据特效解毒药亚甲蓝进行治疗性诊断,也可进行亚硝酸盐检验、变性血红蛋白检查。

【治疗】迅速使用特效解毒药如亚甲蓝或甲苯胺蓝。静脉注射1%的亚甲蓝,按每千克体重1毫升,也可深部肌内注射1%的亚甲蓝;甲苯胺蓝每千克体重5毫克,可内服或配成5%的溶液静脉注射、肌内注射或腹腔注射。使用特效解毒药时配合使用高渗葡萄糖300～500毫升,以及每千克体重10～20毫克维生素C。

呼吸急促时,可用尼克刹米、山梗菜碱等兴奋呼吸的药物。对心脏衰弱者,注射0.1%盐酸肾上腺素溶液0.2～0.6毫升,或注射10%安钠咖以强心。

【预防】针对病因,通过改善饲养治理的方法,可有效地预防本病的发生。

(1)确实改善青绿饲料的存放和蒸煮过程。使用青绿饲料喂猪时,最好新鲜生喂,这样既留存了营养成分又不易使猪发生中毒。如需煮热喂时,应加足火力,敞开锅盖,迅速煮熟并不断搅拌,不要闷在锅内过夜。对青饲料的贮存,应摊开存放,不要堆积,以免腐烂发酵而产生亚硝酸盐。实践证实,煮饲料时,加入少量食醋,既可以杀菌,又能分解亚硝酸盐。

(2)接近收割的青绿饲料不应再施用硝酸盐等,以免增高其中硝酸盐或亚硝酸盐的含量。

(3)对可疑饲料、饮水,实行临用前的检疫,特别在某些集约化猪场应列为常规的兽医保健措施之一。

十九、菜籽饼中毒

猪长期或大量摄入不经适当处理的菜籽饼,可引起中毒或死亡。

【发病特点】菜籽饼是一种蛋白饲料,含有硫葡萄糖苷的分解产物,如异硫氰酸酯、硫氰酸酯、恶唑烷硫酮,可在芥子水解酶作用下,产生异硫氰酸丙烯酯等有害物质。异硫氰酸酯可影响菜籽饼的适口性,浓度高时可强烈刺激黏膜,引起胃肠炎、支气管炎,甚至肺水肿。异硫氰酸酯抑制甲状腺滤泡细胞浓集碘,导致甲状腺肿大。恶唑烷硫酮抑制甲状腺内过氧化物酶的活性,影响甲状腺中碘的活化、酪氨酸和碘化酪氨酸的偶联,阻碍甲状腺素合成而致甲状腺肿大。

【临床症状】因毒物引起毛细血管扩张,血容量下降和心率减慢,可见心力衰竭或休克。有感光过敏现象,精神不振,呼吸困难,咳嗽。出现胃肠炎症状,如腹痛、腹泻、粪便带血减退;肾炎,排尿次数增多,有时有血尿;肺气肿和肺水肿。发病后期体温下降,死亡。

剖检可见胃肠道黏膜充血、肿胀、出血。肾出血,肝肿大、混浊、坏死。胸、腹腔有浆液性、出血性渗出物,肾有出血性炎症,有时膀胱积有血尿。肺气肿,甲状腺肿大。血液暗色,凝固不良。

【诊断】根据饲喂菜籽饼的病史、临诊有胃肠炎和血尿的症状以及剖检,可初步诊断。必要时可进行毒物检验。

【治疗】

(1) 0.1%～1%单宁酸适量或0.05%高锰酸钾溶液,洗胃;蛋清、牛奶或豆浆,内服。

(2) 维生素C 2～4毫升和维生素K 2～4毫升肌内注射,甘草60克和绿豆300克水煎取汁灌服,每天1剂,分2次灌服,连用3～4剂。

(3) 灌服0.5%～1.0%鞣酸适量洗胃,再灌服稀面糊、米汤或豆浆等适量;肌内注射10%安钠咖5～10毫升;静脉注射25%葡萄糖液100～200毫升。

(4) 硫酸钠35～50克,小苏打5～8克,鱼石脂1克,加水100毫升,1次灌服。

(5) 甘草60克,绿豆60克,水煎去渣,1次灌服。

【预防】用菜籽饼喂猪前应进行脱毒处理,并限量饲喂。

(1) 将菜籽饼打碎,用清水浸泡 24 小时后捞起蒸煮 1~2 小时;

(2) 选一较高爽地方,挖一个 1 立方米左右的深坑,四周用草席与土隔开,将粉碎的菜籽饼按 1:1 加清水拌匀后装入坑中,顶部盖草秆后再盖上 30 厘米厚的土,约经 2 个月自然发酵后即可脱毒。

二十、棉籽饼中毒

棉籽饼已成为产棉区饲养家畜的主要蛋白质补充饲料,但由于其含有棉酚等有毒物质,影响了棉籽饼的综合利用,棉酚是棉花生长发育过程中的产物,游离棉酚对单胃动物并没有剧毒,猪只是在其长期大量食入后积累而形成中毒。往往由于对棉饼处理方法未掌握好,就会使猪发生棉酚中毒。

【发病特点】猪长期或大量采食榨油后的棉籽饼,引起出血性胃肠炎、全身水肿、血红蛋白尿等特征的中毒病。棉籽壳及棉籽饼中,主要有毒成分是棉酚。棉酚包括结合棉酚及游离棉酚,游离棉酚对动物是有毒的。棉酚在体内比较稳定,不易破坏,而且排泄缓慢,有蓄积作用。

【临床症状】猪棉籽饼中毒有一定的潜伏期,病初体力衰弱,食欲废绝,下痢,有时有皮肤疹块,慢性中毒时,往往表现病猪瘦弱、贫血。重症可能体温升高,心跳快而弱,呼吸急促而困难,鼻腔流出浆性液体,粪便带有血液,排尿困难,有时带有血尿。有的发现水肿,发生肺水肿时,则出现咳嗽,气喘和流出泡沫性鼻液。毒素损害神经系统时,出现痉挛,步行不稳等。

皮肤充血,兼有红点和红斑。喉有出血点,气管含有黄色泡沫样液体,并有出血点,肺肿大,切面有淡黄色泡沫。肝、肾、心肌和胃肠黏膜有不同程度的出血斑点,全身淋巴结肿胀。

【诊断】根据临诊症状和棉酚含量测定以及动物的敏感性,剖检病变可做出诊断。确诊需做棉籽饼及血液中游离棉酚含量测定。

【治疗】发现中毒病猪时,应停喂棉籽饼粕,改为一般饲料,增加青料多汁饲料,并及时用以下方法治疗,并注意护理。

(1)0.03%高锰酸钾溶液或5%碳酸氢钠溶液或3%过氧化氢(加10~20倍水稀释)适量反复洗胃。洗胃后可灌服多量5%碳酸氢钠溶液。出现肺水肿时,应静脉注射甘露醇或山梨醇。

(2)硫酸钠50~100克,健胃散5~10克混合后加适量温水一次投服。也可用硫酸镁60~120克、人工盐10~20克混合后加适量温水投服。

(3)50%次亚硫酸钠溶液10~20毫升一次静脉注射,每天2~3次。

(4)5%氯化钙注射液20毫升,40%乌洛托品注射液10毫升一次静脉注射。

(5)绿豆粉500克,苏打粉45克水调一次灌服,或混于饮水中喂服。

【预防】用于喂猪的棉籽饼,要选用好棉籽加工成的饼,发生霉变的棉籽饼不能用来喂猪,预防本病,要防止长期多量单一喂棉籽饼,应以混合饲料为主,加喂碳酸钠、骨粉和含维生素多的饲料,饲喂3~4周后应停喂2周。对妊娠母猪和仔中应禁喂这种饲料。为了防止棉酚在猪体内蓄积,应对棉籽饼进行处理以减少毒力。棉籽饼的简易去毒方法,主要有以下几种:

(1)石灰水去毒法:用5%石灰水浸泡24小时,倒去上清液,然后以清水洗后再喂。

(2)水煮法:将棉籽饼粉碎后,放入锅中,加适量的水进行煮沸,煮时应时常搅动,沸腾半个小时,冷却后即可喂猪。用这种方法处理的棉籽饼粕,在饲料中的比例应为30%。

(3)硫酸亚铁去毒:硫酸亚铁俗名毒矾、绿矾,用量一般占棉籽饼的1%～2%。饲用时可将硫酸亚铁干粉拌入棉籽饼中,也可配成硫酸亚铁水溶液将棉籽饼浸泡后,连同浸泡液一起饲喂,这样既可以去毒,又可以增加饲料中的铁素。用来处理棉籽饼粕的硫酸亚铁,要干燥密闭保存,防止氧化变红。硫酸亚铁水溶液要用冷水配制,现配现用。

(4)尿素去毒:在1个大瓷缸中,倒入400千克水和4千克农用尿素,配成1%的尿素溶液,再用1个瓷缸倒入100千克棉籽饼粕,200千克尿素溶液,搅拌均匀后,用木锨平摊在沥青地上,用塑料布严密覆盖,在常温下放置24个小时后,去掉塑料布,摊晒,要不断翻倒,直至晒干。

(5)棉籽饼间隔饲喂:由于游离棉酚在猪体内只有积累到一定程度时,才会发生中毒,而且猪体能不断地将这些游离棉酚排出体外,所以在一时买不到硫酸亚铁或燃料缺乏时,可采取间隔喂猪法。由于榨油工艺不同,棉籽饼粕中含毒量也不同,一般以现代机器榨油,棉籽饼粕中的含毒量低,为0.08%左右。用间隔法喂猪时棉籽饼粕在饲料中的比例不能超过20%,以土榨棉籽饼粕饲喂,应喂1天停1天,连喂3～4月,然后停1个月左右再喂。

二十一、酒糟中毒

酒糟是酿酒后的残渣,除含有蛋白质、脂肪等营养物质外,还有促进食欲、帮助消化等作用,但长期或大量的饲喂酒糟能引起猪的中毒。

【发病特点】酒糟发酵酸败而形成多种游离酸,如醋酸、乳酸、杂醇油等有毒物质,引起中毒。新鲜酒糟中含有残余的酒精(乙醇、正丙醇、异丁醇、杂醇)和甲醛、酸类,酒糟霉败变质产生醋酸、乳酸及真菌毒素。乙醇可危害中枢神经系统,兴奋大脑皮层,抑制呼吸中枢和运动中枢,出现呼吸障碍和共济失调。甲醛致细胞毒性,而乙酸等酸类可刺激胃肠道,甚至造成乙酸中毒。酸类物质可促进钙排泄,骨骼营养不良。

【临床症状】急性中毒时,初期体温升高,结膜潮红,狂躁不安,呼吸急促,出现腹痛、腹泻等胃肠炎症状。病猪四肢麻痹,卧地不起。慢性中毒表现消化紊乱,便秘或腹泻,血尿,结膜发炎,视力减退甚至失明,出现皮疹和皮炎。酸类物质引起钙磷代谢障碍,出现骨质软化。最后体温降低,可由于呼吸中枢麻痹而死亡。病程长者可见黄疸、血尿,怀孕母猪流产。

剖检可见胃肠黏膜充血、出血,小结肠出现纤维素性炎症,直肠出血、水肿,心内膜有出血点。剖检可见脑和脑膜充血,脑实质常有出血,心脏及皮下组织有出血斑。胃内容物有酒糟和醋味,胃肠黏膜充血和出血,可见直肠出血和水肿。肺充血、水肿,肝、肾肿胀,质地变脆。

【诊断】主要根据饲喂酒糟的病史、临诊症状、剖检病变,可做出初步诊断,确诊需进行动物饲喂试验。

【治疗】发生中毒后,立即停喂酒糟,选用青饲料和配合饲料喂猪,并根据症状进行对症治疗。

(1)硫酸镁50～100克,大黄末20～30克,加水溶解,1次灌服。

(2)葛花500克(或葛根100克)煎水,加苏打粉5克、白糖100克灌服;同时用10%葡萄糖液500毫升、10%氯化钙液30～50毫升、10%安钠咖10毫升和5%碳酸氢钠液250～500毫升分别静脉注射。

(3)大黄40克,芒硝50克,枳实30克,菜油50毫升,蜂蜜100毫升混合溶化,分2次灌服(用于以便秘为主要症状的病猪);10%碳酸氢钠注射液10毫升、氨胆注射液10毫升和10%安钠咖注射液 5 毫升混合后,肌内注射,连用 2 天。同时以 10％碳酸氢钠溶液灌肠。

(4)用 1％碳酸氢钠溶液 1000～2000 毫升给猪内服或灌肠,同时静脉注射 5％葡萄糖生理盐水 500 毫升、20％安钠咖 5 毫升和 5％碳酸钠溶液 100～500 毫升;口服适量豆浆以保护肠胃黏膜。

【预防】酒糟应尽可能新鲜喂给,禁喂发霉变质的酒糟,用新鲜酒糟喂猪,不得超过日粮的 1/3,妊娠母猪应减少喂量。轻度酸败酒糟可加入石灰水,中和酸性物质。长期饲喂含酒糟的饲粮时,应适当补充含矿物质的饲料。

二十二、淀粉渣中毒

淀粉渣中毒是动物长期连续饲喂加工淀粉后的残渣,引起以消化机能紊乱、繁殖性能降低为特征的中毒性疾病。

【发病特点】生产淀粉的原料有玉米、甘薯、马铃薯等,加工这些原料后所得的粉渣含有一定量的蛋白质、糖、脂肪及粗纤维等,尽管粗蛋白的含量不高,但氨基酸组成多样,无氮浸出物较多,适口性好,是一种较好的动物饲料。但因玉米加工淀粉的过程中,需要用 0.25％～0.3％的亚硫酸溶液浸泡,致使粉渣中含有大量的亚硫酸,可引起动物中毒。

【临床症状】猪中毒表现消化障碍,渐进性消瘦,母猪不育或流产。妊娠母猪因亚硫酸对免疫器官的损害,其所生的仔猪容易发生其他疾病,死亡率高。

【诊断】根据长期大量饲喂淀粉渣的病史,结合胃肠炎、繁殖障碍及剖检变化,可作出初步诊断。确诊需要进行亚硫酸盐含量分析及动物试验。

【治疗】本病无特效解毒药。动物中毒后应立即停喂淀粉渣,并补充青绿饲料、维生素等,根据病情可采取催吐、缓泻、保护胃肠黏膜等一般的排毒解毒措施及对症治疗。病情较轻者停喂淀粉渣后可自然恢复。

【预防】淀粉渣应新鲜饲喂,饲喂量不宜过大,饲喂时间不能过长,并应搭配一定量的青绿饲料,绝不可喂腐败变质或发霉变质的淀粉渣。母猪以每天不超过3~5千克/头,且饲喂1周停喂1周,同时应保证青绿饲料的供应。但是,对母猪,因生产周期长,最好用去毒淀粉渣饲喂。对育成猪饲喂淀粉渣,必须保证日粮中维生素B_1含量达50毫克/千克,而喂量不超过日粮的30%,肥育猪不超过50%。淀粉渣的去毒方法有以下几种:

(1)物理去毒:主要是晒干,因亚硫酸是一种挥发性酸,淀粉渣晒干后亚硫酸量减少一半。水浸渣去毒也可获得满意效果,用两倍水浸泡淀粉渣1小时,弃去浸泡水,亚硫酸含量减少50%,加水量多,效果更好。

(2)化学去毒:用0.1%的高锰酸钾溶液、双氧水或石灰水溶液拌和淀粉渣后再喂,可大大减少发病。实验表明,对含亚硫酸147.6毫克/千克的淀粉渣,用0.1%高锰酸钾溶液处理后,其亚硫酸残留为30.75毫克/千克;双氧水处理后为46.9毫克/千克;石灰水处理后为78毫克/千克。

(3)微生物发酵法:淀粉渣经过多种菌种联合发酵,既可降低其中的有毒成分,又可生产生物活性蛋白,提高淀粉渣的营养价值。

二十三、呋喃唑酮中毒

呋喃唑酮(痢特灵)是治疗肠炎、腹泻的常用药物之一。大剂量或长期连续使用,即可引起动物机体中毒,甚至死亡。呋喃唑酮中毒仔猪多发。

【发病特点】临床用药时,呋喃唑酮的日服量为每千克体重10毫克,片剂为100毫克/片。如果用药量超过数倍、十几倍乃至1倍以上,甚至连续用药数小时,则使猪体发生中毒。药物经胃肠道被机体吸收后,主要对机体氧化酶活性产生较强的抑制作用。同时,抑制骨髓造血机能,影响红细胞的生成,减少肝脏蛋白质和糖原的形成,破坏肾脏的正常排泄功能。另外还能抑制胃肠的蠕动,使消化液分泌减少,胃酸分泌减少则影响钙的吸收,使神经、肌肉兴奋紊乱,出现肌肉震颤。

【临床症状】病初,精神沉郁,全身发红,结膜充血,口吐白沫,肌肉震颤,鼻镜干燥,运动失调,很快出现神经症状如兴奋、嗥叫、行走时步态蹒跚,后肢无力,四肢不能站立行走,呈犬坐姿势,有的靠跗腕关节撑地爬行或卧地不起。口渴欲饮,食欲尚存。视觉反射极弱,不停鸣叫,倒地,角弓反张,有的四肢作游泳状,口色灰紫,口腔干燥,死前身体强直,中毒初期体温无变化,后期下降至36~37℃,最后角膜混浊,瞳孔散大,抽搐死亡。尸体剖检呈现全身性出血变化。

有的使用呋喃唑酮略超量,尚未出现中毒症状,但是生长发育严重受阻。呋喃唑酮中毒经治疗康复的猪只,有的发育不良,成为僵猪。

【诊断】主要根据呋喃唑酮的用药史(长期使用或用量过大)和以神经症状为主的临床表现结合病理剖检变化即可确诊。

【治疗】立即停喂呋喃唑酮,去除体内药物,缓减临床症状。

对于急性中毒,可使用硫酸铜催吐,0.25~0.5克,水适量,1次内服。或用硫酸钠导泻,1克/千克体重。对于慢性中毒,使用催吐和导泻意义不大。

为缓减临床症状可选择使用如下药物:

(1)10%磺胺嘧啶钠注射液5毫升,配合维生素B_1、维生素B_{12}注射液各2毫升,肌内注射,每天2次连用2天。

(2)5％葡萄糖盐水注射液,40毫升静脉或腹腔注射,每天2次,连用2天。

(3)5％葡萄糖盐水注射液40毫升,维生素B、维生素C注射液各2毫升,静脉或腹腔注射,每天2次,连用2天。

(4)复合维生素B 4毫升,维丁胶性钙3毫升,分别肌内注射。

(5)盐酸苯海拉明片,25毫克/片,每头1片,1次内服。

(6)5％溴化钙10毫升灌服,可减轻兴奋和肌肉震颤症状。

【预防】尽管猪对呋喃唑酮不太敏感,且有一定的耐受性,但在临床用药时,也必须严格掌握好剂量,正常用量5～10毫克/千克体重。用药时间一般不应超过2周。一旦发现中毒征象,除立即停药外可试用葡萄糖、维生素B_1及抗坏血酸等进行辅助治疗。

二十四、有机磷农药中毒

有机磷农药种类很多,常见的有对硫磷、甲基对硫磷、甲拌磷、乐果、敌百虫、敌敌畏等。有机磷农药中毒是由于接触、吸入或误食被某种有机磷农药污染的饲料所引起的一种中毒性疾病。

【发病特点】猪有机磷农药中毒常因误食撒布过有机磷农药的蔬菜等植物,或用敌百虫驱虫用量过大,或用敌百虫治疗外寄生虫被猪舔食而引起。有时也见于人为放毒。

【临床症状】有机磷中毒主要呈现毒蕈碱样、烟碱样以及中枢神经系统症状。轻度中毒以毒蕈碱样症状为主,虹膜括约肌收缩使瞳孔缩小,支气管平滑肌收缩和支气管腺体分泌增多,导致呼吸困难,甚至发生肺水肿。胃肠平滑肌兴奋,表现为腹痛不安,肠音强盛,不断腹泻。膀胱平滑肌收缩,造成尿失禁。汗腺和唾液腺分泌增加,引起大出汗和流涎。中度中毒者,除上述症状更严重外,主要呈现烟碱样作用症状,骨骼肌兴奋,发生肌肉痉挛,最后陷于麻痹。重度中毒者主要表现中枢神经系统中毒,病猪昏迷,抽搐,发热,大小便失禁,全身震颤,突然倒地,心跳加快,瞳孔极度缩小,对光反射消失。常因呼吸中枢麻痹,呼吸肌瘫痪,肺水肿或因循环衰竭而死亡。

【诊断】根据调查有接触有机磷农药的病史,比较特征性的胆碱能神经兴奋症状,如流涎、出汗、肌肉痉挛、瞳孔缩小、肠音强盛、呼吸困难等,再结合全血胆碱酯酶活力测定做出早期的诊断,必要时,进行有机磷农药等毒物的检验。紧急时可作阿托品治疗性诊断。

【治疗】经皮肤中毒者(如用药物涂擦皮肤驱虫),治疗时先用清水洗涤皮肤,经口中毒者可用1％硫酸铜50～100毫升灌服催吐,并用清水或盐水洗胃,然后立即用解毒药治疗。

(1)西药治疗

①12.5％双复磷按每千克体重40～60毫克,用生理盐水溶解后皮下或肌内注射。

②中毒后期或症状重者,用4％碘解磷定按每千克体重20～40毫克,溶解于生理盐水或葡萄糖溶液中缓慢静脉注射;以后每隔2～3小时1次,剂量减半。另外也可用氯磷定,它也是有机磷中毒的有效解毒剂,剂量同碘解磷定,可作静脉注射或肌内注射(静脉注射宜缓慢进行),但对乐果中毒无效,内吸磷、对硫磷、敌百虫、敌敌畏中毒经过48～72小时后也无效果。

③中毒中期可用特效解毒药解毒。1％硫酸阿托品100～200毫克,1次静脉注射,注意观察瞳孔变化,若无明显好转,20～30分钟后重复注射1次。使用特效解毒药的同时可配合其他对症疗法,但忌用肾上腺素、毛地黄类药物,慎用樟脑类药物。

(2)中药治疗

①绿豆250克去壳,与甘草50克和滑石50克共粉碎为细末,开水冲调,候温1次灌服。

②在无解毒药的情况下,可试用茶叶60克和绿豆120克,煎

水灌服,每天2次,连服2天。在使用上述中药前,可先给猪灌服芒硝30~50克导泻(禁用油类泻剂),帮助毒物排出。

【预防】保管好有机磷制剂,防止污染饲料和饮水;喷洒过有机磷农药的青绿饲料在6周内不要用来喂猪,或用清水反复泡洗后再用;用敌百虫驱虫时应严格掌握用量。

第五节 产科病

一、乳房炎

乳房炎又称乳腺炎,是乳腺受到物理、化学、微生物等致病因子作用后所发生的一种炎性变化。

【发病特点】生产繁殖应激引起母猪抗病力下降以及机械损伤,使细菌侵入,发生感染而引发乳房炎。常见的致病菌有大肠杆菌、葡萄球菌、化脓性链球菌、变形杆菌、绿脓杆菌、双球菌等。乳房炎也可继发于某些疾病,如布氏杆菌病、结核病、子宫内膜炎等。在母猪哺乳期间,有的乳房无仔猪吸奶以及断奶后,给母猪饲喂大量发酵饲料和多汁饲料,导致乳汁在乳腺泡和乳腺导管内积滞,也可引发乳房炎。

【临床症状】初期可见母猪在哺乳时,因疼痛而急速站起,不让仔猪吃奶。可见其中一至数个乳房出现局部红、肿、热、痛。经过数天,有的乳房红肿加剧,此时母猪体温升高,少食到不食,精神不振,长时间卧地,拒绝哺乳。严重的可发生坏疽性乳房炎,患病乳房呈紫红色;有的母猪抗感染力强,将感染局限化,而在乳房内形成脓肿。患病乳房初期分泌的乳汁变稀,以后逐渐变成乳清样,内含絮状小块；如为化脓性乳房炎，乳汁呈黏液状，含黄色絮状物；坏疽性乳房炎，乳汁呈灰红色，含絮片状物，并有腥臭味。

【诊断】根据临诊症状不难做出诊断。

【治疗】可使用西药或中草药治疗，或中西药同时使用。

(1)西药治疗：青霉素 160 万～320 万单位，链霉素 1～2 克，安痛定 10～20 毫升，地塞米松 5～15 毫克，催产素 10～20 单位，混合后肌内注射，每天 2 次，连用 1～2 天。

(2)中草药治疗

①当归、赤芍、白芍、丝瓜络、王不留行各 30 克，陈皮、青皮各 25 克，甘草 15 克，共粉碎为末，每天 1 剂，分 2～3 次灌服。

②黄花地丁 60 克，紫花地丁、芙蓉花各 50 克，大蓟 40 克，煎汁喂服，每天 1 剂，药渣敷患处，或用鲜品捣汁内服，药渣敷患处，效果更好。

③鲜鱼腥草 100～150 克(干品用量减半)，铁马鞭 50～100 克，洗净后加清水 2～3 倍煎煮，取药液(也可连同药渣)拌料喂服，每天 1 剂，连用 3～4 天。如果在病初配合使用 0.5% 普鲁卡因和青霉素，在乳房周围进行局部封闭注射治疗，效果更快更好。

④蓖麻仁 10 份，松香 36 份，冰片 1 份，用热水调成糊状，冷却后成"蓖麻膏"。用时将药膏涂于乳房患处，然后用纱布包敷数天。该药膏对无名肿块、痈疽也有疗效。

(3)封闭疗法：母猪侧卧保定，局部用酒精棉球消毒，以 0.5% 盐酸普鲁卡因溶液 30～40 毫升加入青霉素 240 万～400 万单位，分别在左、右侧距乳房肿胀边缘 2 厘米处用针头刺入 1 厘米，分数点注射，每点 3～4 毫升。如有体温升高，肌内注射安痛定 10 毫升。食欲差配合肌内注射维生素 B_1 5 毫升。每天 1 次，连用 3～4 次。

(4)其他疗法：除药物治疗外，还可配合用浸透热烫水的毛巾敷熨按摩乳房，每隔几小时挤奶 10～15 分钟，有助于减轻乳房的肿胀和疼痛。在乳房肿胀初期，还可配合在肿胀下部的血管上针刺放血。隔离仔猪,挤掉患病乳房的乳汁,局部涂擦10%鱼石脂软膏、碘软膏等。也可用0.5%盐酸普鲁卡因50~100毫升加青霉素80万单位,进行局部封闭。有硬结时按摩、温敷,涂以软膏。对于脓肿必须切开除脓,并用锌明胶绷带保护伤口。乳腺发生坏疽时应予切除,以防引起脓毒血症。对于体温升高、有全身症状的病猪,每次每千克体重肌内注射1.5万单位青霉素,每天3次。配合内服乌洛托品2~5克,可缩短疗程。

【预防】加强母猪猪舍的卫生管理,保持猪舍清洁,定期消毒。母猪分娩时,尽可能使其侧卧,助产时间要短,防止哺乳仔猪咬伤乳头。

二、子宫内膜炎

母猪子宫内膜炎是子宫黏膜层的炎症。通常是黏液性或化脓性炎症,为母猪常见的一种生殖器官的疾病。子宫内膜炎发生后,易出现母猪发情不正常,或者发情正常,但不易受胎;或者受胎了,但也易发生流产。据统计,有些规模化养猪场母猪子宫内膜炎呈上升趋势,该病已给养猪业造成较大经济损失。

【发病特点】绝大多数病猪,是因从体外侵入病原体而引起感染发病的,如难产时由于助产的污染,胎衣不下时由于剥离的污染,不洁的人工授精,自然交配时由于公猪生殖器官或精液内有炎症性分泌物等均可发病。

【临床症状】急性的病猪多发生于流产和产后,全身症状明显,精神不振,食欲减退或不食,体温升高,常做拱背、努责、排尿姿势。有时随努责从阴道内排出带臭味、污秽不洁的红褐色黏液或脓性分泌物。慢性病猪全身症状不明显,周期性从阴道内排出少量混浊黏液,母猪不发情或虽发情,但也屡配不孕或流产。

【诊断】母猪全身症状明显,从阴道内流出不同性质的分泌物,有臭味,可确诊为急性子宫内膜炎。若病猪周期性从阴道内排出少量黏液,可确诊为慢性子宫内膜炎。

【治疗】

(1)在炎症急性期首先应清除积留在子宫内的炎性分泌物,选择10%盐水,0.02%新洁尔灭溶液,0.1%高锰酸钾,1%~2%碳酸氢钠,1%明矾,0.1%雷佛努尔等冲洗子宫。冲洗后必须将残存的溶液排出。最后,可向子宫内注入20万~40万国际单位青霉素或投1克金霉素胶囊,若病猪有全身症状,禁止使用冲洗法。

(2)对于慢性子宫内膜炎的病猪,可用20万~40万国际单位青霉素加100万国际单位链霉素,混于高压灭菌的植物油20毫升向子宫内注入。为了促使子宫蠕动加强,有利于子宫腔内炎性分泌物的排出,亦可使用子宫收缩剂(缩宫素)。向子宫内投药或注冲洗药应在产后若干天内或在发情时进行,因为只有这些时期,子宫颈才张开,便于投药。

(3)子宫内膜炎的抗生素疗法,大型猪场每季度取分泌物做药物试验,选择最敏感的药物。对体温升高的病猪,首先注射青、链霉素各200万国际单位,或诺氟沙星和恩诺沙星类药物,肌内注射安乃近液10毫升,或安痛定注射液10~20毫升。

【预防】在人工授精和阴道检查时,要严格消毒器材、减少上行感染机会;产房进猪前,要严格进行"空舍消毒";临产母猪产仔前,要用0.1%高锰酸钾溶液刷洗乳房和外阴部、尾等;产仔时,要正确助产、防止产道黏膜损伤;产后,要及时肌内注射青霉素、链霉素等抗生素药物,防止子宫内膜炎的发生。

三、母猪无乳综合征

母猪无乳综合征,又称泌乳失败、产褥热等,是产后母猪常发的疾病之一,尤其是在集约化养猪场,此病更加流行普及。

【发病特点】关于母猪无乳综合征的病因,在文献中已经记载着30多种,如应激、激素不平衡、乳腺发育不全、细菌感染、管理不当、低钙症、自身中毒、运动不足、遗传、妊娠期和分娩时间延长、难产、过肥、麦角中毒、适应差等,而其中以应激、激素失调、传染因素和管理营养四大因素为主因。

【临床症状】患无乳综合征的母猪常常在分娩期间或分娩后不久有奶,其后乳汁合成和乳流完全或部分停止。母猪临床症状包括:食欲不振,饮水极少,呼吸加快,心率加快,中枢神经系统受到抑制,常出现昏睡状况,体温升高,在39.5~41℃,食欲废绝,精神沉郁,行走无力,若最初体温就高于40.5℃,往往随后出现毒血症。有的母猪不愿站立或哺乳。病猪粪便比正常母猪的稀少、干燥。

触诊患有乳房炎的母猪乳腺可发现一个或多个乳腺变硬,当疾病较严重时,整个乳腺复合组织(包括乳腺周围组织)变硬,肿大,触诊留有压痕。在有些母猪中,尤其是白皮肤的母猪中,皮肤发生变色,皮温升高,指压患病乳腺出现疼痛。患病乳腺乳汁分泌量下降,变黄、浓稠(含有碎片,有的呈水样),患病乳腺逐渐退化、萎缩。

有的母猪产后体温、吃喝、精神无异常,本身乳汁分泌过少,放奶时间过长,仔猪吃不饱、饥饿、叫声不断。个别母猪产后乳汁稀薄如水,仔猪吃不饱、消瘦、毛焦。

【诊断】根据患病母猪的临床表现,母猪产后无乳或明显减乳、采食量降低、便秘、体温升高、乳房肿大、阴道排出黄褐色分泌物、仔猪饥饿、消瘦等特征,可做出诊断。

【治疗】

(1)激素疗法:当母猪泌乳不足时,可肌注催产素40~60国际单位,4~6次/天,连用2天。同时饲料中添加营养型生理调节剂。

(2)肌内注射恩诺沙星、阿莫西林或磺胺类药物消除炎症。

(3)母猪如患有乳房炎可采取乳房基部封闭疗法,对患病母猪先挤出乳汁后用10%鱼石脂软膏涂抹,再用80万单位青霉素,配合2ml普鲁卡因对乳房基部实施封闭注射,另外肌内注射抗生素,连用3~5天。并配合0.2%高锰酸钾溶液浸湿毛巾按摩病猪乳房,每天5~8次,每次按摩10分钟,促进母猪乳房消炎、消肿和排乳。

(4)在母猪饲料中添加营养型生理调节剂,每天每头母猪添加"乳乐键"100克,上午和下午各在饲料中投50克,充合混合拌匀,产前7天开始使用,能有效提高采食量,消除母猪便秘和乳房水肿,促进母猪泌乳。已停止泌乳母猪的仔猪应及时采取寄养措施,避免饿死。

【预防】母猪无乳综合征的预防比治疗更为重要,应激因素在许多情况下是引起母猪泌乳失败的重要因素,从多方面着手采取综合管理措施减少应激等因素的危害。

(1)猪场的环境控制:包括控制好环境温度和湿度,降低噪音,保持良好的环境卫生和环境条件,减少母猪所受应激。

(2)使用生理调节剂:可在饲料中添加腾骏"通用型乳乐键",母猪从产前7~15天开始添加,使用至产后10~15天,每吨饲料添加至3~4千克,均匀混合后使用;猪舍温度在25℃以下时,可减少至每吨饲料添加2~3千克,此方法经全国各地大型猪场临床应用,能有效预防母猪无乳症的发生。

(3)加强母猪饲养管理:怀孕后期(怀孕90天后)增加日喂量至临产前5天,临产前5天内每天减料10%~20%。控制好母猪体况,使其肥瘦适中,饲养员应根据母猪体况、胎次决定母猪的饲喂量,保持母猪合适的体况。避免粗暴管理,驱赶母猪转入分娩舍时应有耐性,尽量避免应激引起母猪无乳症的发生;

(4)做好消毒工作,保持产房栏舍干净卫生;在母猪配种后5~10天内和分娩后10天内,每天趁母猪采食站立时,使用含有溶菌酶的环境调节剂,撒在母猪臀部坐卧处,或直接涂于母猪阴户,抑制细菌及阴道滴虫的繁殖,减少肮脏地面的接触物对阴部的感染。

(5)母猪产后保健:可肌注催产素20国际单位/头,促进子宫收缩,以利于排出产后恶露,防止子宫炎和促进排乳。

(6)预防感染:在饲料中添加适量抗生素,可有效防止乳房炎和子宫炎。

(7)使用抗生素:分娩结束,肌注长效盐酸土霉素注射液、阿莫西林等抗菌药物。

四、产褥热

母猪产后局部炎症感染扩散而发生的一种全身性疾病称为产褥热(又称产后败血症)。

【发病特点】母猪产后产道受到损伤,局部发生炎症。病原菌主要是溶血性链球菌、金黄色葡萄球菌、化脓性棒状杆菌、大肠杆菌等,这些病原菌进入血液,大量繁殖,产生毒素,引起一系列全身性的严重变化。

【临床症状】产后两三天体温升高到41℃左右,呈稽留热,四肢末端及两耳发凉。脉搏增数,呼吸短促,食欲不振或废绝,精神沉郁,躺卧不愿起立,泌乳减少到停止,下痢。患猪从阴门中排出恶臭味、褐色炎性分泌物,内含组织碎片。病程一般为亚急性经过。如果治疗及时,患猪预后良好。若治疗不及时,可引起死亡。

【诊断】从临床症状基本可以确诊该病。但是需要与类症,如流产、母猪无乳综合征、子宫内膜炎、阴道炎、产后败血病等疾病鉴别诊断。

【治疗】

(1)0.1‰雷佛诺尔溶液500~1000毫升,一次冲洗子宫,每天1次,连洗3天。

(2)3％过氧化氢200～300毫升,一次冲洗子宫,每天1～2次,连用1～2天。

(3)穿心莲注射液10～20毫升,一次肌内注射。

(4)青霉素160万国际单位,注射用水10毫升,一次肌内注射,每天2～3次,连注3～5天。

(5)青霉素100万国际单位,氨基比林20毫升,一次肌内注射。

(6)青霉素、链霉素或其他抗生素和磺胺类药物,同时注射。

(7)神经垂体素20～40国际单位,一次皮下注射,使子宫收缩,排出恶露。

(8)安乃近10毫升,安钠咖10毫升,混合,一次肌内注射。

【预防】

(1)在分娩前1周到产后3天内,每头每日饲喂维生素C 0.5克。

(2)对产仔栏进行全面清洗,然后用10％石灰水消毒。当石灰水干燥后再用其他消毒药如农家福或臭药水再消毒1次。

(3)母猪在进入产房前要对其全身进行1次消毒处理,尤其是后躯。

(4)若是夏季,应进行产房降温,保持舍内26℃左右的温度。

(5)若母猪产前出现体温升高,可注射抗生素预防,产后乳头用3％高锰酸钾溶液消毒。

(6)对母猪进行滴水降温。即在产前产后对母猪耳部进行滴水降温。这样对预防母猪的产后热能取得满意的效果。

五、母猪产后瘫痪

母猪分娩后,突然发生的一种急性、严重的神经性疾病,其特征是知觉丧失,四肢瘫痪,称产后瘫痪。

【发病特点】
(1)母猪产前、产后运动不足,长期睡卧。
(2)胎儿过多,后躯压力过大,损伤神经。
(3)高寒地区,温差大,气候寒冷,引起风湿性后躯瘫痪。
(4)产后母猪饲料营养不全,缺乏矿物质、维生素及磷、钙比例失调,引起母猪产后发生软骨症。

【临床症状】母猪分娩后多发生。患病猪出现起立行走困难,肌肉疼痛敏感,跛行,后躯摇摆。体温正常或略偏低,呼吸浅表。拒食,大便干燥,小便赤黄,泌乳停止。卧地不起,强迫行走时,步态踉跄,后躯麻痹,精神萎靡,呈昏睡状态,病期较长,逐渐消瘦,最后死亡。

【诊断】根据发病史及临诊症状,可做出诊断。

【治疗】
(1)10%樟脑酒精和431合剂涂擦患部。
(2)用食醋炒麦麸,装入袋内敷于腰部,每日将麦麸倒出加醋再炒1次,装袋继续敷腰部。
(3)盐酸士的宁注射液2~8毫克,一次肌内注射,用于后躯神经麻痹。
(4)木别酊,每次1毫升,内服每天3次,用于治疗后躯神经麻痹。
(5)30%安乃近针水15~20毫升,加热后进行百会穴注射,隔天1次,连注2~3次。
(6)亚硒酸钠,每5千克体重1毫克,多种钙片,每2千克体重1片,加骨化醇,每10千克体重300国际单位,混于饲料中喂给,同时肌内注射维丁胶性钙注射液,每5千克体重1毫升,每天1次。对早期病症有明显效果。若病重者加用10%氯化钙或10%葡萄糖酸钙20~50毫升,静脉注射,每天1次。
(7)分娩前3~6天肌内注射300万国际单位维生素D_3,可以预防母猪产后瘫痪。

(8)维丁胶性钙,1毫升×30支,肌内注射,每天1次。同时在病猪饲料或饮水中加入人工矿泉盐,用量为每千克饲料或饮水添加50毫克。连用5~7天。

(9)镇静补钙:应用氯丙嗪、地西泮、安基比林等镇静;应用10%葡萄糖酸钙、氯化钙、葡萄糖氯化钙等补钙;同时肌内注射骨化醇。具体应用如下:静脉注射10%葡萄糖酸钙100~150毫升,每天1次,连注1~3天;肌内注射骨化醇500万~1000万国际单位,一次用完;氯丙醇2毫升,一次肌内注射。

【预防】

(1)在发病母猪每千克饲料或饮水中加入工矿泉盐50毫克。

(2)在发病母猪或未发病母猪每千克饲料中加入1克土霉素钙粉。

六、难　产

难产是指在分娩过程中,分娩过程受阻,胎儿不能正常排出,母猪很少发生难产,发病率比其他家畜低得多,因为母猪的骨盆入口直径比胎儿最宽横断面长2倍,很容易把仔猪产出。难产的发生取决于产力、产道及胎儿3个因素中的一个或多个。主要见于初产母猪、老龄母猪。

【发病特点】造成母猪难产的有下面几方面的原因:

(1)因饲养管理不当,母猪营养差,体质瘦弱,或母猪过于肥胖,运动不足,缺乏青绿饲料,以及猪龄老,胎猪过多等,引起母猪子宫收缩无力,娩出力弱,有时开始分娩顺利,后来剩下3~4个胎猪无力排出。

(2)胎猪过大,胎位不正,胎猪畸形以及2个胎猪同时楔入产道等,使胎猪不能顺利产下。

（3）母猪发育不良，配种过早等原因，母猪骨盆狭窄，产道狭窄，影响胎猪产出。

【临床症状】不同原因造成的难产，临诊表现不尽相同，有的在分娩过程中时起时卧，痛苦呻吟，母猪阴户肿大，有黏液流出，时做努责，但不见小猪产出，乳房膨大而滴奶，有时产出部分小猪后，间隔很长时间不能继续排出，有的母猪不努责或努责微弱，生不出胎儿，若时间过长，仔猪可能死亡，严重者可致母猪衰竭死亡。

【诊断】根据母猪分娩时的临诊症状，不难做出诊断。

【治疗】发生难产时，先将该母猪从限位栏内赶出，在分娩舍过道中驱赶运动约10分钟，以期调整胎儿姿势，此后再将母猪赶回栏中分娩，不能奏效的再选用药物催产或施助产术。

(1)一般措施

①对于胎儿过大或母猪产道狭窄，使胎儿难于顺利通过骨盆的难产(多见于初产母猪)，助产时如果产道干燥，可将油类(如液体石蜡)灌入产道后，手伸入拖出胎猪。

②对于因子宫收缩无力而造成的难产(多见于分娩时间延长的老弱母猪)，检查子宫颈已开、产出没有障碍时，可静脉、肌肉或皮下注射垂体后叶素20~40单位，静脉注射时用5%葡萄糖液稀释，必要时可重复使用。

③对于因胎位不正引起的难产，可手伸入产道矫正胎位助产。正常的胎位是头朝阴门腹朝下，两肢前伸夹紧头部，似跳水姿势。

(2)药物催产：确诊产道完整畅通后，即用药物催产。催产素即缩宫素是首选药，建议每隔20~30分钟肌内或皮下注射30~50国际单位缩宫素。为了提高缩宫素的药效，可选择性使用雌激素即在用缩宫素前预先肌注雌二醇10~20毫克或其他雌激素制剂。

(3)人工助产：一般找一个手比较小的工作人员，剪短指甲，除去指甲边缘的积垢并磨光指甲边缘，用0.1%的高锰酸钾浸洗手掌、手臂和母猪外阴部,手掌、手臂涂上肥皂或石蜡油,五指并拢呈圆锥状慢慢旋转伸入母猪产道内,母猪努责时停止伸入,检查引起难产的原因。助产牵拉切不可用力过猛,以免损伤母猪产道或引起产道脱出。

①徒手牵拉法:助产人员手臂缓慢伸入母猪产道,摸清楚仔猪胎位,当仔猪正生时四指卡住仔猪的二耳缓慢牵引,也可用拇指和中指抠住仔猪眼眶或用拇指和食指拈紧仔猪下颌间隙部缓慢牵拉。当仔猪倒生时,可用拇指、食指和中指握住仔猪两后肢慢慢牵拉出仔猪。如果胎位不正,可先矫正仔猪胎位,然后牵拉。如果两头牵拉同时进入产道,可先将一头推向里面,然后按上述方法助产。

②器械助产法:一般用产科钩和牵引绳,由于对仔猪伤害比较大,甚至会造成死亡,同时可能损伤母猪产道,一般有临床经验者操作。产科钩可根据母猪难产的程度临时制作,一般用铁丝即可。铁丝一端弯一个小钩,直径 0.5 厘米左右,长 40 厘米左右。助产时,将产科钩置于手掌用拇指、食指和中指捏住,手呈圆锥状慢慢旋转伸入母猪产道内,用拇指和食指把产科钩钩住仔猪眼眶或下颌骨间隙牵引。产科绳一端系一活套,用拇指和食指捏住一同伸入产道,然后套住仔猪上颌骨或前肢(正生)、后肢(倒生)缓慢牵拉。助产时牵拉最好和母猪努责同时进行。

③助产后母猪护理:助产结束后肌注或子宫内放置抗菌消炎药,用一次性输精管吸取 0.1%高锰酸钾溶液冲洗,每天一次,连用 3~5 天。

(4)死胎性难产处理方法:对极少数接近分娩期或超过分娩期时间较长,且阴户连续流出恶露的临床有分娩征兆和表现的母猪,用输精管连接注射器向母猪子宫腔内注入浓度为 1%~3%、温度 36~38℃的食盐水,直至食盐水从母猪阴户流出,然后配合使用催产素。20 小时后,母猪子宫内容物就能排出。但必须注意的是:

母猪子宫颈未张开,骨盆狭窄以及产道有阻碍时,不能注射催产素;产后5天内,每天需肌注青霉素与链霉素3～4支,以防生殖道出现炎症。

(5)剖腹产:使用上述方法无效时,可考虑剖腹取胎。

①手术前准备

Ⅰ.检查母猪:测量母猪体温、脉搏数、呼吸数,均在正常值范围内,方可以进行剖腹产手术。

Ⅱ.手术器械准备:止血钳、镊子、消毒纱布、绷带、缝合针、各种型号丝线等消毒后备用,同时准备一些药品和保温设备。

Ⅲ.保定:母猪在干净的猪舍内采用右侧横卧保定,固定头及四肢。

Ⅳ.输液:用10%葡萄糖生理盐水500毫升加青霉素400万单位、维生素C 20毫升进行滴注。

②手术

Ⅰ.手术部位的确定:左侧腹壁从髋骨结节向腹部引一垂线,再从已向后牵引的后肢膝关节处向前引一平行线,离此两线交点的前上方约5厘米处为切口上方的开端,沿此处略向前下切开皮肤,切口长度为20厘米。

Ⅱ.消毒与麻醉:术部进行清洗、剃毛,涂擦5%碘酊消毒。用0.5%～1%盐酸普鲁卡因20～30毫升沿切口线皮下和肌肉作浸润麻醉。术前最好皮下或肌注盐酸氯丙嗪(0.1毫克/千克体重)作基础麻醉。

Ⅲ.手术方法:用刀柄钝性分离皮下脂肪、肌肉及肌膜,用两把止血钳夹住腹膜往上提,在两钳之间剪开腹膜。取出一侧子宫角,在子宫角和手术切口之间垫上大块消毒纱布,以免肠管脱出和切开子宫后宫内的液体流入腹腔。沿着子宫大弯在子宫体近侧做长的纵形切口注意避开大的血管,先取出靠近切口的仔猪,其他仔猪依次用手指压使之向前移动到切口处取出,在掏取每一仔猪时,须先将胎膜撕破,仔猪取出后不剥离胎衣,以免母体胎盘毛细血管破裂出血。仔猪交给助手处理。确认子宫内无遗留仔猪后,用生理盐水冲洗子宫表面,用消毒纱布充分吸干子宫外壁的液体,子宫内撒青、链霉素粉,用4号丝线连续缝合子宫浆膜肌层,再行结节内翻缝合浆膜肌肉,涂以消炎软膏,将子宫送回腹腔。子宫送回腹腔后可尽量使其回到原位,同时往腹腔添加经过加热的生理盐水500毫升以填充损失的腹腔液。然后用4号线连续缝合腹膜,结节缝合肌肉。并涂青、链霉素粉,用7号丝线结节缝合皮肤,最后作4针减张缝合,涂以5%碘酊,用绷带紧紧包扎并系腹部绷带,术后肌内注射500万单位破伤风抗毒素,并继续输液。

③手术后护理

Ⅰ.术后将母猪移到产房高床上用保温灯保温,仔猪定时人工辅助哺乳,吮完乳后放在保温室。

Ⅱ.术后静脉滴注,连用5天,每天用5%葡萄糖生理盐水1500毫升,并配青霉素800万单位、链霉素400万单位、地塞米松60毫克、10%安钠咖30毫升、维生素C 40毫升;同时连续3天,每天肌注缩宫素30万单位,以促进胎衣排出。

Ⅲ.第4天后每天肌注青霉素400万单位、链霉素200万单位,每天2次,连用3天。

Ⅳ.术后24小时内禁喂饲料,以后给少量饲料,并逐渐增加,5天后恢复正常饮食,术后10天伤口拆线。

七、胎衣不下

母猪分娩后1小时即可排出胎衣,若3小时之后,胎衣没有排出则称为胎衣不下。

【发病特点】饲料单纯,体质瘦弱,产后子宫收缩弛缓无力,胎衣迟迟不下。妊娠期间,母猪缺乏运动,母猪过肥,胎儿过大,过多,难产,子宫过度扩张,产后阵缩微弱,都可引起胎衣不下。

【临床症状】母猪分娩后3小时胎衣部分或全部滞留在子宫内,也有部分胎衣悬垂于阴门之外,初期没有明显的症状。随着病程延长,胎衣在子宫内滞留时间过久,发生腐败分解,引起全身症状,母猪不断努责,神情不安,精神不振,食欲减退或废绝,阴门流出暗红色或红白色带有恶臭气味的分泌物。时间过长可引起败血症。

【诊断】根据母猪分娩后胎衣的排出情况,不难做出诊断。

【治疗】

(1)神经垂体素20～40国际单位,一次皮下注射。

(2)益母草浸膏10～20毫升,灌服,每天2次,连用3天。

(3)子宫内注入5%～10%氯化钠,促进猪胎盘缩小及脱落,注入后须使盐水再排出。

(4)10%氯化钙20毫升,加10%葡萄糖50～100毫升,一次耳静脉注射。

(5)向子宫内灌注0.1%雷佛诺尔溶液100～200毫升,每天1次,连用3～5天。

(6)先用0.1%高锰酸钾液注入子宫,将手指剪平磨光,消毒后涂油。然后顺阴道摸入子宫,轻轻剥离胎衣取出。再用0.1%高锰酸钾水500～1000毫升洗涤子宫(洗液必须全部导出,以防造成子宫弛缓),或送入金霉素胶囊。

(7)先用0.1%高锰酸钾水洗净病猪的肛门、阴户及其周围和露在外面的胎衣。然后手术者将手指伸入阴道,轻握胎衣,慢慢地向外牵引,剪去外露的胎衣,再用导管插入子宫口内徐徐灌入"盐水四环素液"(10%氯化钠溶液250毫升,加入100万国际单位四环素粉剂摇匀即成)250毫升,隔1～2天再灌注1次。

(8)先用生理盐水冲洗子宫,然后用4%的"露它净"60毫升注入子宫内,每天1次,至愈为止。

【预防】妊娠母猪必须供应全价饲料,注意矿物质、维生素的添加,给予适当运动和青绿色饲料。

第六节　外科病

一、脱　肛

脱肛又叫直肠脱,指的是直肠末端的黏膜或是直肠的一部分由肛门向外垂出而不能自动缩回的一种疾病。

【发病特点】主要发生于20～60千克的仔猪及育成猪,多发生于秋末冬初季节。多以冬季出现,脱肛轻微的可影响生长发育,严重者可至猪只死亡。

不同年龄的猪都有可能发生直肠脱垂。据报道1.5～3月龄的猪发病率最高,一般情况下发病率约0.5%～1%。但天气从寒冷、潮湿变化时发病率高,有时可高达10%。

发病原因可能如下:

(1)应激因素:撕咬、奔跑、剧烈运动、应激、寒冷、潮湿等因素。

(2)病理因素:某些疾病导致的严重炎症,刺激直肠发生脱垂,有些疾病引起的便秘也可继发直肠脱垂。体质虚弱,咳嗽可引起腹压增高,因而发生直肠脱垂。

(3)物理因素:饲养密度大,猪舍寒冷,昼夜温差大,猪群扎堆,如果猪发生咳嗽,则极易发病。圈舍坡度较大,母猪分娩、高密度运输时,都可造成腹压增大,而发生直肠脱出。

(4)遗传因素:直肠脱垂与遗传有关,近亲交配,可使遗传缺陷表现出来,发病几率增大。粪便中的水含量较少,通过直肠时容易造成损伤。

(5)药物:某种抗生素(泰乐菌素、林可霉素)导致直肠边缘肿胀,随后发生直肠脱出。在高剂量用药时容易出现此情况。

(6)毒素:饲料或者垫料中的霉菌毒素可导致直肠肿胀,从而造成损伤。

(7)生长速度过快:当猪的生长速度过快时,特别是30~60千克仔猪饲喂高营养浓度的日粮时情况更为严重。

(8)环境温度变化:猪控制体温的能力比较差,体温容易受到环境温度变化的负面影响。气温降低时容易发抖,低温导致猪挤作一团,并扎推。当有其他猪趴在某一头猪背上时,若这头猪突然咳嗽腹压比平常高很多,而这一腹压的惟一释放途径是肛门,因此这时猪咳嗽容易导致直肠脱垂。

【临床症状】以外观症状判断是否脱肛,表现为猪的大肠末端、肛门里侧的部分脱出到肛门外,轻度的不会出现异常现象,较重的脱出部分表现水肿、溃烂、出血,严重的会出现大肠全部脱出。

【诊断】根据临床症状即可诊断。

【治疗】

(1)猪脱肛初期,将脱出的部分,用温0.1%高锰酸钾溶液或2%明矾溶液清洗,除去污物或坏死黏膜,或清洗后用2%明矾溶液温敷,再撒布明矾粉末,而后将脱出部分推回肛门内。

(2)对脱出较久的病例,彻底清洗后,用手指捏破肿胀、坏死的黏膜,并用适量的明矾粉末揉擦,挤出水肿液,最后剪去坏死黏膜碎片,再用温生理盐水冲洗,而后把脱出的直肠末端送回肛门内。也可用2%明矾溶液温敷后,撒布明矾粉末后再送回。

(3)为了防止再脱,可在肛门周围行袋口缝合,缝合时留排粪口,一般经7天可拆线。也可用95%酒精3~5毫升或10%明矾溶液5~10毫升,外加2%盐酸普鲁卡因溶液3~5毫升,于肛门周围分四点注射,使肛门周围组织发生炎性水肿,可制止再脱。

【预防】首先要加强饲养管理。对幼龄猪要多补给青绿饲料，其他猪要避免喂给未加工和调制的粗硬秸秆饲料，同时给以充足的饮水，保持适当的运动。猪舍要清洁干燥，经常检查粪便情况，及时治疗消化系统疾病，尽量杜绝能引起猪脱肛的因素。

二、阴道脱

阴道脱是指母猪的阴道壁部分或全部脱出于阴门之外，常发生于怀孕末期或产后。有阴道上壁脱出和阴道下壁脱出，但以下壁脱出多见。

【发病特点】缺乏运动、日粮中常量元素和微量元素缺乏、阴道损伤、老龄母猪因固定阴道的结缔组织松弛，容易引起阴道脱，是该病的主要原因。腹压过高（产仔多、胎儿大、便秘等）、分娩和难产时努责也可引起阴道脱。

【临床症状】

(1) 阴道部分脱出：多发生在产前，病初母猪卧下后，可见形如鹅卵到拳头大的红色或暗红色囊状物，突出于阴门之外，或夹于阴唇之间，站立后大多能自行恢复。随着病情的发展，可反复脱出，脱出的体积越来越大，变为阴道全脱。

(2) 阴道全脱：一般由阴道部分脱出发展而成，不能自行回缩，时间久者，黏膜与肌肉分离。可见阴门外有形似网球大的球状突出物，初呈粉红色，随病情发展，阴道黏膜因摩擦等而水肿，呈紫红色冻肉状，表面常被粪土污染，最后黏膜表面干燥，流出血水，感染后，则可发炎、糜烂、坏死，有时并发直肠脱。

【诊断】根据临诊症状，易做出诊断。

【治疗】整复脱出的阴道，治疗期间，不要喂食过饱，加强饲养护理。

(1) 阴道部分脱出：站立能够自行缩回的脱出，一般不需要整复和固定。应加强营养,减少卧地,迫使母猪处于前低后高的卧势,以降低腹压,达到自愈的目的。站立不能自行缩回时,应进行整复固定,并结合药物治疗。采用"补虚益气"的中药方剂,一般能治愈。

(2)阴道完全脱出:应整复固定,结合药物治疗。保定时,使猪保持前低后高的姿势,裹扎尾巴并拉向体侧,除去脱出坏死组织,用2%的明矾溶液、0.1%的高锰酸钾溶液、0.1%雷佛诺尔彻底清洗局部及其周围。水肿严重时,热敷揉挤或划刺使水肿液流出。然后用消毒的纱布或涂有抗生素的细纱布把脱出的阴道包盖,在猪没有努责的时候用手掌把脱出的阴道送入,再取出纱布,在阴唇两侧黏膜下蜂窝组织内注入70%酒精30~40毫升,或以栅状阴门托或绳网结固定,也可以用消毒的粗缝线将阴门上2/3做减张缝合或纽孔状缝合。当猪剧烈努责,影响整复固定时,可做硬膜外腔麻醉或骶封闭。

有出血现象者,应用止血药(止血敏、安络血等),全身症状明显者,应连用3~4天抗生素。

【预防】

(1)对怀孕后期的母猪应加强饲养管理,给予优质全价饲料,切不可喂得过肥。对于怀孕后期的母猪应每日早晚定时放入运动场运动,产前7天入产仔舍,并逐渐减料,以免产仔时肠内容物过多压迫子宫体,并采取侧卧姿势,降低腹压。

(2)对于难产的母猪助产时不要抽拉过猛,以避免过度努责,防止阴道脱和子宫脱的发生;对于年老体弱的怀孕母猪,注意观察,及时发现并采取相应措施;为减少损失,对于发生过严重阴道脱的母猪应果断淘汰。

三、脐　疝

猪脐疝是一种猪的腹腔脏器经脐孔膨出于皮下的外科病。2~3月龄仔猪最为多见，成年猪较少发生。

【发病特点】分先天性和后天性两种。

(1)遗传因素：约有1%~2%脐疝是因为先天性遗传，脐孔发育不全、没有闭锁或腹壁发育缺陷而造成。

(2)断脐过短或过长：接产断脐太短，导致腹壁脐孔闭合不全，当腹壁增大时，肠管易通过脐孔而形成脐疝；断脐过长或过度牵拉，易撕裂脐孔。

(3)脐带感染：断脐时消毒不严，脐孔感染而发炎，形成脐疝。

【临床症状】仔猪脐部呈现局限性、半圆球形肿胀，呈葡萄至鸡蛋大小，质地柔软，有的坚实紧张，但缺乏红、肿、热等炎性症状。可复性疝可摸到疝轮，钳闭性疝摸不到疝轮，内容物较坚实，用听诊器可听到肠蠕动音。全身症状较明显，不吃、不喝时努责呈收腹拱背状，有呕吐现象，没有粪便排除。如果钳闭段肠管坏死，则体温升高，呈败血症症状。钳闭性疝时间较长、全身症状较明显的仔猪愈后不良。

【诊断】诊断可依据脐部有局限性的球形肿胀，按压柔软，而无红、热、疼的炎性特征；能将可复性疝的内容物还纳腹腔，使肿胀消失，但松开手或腹压增大时又出现肿胀。

【治疗】

(1)非手术疗法：适用于疝轮较小、年龄小的仔猪，可用疝带（皮带或绷带）、强刺激剂如重铬酸钾软膏等促使局部炎性增殖闭合疝口。其缺点是强刺激常能扩展炎症至疝囊壁及位于其内的肠管、网膜引起粘连性腹膜炎。也可用95%酒精在疝轮四周分点注射，每点3~5毫升，可取得一定效果。

(2)手术疗法:此方法比较可靠。全身麻醉,横卧或仰卧保定,局部剃毛消毒,无菌操作。切开皮肤,切口为梭形。分离疝囊。如为可复性疝,可由疝囊底捻转疝囊使其内容物回到腹腔,在疝轮口贯穿结扎确实后,将多余的疝囊壁切除,然后缝合疝轮。如病程稍长,疝轮的边缘过厚、坚硬者,最好将疝轮削成一新鲜创面,再用垂直褥状缝合闭合疝轮,皮肤修整后结节缝合。对钳闭性疝,要将疝囊切开,检查肠管活力。如果肠管坏死,将坏死肠管切除,再做肠管端端吻合术后,将其送还腹腔,实施疝轮皮肤的缝合。缝完皮肤后,做结系绷带。

(3)术后护理:术后连续应用抗生素7~10天以防感染,钳闭性疝要纠正水、电解质、酸碱平衡紊乱。术后不宜喂得过饱,限制剧烈运动,防止腹压增高,造成手术部位撕裂。一般10~15天后痊愈,很少有复发。

【预防】做好选种工作,不在有脐疝病史的种猪后代中留种,杜绝近亲交配。断脐时在脐带距腹壁4厘米处为宜,用5%碘酊严格消毒。

四、跛 行

猪的四肢任何部位发生疾病,在临诊上都可表现为跛行,虽然跛行不是一种致死性的疾病,但严重跛行可丧失公、母猪的种用价值,影响仔猪的生长发育,延长肉猪的饲养期限。

【发病特点】

(1)传染性关节炎:主要病原有链球菌、丹毒杆菌、巴氏杆菌、支原体、嗜血杆菌等。大多数慢性经过,也有少数从急性病例转变而来。临诊检查患病的关节肿大,常见于跗关节和膝关节。由于关节内有大量纤维析出而使关节变坚硬。病初体温升高,有一系列的全身症状,后期正常,仅表现被毛粗乱、消瘦和跛行。剖检患部关节,有脓性分泌物蓄留或呈浆液性、纤维素性炎症。从中可分离出病原菌。

(2)外伤性跛行:多发生于捕捉、追赶、运输或配种之后,由于强暴的外力作用,而使关节钝挫、剧伸或扭转。病猪表现剧烈疼痛,喜卧,不愿起立和行走。若强令其运动时,病猪三肢跳跃或拖曳患肢前进。触诊受伤关节,可发现有肿胀、增温和压痛感。

(3)营养性跛行:主要是由于饲料中的钙、磷不足或比例失调,也可能因个体吸收功能降低。本病多发生于保育猪、妊娠后期母猪或生长迅速的育肥猪。表现关节或四肢骨骼弯曲,运动出现不同程度的跛行。

(4)腐蹄病:是蹄间皮肤和软组织具有腐败、恶臭特征的一种疾病,也有的表现为蹄腐烂、趾间腐烂或蹄壳脱落。病因可能是由于网床结构较差或破损,造成蹄子破伤而感染,有的可能是患口蹄疫的后遗症。病变开始局限于蹄间,但很快波及到蹄冠、系部乃至球节部,这时由于剧烈疼痛而出现跛行。病猪喜卧,不愿起立,强令站立时患肢不敢着地。

(5)风湿性跛行:由于猪舍阴暗、潮湿、闷热、寒冷,猪只运动不足及饲料的急骤改变等,致使猪的四肢关节及其周围的肌肉组织发生炎症、萎缩。本病往往突然发生,先从后肢开始,逐渐扩大到腰部乃至全身。患部肌肉疼痛,行走时发生跛行,或出现弓腰和步幅拘禁(迈小步)等症状。病猪多喜卧,驱赶时勉强走动,但跛行可随运动时间的延长而逐渐减轻,局部的疼痛也逐渐缓解。

【临床症状】跛行可分为支跛、悬跛和混合跛三种类型。支跛表现为负重时出现跛行,表现为"敢抬不敢踏"。悬跛则是提举时出现跛行,表现为"敢踏不敢抬"。混合跛是在负重时及提举时都有跛行表现,"既不敢踏,也不敢抬"。按照跛行的程度又分轻、中、重三种。轻度跛行症状轻微,负重及运步时均呈不易看出的跛行。

中度跛行病肢在站立时表现向前、后、内、外置放,以减轻负重,而运步时提举受影响,易发觉,患畜身体摆动。重度跛行时,病肢不敢着地负重,运步时病肢在空中挥动或拖曳,走路呈三脚跳样姿势。

【诊断】具体诊断可从全身检查、站立检查、运动检查等方面入手。

【治疗】首先应除去病因,然后对症治疗,对于传染性关节炎,一般使用抗菌药物治疗。对于营养性跛行,应改进饲料配方,提供合理的钙、磷等营养物质。对于外伤造成的关节扭伤,患部可涂擦碘酊、松节油,或四三一合剂等。疼痛剧烈时,肌注安乃近、盐酸普鲁卡因,作患肢的环状封闭等。对于风湿性跛行,可静脉注射复方水杨酸钠注射液,肌注地塞米松、醋酸可的松等。

【预防】针对跛行发生的病因,平时就要加强管理,细心检查,采取相应预防措施,防患于未然。

五、脓　肿

在猪的任何构造或器官中形成的范围性蓄脓腔洞称脓肿。各种化脓菌经过损伤的皮肤或黏膜进入体内而发病。

【发病特点】多见的是因为肌肉或皮下打针时消毒不严,尖锐物体的刺伤或手术局部造成感染所致。

【临床症状】浅在性热性脓肿常发生于皮下结缔组织、筋膜下及表层肌肉组织内,初期局部肿胀无明显的界限而稍高出于皮肤表面,触诊时局部温度增高,坚实有剧烈的疼痛反应。以后肿胀的界限逐渐清晰并在局部组织细胞、致病菌和白细胞崩解破坏最严重的地方开始软化并出现波动。由于脓汁溶解表层的脓肿膜和皮肤,脓肿可自溃排脓。但常因皮肤溃口过小,脓汁不易排尽。浅在性冷性脓肿一般发生缓慢,局部缺乏急性炎症的主要症状,即虽有明显的肿胀和波动感,但缺乏温热和疼痛反应或非常轻微。深在性脓肿常发生于深层肌肉、肌间及内脏器官。由于脓肿部位深在，外面又被覆较厚的组织，真皮深层肌肉、肌间、骨膜下等处的脓肿，局部肿胀增温的症状常常见不到，但常出现皮肤及皮下结缔组织的炎性水肿。触诊时有疼痛反应并常有指压痕。当较大的深在性脓肿不能及时切开，其脓肿膜在脓汁作用下容易发生变性坏死，最后在脓汁的压力下可自行破溃。由于病猪从局部吸收大量的有毒分解产物而出现明显的全身症状，严重者还可能引起败血症。

【诊断】根据症状对浅在性脓肿比较容易确诊，对某些深在性脓肿确诊有困难时可进行诊断性穿刺。当肿胀尚未成熟或脓腔内脓汁过于黏稠时，常不能排出脓汁，但在后一种情况下针孔内常有干固黏稠的脓汁或脓块附着。在脓肿诊断时，必须与血肿、淋巴外渗、挫伤和某些疝相区别。

【治疗】各种创口及时清创消毒，防止感染化脓，并可选用下方之一治疗：

(1)10%鱼石脂软膏涂抹患部，一天1次，连用2～3天。

(2)对于脓肿膜完整的浅在性小脓肿，可实施手术摘除。但需注意勿刺破脓肿膜，以防新鲜手术创口被脓汁污染。

(3)成熟脓肿可切开排脓。切开后的脓肿创口可按化脓创处理。

(4)全身抗感染治疗

①体表脓肿初期可用10%鱼石脂软膏或5%碘酊涂布，以消炎退肿，后期已形成脓肿的，应待成熟后切开排脓。用3%双氧水或0.1%高锰酸钾冲洗干净，再敷上消炎粉，有全身症状的可给服磺胺类药物。

②体表脓肿成熟后，可用小刀切开，清除脓液，后用土黄连、五爪龙、桉树叶、千里光各适量，煎水冲洗患部。

③鲜生地、天花粉各20克，金银花、大青叶、千里光、野菊花各50克，蒲公英40克，煎水内服。

【预防】给猪打针时要严格消毒，在日常管理中要防止引起外伤的事件发生。

六、蜂窝织炎

猪蜂窝织炎，是皮下、筋膜下及肌间等处的疏松组织发生了急性的进行性化脓性炎症，也就是在疏松组织中发生了以浆液性、化脓性或腐败性渗出物为特征的病灶。并且还出现明显的全身性反应。

【发病特点】本病多系皮肤或黏膜有微小创口感染发炎，并可继发脓肿或化脓疮。

【临床症状】本病临床症状很明显，症状一般是患部增温，剧痛，肿胀，组织坏死和化脓，形成机能障碍，以及体温升高，精神沉郁，食欲减退，倦怠懒动，伏卧一隅。触及肿胀部，发出痛叫声。

【诊断】根据临床症状，很容易确诊。

【治疗】患部剪毛清洗，涂布5%碘酒，也可在局部涂敷以醋调制的复方醋酸铅散。早期应用抗生素或磺胺疗法。为防止酸中毒，可静脉注射5%碳酸氢钠液50～80毫升，每天1次，连用3～5次；防止病变部位的蔓延，用0.5%普鲁卡因液加适量青霉素进行病灶周围封闭。减轻组织内压。

当应用上述疗法无效时，应早期切开患部组织，排出炎性渗出物。切开时，应根据具体情况掌握切开的深度、长度。对浅在的蜂窝织炎，切开皮肤即可；深在的蜂窝织炎，则需切开筋膜及肌间组织。炎症蔓延很广时，可行多处切开，必要时还可作对口引流。切开后，尽量排除脓汁，清洗创内，选择适当药物引流，以后可按化脓创治疗即可。

附录　猪去势术

一、阉割技术

(一)仔公猪阉割法

公猪阉割又叫去势,是将公猪的睾丸和附睾摘除,使其失去性机能。公猪一年四季均可去势,但以春、秋两季为好。

1. 手术阉割去势法

(1)阉割时间:仔公猪生后宜于30～40日龄进行阉割术,阉割季节多选择春和夏之交、晴天无风的早晨施术为好。

(2)器械和药品:手术刀(阉割刀)、缝合用的针线以及75％酒精或5％碘酒等消毒药品。

(3)术前检查与准备:术前检查阉割猪的健康状况,测试体温和脉搏、呼吸数等未见异常,确认无病的健壮仔猪。术前检查还需注意是否隐睾或有阴囊疝气。

术前禁食半天,并要做好阉割前的准备工作,如阉割场地平坦、干净,阉割刀具必须无锈。

(4)保定方法:阉割时术者右手握住仔公猪的右后腿倒提起来,左手抓住右侧膝前皱襞,将仔公猪左侧卧保定在地面上,使头向术者左侧,尾向术者右侧。术者以左脚踩住仔猪颈部,右脚踩住仔猪尾根,并用左手腕部按压右侧大腿后方,使其向前伸直,将阴囊充分暴露(附图1)。大公猪的保定方法和大母猪相同,但应改为左侧横卧,以便操作。

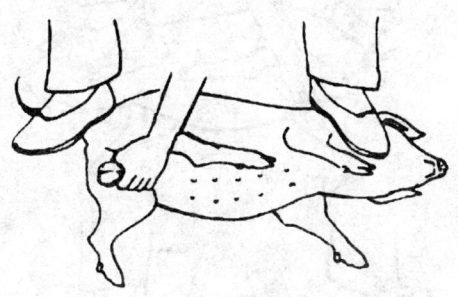

附图1　仔猪的保定

(5)阉割方法:术部用70%酒精棉球或5%碘酒涂擦消毒,术者手指同时也要消毒。术者以左手的拇、食、中三指将左侧睾丸牢牢固定,右手持阉刀与阴囊中线平行作一切口(附图2),一次切透阴囊壁及鞘膜,挤出睾丸,然后用左手握住睾丸,右手撕断白筋膜,接着用拇指与食指将精索挫刮断摘除左侧睾丸。再经阴囊纵隔作一切口,挤出右侧睾丸,再用同样方法摘除,最后用碘酊消毒切口,不必缝合。

(6)切口处理:将切口内的污血、液体等清理后,撒布磺胺粉,用5%片磺酊消毒切口及其周围,同时将包皮内的积液挤出,解除保定,让其自由活动。

2. 化学阉割法

仔公猪用化学方法阉割简便易行,对仔猪减少疼痛,不易发生由刀阉割而造成伤口感染,且对仔公猪生长无不良影响。

(1)阉割的适宜年龄:仔公猪阉割宜在生后10日龄内进行。

(2)阉割器械与药品:用兽用注射器及针头、10克氯化钠(食盐)和1毫升甲醛溶液。

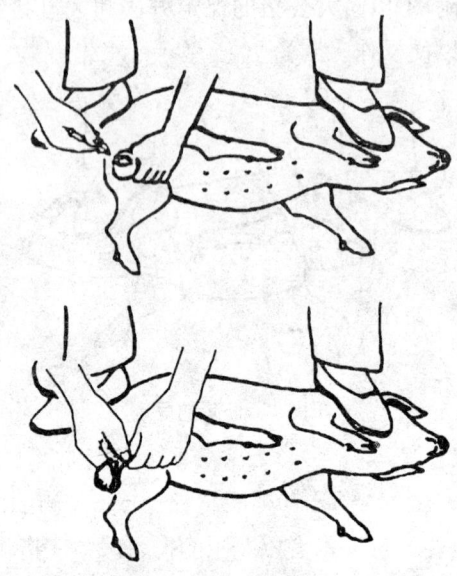

附图2 纵行切开阴囊及睾丸摘除

(3)术前检查与准备：术前健康检查见手术阉割去势法检查与准备。

(4)保定方法：倒提保定，猪腹部向术者。

(5)阉割方法：将10克氯化钠溶于100毫升蒸馏水中，再加入1毫升甲醛溶液，经摇匀过滤后，即成化学阉割用的注射液。阉术前，将配制好的注射液装入消毒过的瓶内备用。

用化学阉割法时，在术部(即仔公猪阴囊)纵轴前方进行常规消毒后，给每个睾丸注入2～5毫升配制好的注射液即可。用此法也可试用于大公猪，也同样有去势作用。但注射的剂量一般给每个睾丸注射10～15毫升。

用氯化钠(食盐)溶液注入睾丸后，睾丸开始肿胀，一般5天后即能自行消肿，约两周以后，睾丸明显萎缩，丧失性功能。

(二)隐睾猪阉割法

隐睾是指一侧或两侧睾丸不在阴囊内,而在猪的腹腔内。隐睾多数位于肾脏的后方,有时还位于腹股沟内环处。

1. 适宜年龄和季节

隐睾猪手术时间以 35~60 日龄为最佳。阉割时期除寒冷冬季以外,一般均可进行,应选在晴天、无风早晨施行手术。

2. 术前检查

当发现仔猪阴囊内无睾丸后,可用左手拇指和食指从腹壁向阴囊部按压寻找睾丸。有经验者也可从仔公猪外貌特征,如犬牙部的嘴唇上翻、被毛粗硬、阴囊部有明显的皱褶、包皮增大、尾根部较少长毛、蹄叉开张很大等,也可识别隐睾猪。

3. 保定方法

手术前需绝食 6~8 小时或 12 小时均可,根据腹壁切口部位采用半仰卧保定(使其呈 45°~60°的倾斜)或采用倒悬式保定均可。

4. 手术部位

一侧性隐睾的术部,切口在隐睾同侧的髋结节向下引一条垂线与腹正中线交叉点的上方 2 厘米处,或者倒数第二对乳头垂直向髋结节方向 1 厘米处也可;两侧性隐睾的术部,在左侧髋结节向腹正中线引垂线的交叉点上方 2 厘米处。

5. 手术方法

切口长度约为 4 厘米左右即可,用酒精消毒后切开腹壁通过切口伸入食指或中指寻找睾丸,或者用去势刀的弯沟部分伸入切口沟找出精索并将找到的睾丸拉出切口结扎精索,切除睾丸,连续缝合腹膜、肌肉,再结节缝合皮肤,切口处涂布碘酊即可。

(三)阴囊疝气猪阉割法

阴囊疝猪俗称漏肠猪,是仔猪的一种先天性症状,是小肠直接穿通腹壁与睾丸混在一起。

1. 适宜年龄和季节

阴囊疝猪手术时间以30~60日龄为最佳。

2. 器械与药品

阉割刀或手术刀,缝合针和缝合线,70%酒精和5%碘酒。

3. 术前检查和准备工作

公猪阴囊疝气阉割前检查工作很重要,健康检查方法与仔公、母猪相同。通过术部检查若是阴囊疝气,主要看阴囊增大,在捕捉、饱食或剧烈运动后腹压加大时更为明显,阴囊疝的内容物用手摸,感觉松软而有弹力,有时可能只摸到睾丸,而疝的内容物还在内方,即可确定为阴囊疝气,阉割前应禁食半天。

4. 保定方法

采用倒悬式保定法,提起猪两只后腿,使猪头向下,腹部向术者,倒吊在木梯上固定,对体型较大的患阴囊疝的公猪,也可采用上述倒吊保定法或在地上挖1个6厘米左右深的坑,将公猪两前肢捆扎在一起,头向坑内,助手用两手各抓1只猪后腿。将猪倒置后可使小肠返回腹腔内,便于施术。

5. 阉割方法

术前首先检查确定疝气发生在哪一侧后,将阴囊内的小肠或网膜送回腹腔,切开阴囊。注意不要切破总鞘膜,剥离总鞘膜至腹沟管外环,然后握住睾丸同总鞘膜将精索捻转3~4周,在接近腹股沟管环处,用消毒丝线横穿1针,并作结扎(附图3),在结扎外方撕断总鞘膜,这时睾丸被摘除。如果在阴囊未切开之前不能送入腹腔时,可能是粘连在鞘膜或睾丸上,因此,在剥离总鞘膜后,原则上尽量保留不切开整复疝内容物,猪有时疝轮过大,需直接切开,必须小心切开总鞘膜,然后伸入手指细心地分离肠管,将肠管送入腹腔后,再按上述方法结扎后,切除睾丸。

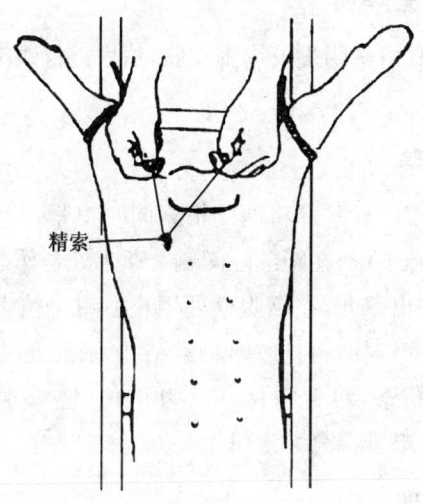

附图3 倒悬式保定及阉割

另外,有少数阴囊疝行业隐睾同时并见的公猪,可同时按上述的阴囊疝气阉割术和隐睾阉割术两种方法进行阉割,即先摘除隐睾,然后再处理阴囊疝气。

(四)种公猪阉割法

种公猪去势术,常被人们认为技术简单,操作方便。但实践证明,在去势中发生死亡的往往是种公猪,故对种公猪去势术不可忽视。

1. 麻醉、保定

对于性情温驯的公猪可直接在颈部肌注2%静松灵,0.2～0.5毫升/千克体重,止血敏15～30毫升;对于性情暴烈者,可利用发情母猪或假台猪引起其兴奋,乘机在颈部或臀部肌注麻醉药和止血药,当种公猪进入浅麻时,对其进行左侧横卧保定。

2. 术部清洗、消毒

用肥皂认真清洗阴囊及周围皮肤,然后进行碘酊消毒,75%酒精脱碘。

3. 睾丸摘除

术者左手于阴囊颈部将两侧精索同时捏紧,并使两个睾丸的长轴与阴囊缝际平行,在距缝际两侧2厘米处各作一平行切口,深达睾丸实质,挤出睾丸,在靠腹壁处用止血钳将精索夹住,然后用粗丝线将输精管结扎,再把整个精索结扎,最后在结扎线下方2～3厘米处剪断精索,将青霉素400万单位、链霉素200万单位、30%安乃近20毫升混合一次肌注。

4. 术后护理

(1)术后将其移入清洁卫生、干燥通风的圈舍,也可铺上适量垫草,以防术部黏附粪便诱发感染,并给予富含多种营养成分且容易消化的饲料和清洁的饮水。

(2)为了防止蚊虫、苍蝇叮咬,可在圈舍内喷洒灭害灵或驱蚊灵,术部周围涂以花椒油。

(3)术后未苏醒时,可用阿托品或盐酸肾上腺素进行对抗。

(4)对于术后去势继发症可进行对症治疗。

5. 注意事项

(1)术前要注射全麻药和全身止血药,以便手术操作,确保手术成功、安全。

(2)由于种公猪皮肤较厚,因此在术前麻醉、保定注射药物时,可先将针头刺入肌肉,然后再注入药物。

(3)在摘除睾丸过程中,可事先用2％盐酸普鲁卡因作精索神经麻醉,这样可加强麻醉效果,利于手术操作,同时,在手术过程中,视公猪麻醉情况,可灵活补注麻醉剂。

(4)手术切口尽量处于阴囊下部,这样血液和腹水不能滞留,不易感染发炎,切口容易愈合。

(5)在结扎精索时,一定要结扎牢固,否则流血过多,影响手术质量。

(五)小母猪阉割术

小母猪阉割术又称"小挑花",适宜28~40日龄的仔母猪,

1. 阉割的日龄

"小挑花"常用于28~40天左右的小母猪,阉割的时间应选为早晨空腹效果最佳,但寒冷季节应选为中午,一年四季均可。

2. 器械和药品

"小挑花"刀一把,刀的样式较多,现在用"L"式最好,刀的头大尖、锋快、刀柄为小头微弯。药品需配有70％酒精棉花和5％碘酒,消毒术部还要备有"止血敏"、"安络血"药物,以免过度出血。

3. 保定方法

术者选用坐凳式保定阉割小母猪,左脚踩压猪的左腿,右脚踩压猪的头颈部,使整头猪的肚子向上,这样的保定方法,可靠、方便、又省力。

4. 阉割的方法

小母猪阉割时,"小挑花"(附图4)的刀和术部、术者的双手需

经70%酒精消毒。术者将用左手拇指压小母猪的腹部,腹部的位置就是股骨的一拇指旁和后往前的左侧第二只乳头外缘处,拇指用力压,再用"小挑花"刀头顺着拇指的边缘处做一小切口,不能使切口太大、太深,以免漏肠,此时刀柄顺着切口往下垫,不能太用力,以免把肠子弄破,刀柄顺着切口左右摆动,使"花肠"突出,突出之后,再用右食指的第二指节背面用力下压腹壁,用左右拇指、食指交替拉出两侧子宫角,摘除即可,切口用70%的酒精或5%碘酒消毒以防止感染。阉割完毕时,应喂些容易消化的饲料或少喂些饲料,应该把小母猪关在干净干燥的猪圈内饲养,以免切口被污染,造成不必要的损失。

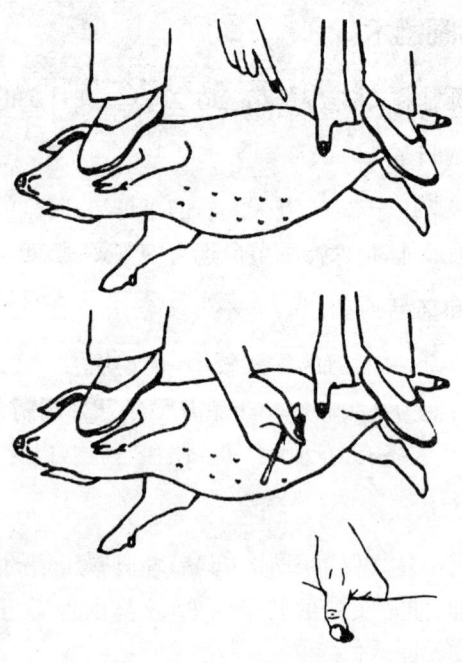

附图4　小母猪阉割

5. 出现问题的处理

个别畸形的小母猪很难阉,畸形小母猪的子宫角与小公猪的睾丸特别相似,在新手和技术不牢靠的人手里往往会失败。

个别小母猪用"小挑花"刀切一小口时,刀柄往下一垫时血管出血,应该把刀柄拿出,用最快的速度对小母猪注射"止血敏"或"安络血",或将"安络血"喷在血管出血的部位,使小母猪自由活动。

个别小母猪阉割时切口太大,阉割之后应缝合以免漏肠,给养殖户带来不必要的经济损失。

总之,阉割的速度越快越好,应激少,死亡率几乎为零。

(六)大母猪阉割术

1. 阉割的适宜年龄

母猪生后3个月左右,体重达15千克以上阉割母猪,最宜用大挑花手术法。

2. 器械和药品

阉割刀1把,三棱针1根,缝合针线和消毒药液用70%酒精和5%碘酒。

3. 术前检查和准备

除术前检查方法与仔猪"小挑花"相同外,还须注意检查母猪是否发情和怀孕。如果母猪阴户出血、肿大、有黏液排出、少食或停食、急躁不安、主动接近公猪、爬跨等现象,生殖器官极度充血等发情表现,暂时不能进行阉割术,等待发情后才能阉割,以免在手术中大出血。检查孕猪可以询问母猪最近是否配种或与公猪接触情况,如怀孕已久,母猪腹大下垂,甚至可以从腹部触摸到胎儿,对此孕猪不可阉割。术前禁食半天。

4. 保定方法

中型母猪阉割时，术者用左手捏起左后腿，右手握住左肷在地上，用右脚踩住猪的颈部，使头在右，尾在左，背向术者，助手拉住猪的两后腿予以保定。大母猪保定较困难，而且费力气，可以在一条前腿上缚一绳子，1 人向后牵拉猪的前腿使跪地，然后再使大母猪右侧倒卧。为使保定牢靠，防止术中挣扎，可在猪的颈部横放一根木杠，两人各压木杠的一端部位，使头颈固定。另一人再固定左后肢即可。此外，阉割较大母猪还可采用倒吊保定法。

5. 阉割方法

（1）手术部位：大母猪的手术部位在肷部（腹肋部）三角区的中央，即髋结节前下方 5～10 厘米处。三角区的一边是髋结节到腹下所引的垂线，另两边是从膝前皱襞和髋结节向肋骨与肋软骨连接处的两条连线（附图 5）。

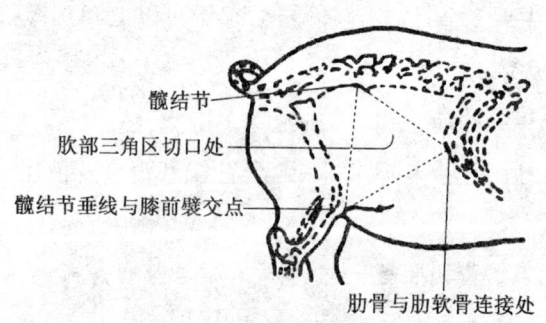

附图 5　大母猪阉割切口部位

（2）手术方法：术者以左手拇指按定切口部位，右手持大挑刀作一皮瓣突向下后方的半月形切口，可用刀一次切开皮肤，如果皮肤粗厚分层用刀切开弧形长约 3～4 厘米的切口，切口的大小应视猪体大小决定。然后用右手食指的尖端分离腹壁肌肉，接着向背部的方向捣破腹膜,伸入腹腔,沿背侧腹壁向骨盆腔入口处由前向后探摸左侧卵巢,并沿着腹壁向外钩出。当用食指钩出卵巢的时候,需用屈曲的中指、无名指及小指的第二指骨背面用力按压腹壁,使卵巢不会滑脱。当卵巢达到切口时,即用镊子或钳子把它夹住,并将它与卵巢囊同时拉出。民间有阉割经验的术者顺口行语是:"仰手下,合手摸,子肠(即卵巢)不离尿胞窝"。还有"上花对下花,点滴也不差,伸手入,拳手出,大肠软似棉,子宫如豆角"。施术口诀是"位置开得准,拇指要压紧,切口需开通,又莫伤背筋;口子有5层,一次要切成,刀柄钩向右,膀胱白线有;如若膀胱出,刀柄向下引;如若小肠出,刀柄朝上进;花肠弯曲多,小肠红而薄,6指腹部压,4指往外拉,花肠拉出后,花子一齐摘"。拉出左侧卵巢以后,接着再伸右手食指寻找钩出右侧卵巢,当两侧卵巢都暴露出切口外后,较小的母猪卵巢囊可贴近卵巢和子宫角交连处割除。两侧卵巢及卵巢囊摘除以后,用右手食指送入子宫角,使它复位,再沿腹腔内壁旋转1~2周,以防肠夹到切口内。最后行切口缝合2~3针,缝合方法用结节或连续缝合法,缝合腹膜、肌肉、皮肤,最后消毒。

6. 特殊情况的处理

切口开好后加压如不见内容物,其原因是没有开油膜,必须用刀球伸入切口内用刀打开油膜;切口开好后见有腹水流出而不见有内容物流出,其原因是切口不准,须将刀球伸入腹腔呈弧形在背上挑起子宫角;切口开好加压后总是冒出膀胱,其原因是切口偏上,处理方法是用刀柄稍向下去挑起子宫角。如总是冒出肠道是切口偏下,应将刀柄稍向上去挽起子宫角;拉不出卵巢(俗称花子)的原因是卵巢的系膜太短,应加压腹皮轻拉子宫角。若个别油膜口小,则用刀柄将油腹口扩大,花肠或花把断裂,一般无生命危险,待2个月以后若发情可在发情以后按大挑花阉割,不发情时则无须阉割。

(七)两性猪阉割法

两性猪是雌雄同体的猪,俗称"二尾子"猪,形成两性猪的原因可能与遗传和近亲繁殖有关。其类型外貌像母猪,但腹下有一个圆形突起、比正常公猪小的包皮囊,包皮囊的周围有一撮较长的毛。排尿由阴门排出;但比母猪的排尿时间长,并呈滴状。阴门下有一个发育不全的阴茎,呈长形瘤状物。从内生殖器官外观,一边为卵巢,其卵巢要比同龄母猪的卵巢大,子宫体、子宫间沟明显;而另一边有比同龄公猪较小的睾丸,但附睾和睾丸不连在一起。也有两边有比同龄公猪较小的睾丸,其外形像卵巢,其实质是睾丸,表面光滑,颜色与睾丸相同,切开后也是睾丸的实质。但无附睾,精索代替了子宫角和输卵管,可以辨认出子宫和子宫间沟。

1. 术前检查与准备

阉割前应仔细检查阉猪的健康状况,术具应消毒。

2. 保定方法

两性猪多采用横卧保定法。

3. 手术部位

手术部位在肷部三角区。

4. 阉割方法

阉割两性猪采用母猪大挑花手术法。术前按手术常规在术部剃毛消毒,用手术刀(母猪大挑花刀具)在肷部三角区中央作一个垂直的长3～5厘米的切口(大型两性猪切口需适当向下延长或向下向后偏向骨盆腔处),术者用手指伸入骨盆腔入口附近探摸卵巢,并用指端钩住卵巢,借刀柄的配合,将其卵巢挑出切口外,用带引线的缝合针穿过卵巢系膜,结扎确实后摘除,然后再摸取另侧睾丸。摘除睾丸可按隐睾猪阉割睾丸摘除方法处理。

两侧均为睾丸的两性猪阉割，也可采用隐睾猪摘除睾丸的方法摘除。个别两性猪的睾丸在阴囊内，在摘取这类猪的睾丸时，可以采用正常公猪阉割睾丸的方法，但要结扎后摘除睾丸。因为精索质地较脆，易被拉断引起出血，尤其是阉割两侧都是睾丸的两性猪，出血较多，故在手术中要仔细观察是否出血，发现出血较多应注意及时采用止血措施，用带引线的缝合针，穿过睾丸后端系膜，精索进行双重结扎后，离结扎处 0.5 厘米摘除睾丸。若确认无出血时，送回腹腔，按常规缝合腹膜、肌肉和皮肤，术后用 3％碘酊消毒创口，以防感染。

5. 注意事项及手术护理

(1)手术部位应准确，切口边缘要整齐。

(2)大公猪血筋较粗，为了防止术后出血，要先在刮断血筋处稍上方用丝线结扎。

(3)母猪施术切忌将肠管和腹膜缝在一起。术后应提起阉猪后腿，轻轻摇动一下，或用手捏住切口部位皮肤拉一拉，防止肠管嵌在切口内。

(4)阉猪术后放到干净而干燥的猪圈内饲养，加强管理。特别是母猪术后 1～2 天内喂食要减少，可采取少量多次喂法，以减少切口部的张力。放牧时，不能到污泥水处滚爬，以防切口被污水浸渍感染或污水侵入腹腔。

(5)术后不能久卧，要让它适当运动，以活畅气血，加速切口愈合，但不可追赶奔跑等剧烈运动，防止引起切口出血和影响切口愈合。

(6)阉猪术后应检查其饮食、精神、运动等情况，特别要注意检查术部创口是否发炎，以便及时给予治疗。

二、术后并发症的治疗方法

阉割术后出血及并发症的原因是多方面的,如手术操作不正确,操作粗暴,手术时间过长,未能按照无菌操作规程,术前没有检查和准备,术后护理不当等,均可出现术后出血及一些并发症。

1. 阉后出血

(1)症状及原因:阉后出血是因阉割过程中损伤血管而造成的,如精索断端止血不当,捻转不充分,结扎过松或滑脱出血,或过紧造成勒破血管,而呈连续性的线状出血;年龄较大,尤其是猪精索内血管粗大而弹性较小,如果拉出睾丸时用力过大能造成血管破裂出血,而呈点滴状出血。阉割时出血使术部模糊不清,在分离时,易误伤大血管神经,影响伤口愈合,易于感染,大失血影响患畜的恢复,甚至危及生命,因此,在手术过程中必须注意观察,一旦发现阉畜有出血症状应及时而有效地采取止血措施,同时要求止血准确、牢靠。

(2)处理方法

①轻度出血:可采用冷水洒腰背部止血和针刺断血穴位。或在伤口涂布少许云南白药或中成药断血流药粉。

②指押止血法:在手术中当切开组织若有血管出血时,可立即用钳夹法止血,如不能立即钳夹时,则以手指暂时夹住以防止失血过多,然后采用其他止血措施。

③钳压止血法:种公猪阴囊皮肤或肉膜血管较发达,阉割施术后容易出血,可先用纱布块压迫,看清出血点或血管以后,可用止血钳的尖端垂直地对出血点进行钳夹并捻转,使血管闭塞而止血。钳夹组织要少,一般小血管出血,经持续钳夹之后,放松止血钳可不再出血,较大血管在钳夹之后还须结扎方能止血。

④结扎法:此止血法是最常用的、最可靠的基本止血法。对暴露完整的血管,可相距1~2厘米处做双重结扎,然后从中切断,对于某些重要器官组织和血管,可在其近端做贯穿缝合结扎,对血管断端缩回组织内而出血,可在血管周围行集束结扎。

⑤纱布压迫止血法:用纱布块暂时按压止血,为了辨认组织、血管、神经等。这种止血法只能按压,不能来回擦拭血液,以免损伤组织。

⑥烧烙止血法:用烙铁烧红,在出血外轻轻按压一下,然后迅速拿开,时间不宜太长,否则组织粘在烙铁上,达不到止血目的。

⑦预防性止血法:全身性的预防止血,用侧柏叶炭60克、血余炭60克、白及120克,研粉混合备用,撒布于阴囊内。

2. 肠脱

(1)症状及原因:肠脱多在阉割结束后起立时发生,常表现阴囊局部明显肿胀,小肠从阉割切口中垂出,手压肿胀可消失或由阴囊脱出肠管。如果发现较晚时,可能造成肠管破裂。

引起脱肠主要有三种原因:第一,多因术前禁食时间过短,腹压过大,腹腔管内环过大(二指宽以上),肠管通过它以后,进一步通过腹股沟管内的鞘膜管进入到阴囊内。第二,阉割前禁食过长,因肠管空虚而易通过鞘膜管进入阴囊内。第三,阉割时过度牵拉精索,使腹沟管变大,或阉割术后强烈挣扎等而引起。肠管脱出如不及时处理往往造成死亡。

(2)处理方法:治疗时将阉猪作仰卧保定(可在地上面挖1个长方形的浅坑,使其倒卧在坑内),为了对脱出的肠管应加以保护,不使受伤和破裂。阴囊周围用消毒纱布包盖,脱出的肠管如被泥土粘污时,须用开水待温后用10 000单位青霉素加入0.85%的生理盐水中彻底冲洗粘在肠管上的污物,然后用彻底消毒的手将肠管送回腹腔内。为了防止肠管继续脱出,阉畜如努责腹压增大时,要暂停送回肠管,待努责停止后再继续送回肠管。若肠管还纳困难时,可扩大腹股沟管外口后还纳,全部肠管送回后,将总鞘膜从阴囊壁上剥离,捻转数周后,紧靠腹壁用消毒线结扎后缝合创口。

3. 肉膜外翻、精索或总鞘膜外露

(1)症状及原因:阉割时,多因阴囊切口不正,或多次切割阴囊壁造成各层分离及阴囊肿胀等,引起肉膜外翻,使切口附近的肉膜突到切口外面。精索外露是内牵拉精索过猛,使其丧失弹性,精索与睾丸系膜分离太靠上,游离的精索断端过长而造成,容易引起感染,并影响创口的正常愈合。总鞘膜与筋膜之间结合疏松,且缺乏弹性,如果术刀一次未将阴囊壁全层切透,多次切割总鞘膜或术前固定睾丸用力过大,使总鞘膜与筋膜分离而脱垂。

(2)处理方法:术后发现肉膜露出切口外时,将其用止血钳夹住,并稍向外牵引,可用消毒的剪刀剪除,或用手术刀切除突出切口外露的肉膜,然后用5%碘酒涂布。处置精索外露时局部按常规消毒处理,用止血钳夹住并稍向外牵引脱出的精索断端,在健康精索部分进行贯穿结扎,切除病变的精索,断端涂以5%碘酊。总鞘膜外露处置方法是局部消毒后,用剪刀将脱出的总鞘膜剪除,断端涂以5%碘酊。

4. 阴囊水肿

(1)症状及原因:公猪阴囊水肿即总鞘膜腔内(阴囊)潴积浆液,本病常见于老龄动物,有一侧性的,也有两侧性的。阉割后12天出现阴囊体积发生轻微肿胀,数天后会自行消失,可不必治疗。如果肿胀显著增大,皮肤紧张,阴囊皱襞消失,变圆形并下垂。触诊时感到有弹性,波动,发凉,缺乏痛感。拉住阴囊底部向上提起时,可见肿胀变小,同时皮肤出现皱襞,因为这时有一部分液体流入腹腔,如放下阴囊壁又可迅速恢复原状。穿刺可流出淡黄色或呈血色的液体。病猪出现精神不振、食欲减少等症。

本病多因阉割时切口不整齐或过小,总鞘膜切口小于皮肤切口;或两者不在一条直线上,渗出物不易排出;或牵遛不足,气血不畅;或切口感染,睾丸、附睾、精索及总鞘膜的慢性炎症。精索血行障碍时引起;肝脏、心脏等疾患引起的腹水可能出现总鞘膜腔积水;总鞘膜腔有寄生虫寄生时也常引起本病。

(2)处理方法

①若切口不齐或过小,须重新修整切口,加以扩大,清除周围血痂,通畅引流。

②如腹下部肿胀,初期可用温敷,全身大量应用钙剂。无效时可用消毒的白针穿刺放出积液,并注入复方碘溶液。但由腹水引起者,治疗比较困难,需治疗原发症。

③如阴囊硬固肿胀,可内服"消肿定痛散":当归、连翘各25克,银花30克,没药、白芷、桃仁各15克,甘草10克,共研细末,开水冲调,待温灌服。若肿胀部破溃成脓,用中药"雄黄散"外敷或"金黄散"外敷。病情严重时,除内服中药外,还需注射抗生素,常规处理术部。

5. 精索炎

(1)症状及原因:精索炎是公畜阉割后并发的精索及总鞘膜的纤维素性化脓性炎症。常表现精索断端硬结或肿胀,手术区浮肿,日久失治则成瘘管。经常排出脓汁,精索显著粗大。在其末端能触知稍痛的结缔组织,增殖所形成的肉芽肿,有时炎症上行蔓延可达腹腔,直检时可以触知肥厚的精索。在患部存在的囊腔,当大量炎性产物或脓汁潴留时,被机体吸收后,能引起自体中毒,出现全身反应,如体温升高、精神减退、食欲不佳、结膜潮红、心动频数等。

引起本病主要是阉割时阴囊切口过小偏斜,或切口表面愈合时渗出物滞留于腔内,或结扎处的断端留得过长,使之残留很大部分发生坏死,以及感染。

(2) 处理方法

①轻症可摘除结扎线,刮去坏死组织,彻底用消毒液冲洗后,涂布 5% 碘酒或填塞樟脑白糖粉(精制樟脑 3 份,白冰糖 4 份,大黄末 1 份共研细末)或消炎粉。

②重症可行将患畜横卧保定,畅通引流,充分排液,可行扩创或穿刺,应用消毒液(0.1%雷夫奴尔,0.1%新洁尔灭,0.1%高锰酸钾)清洗创腔,或青霉素注入于创内,同时在阴囊颈部行青霉素普鲁卡因封闭。

③精索瘘可用锐匙轻刮,以乌梅卤碱液灌注,根据具体情况采用全身疗法,适当应用中草药或抗生素。一般保守法可以治愈,但经久不愈者,可将精索瘘及增殖的肉芽肿一起切除,并按化脓疮处理。

④局部硬肿并伴有长期慢性化脓过程者,可采用精索硬块切除术。术前采用横侧卧保定,并进行局部浸润麻醉,切口部位进行消毒。手术切口部位在精索硬肿一侧,由此脓创口作一垂线为预备切口线,1 次直线切开皮肤及皮下疏松结缔组织。用手术刀(或剪刀)顺皮下组织向两侧进行分离,然后继续向两侧下方进行分离,对已分离出来的粗大血管应即时结扎,减少局部出血。下面分离后再向上作深部分离,直至见到健康的精索,并使精索硬肿脱出于阴囊切口之外。在精索较细处用 18 号丝线作一次全结扎,或用分束结扎法,每个结均为活扣,离结扎线 1.5～2 厘米处将精索硬肿切断,并检查有无动脉出血,同时切除多余的阴囊皮肤及坏死灶,最后阴囊切口皮肤结节缝合,其下方留一缺口排脓,术后第 2 天检查排脓是否畅通。必要时用消毒镊子伸入夹取凝血块,第 3 天可以拆除精索断端结扎线。

6. 腹膜炎

(1) 症状及原因:腹膜炎为腹膜浆膜的炎症,按病程长短可分为急性和慢性两种。急性多属脓毒性,常出现全身症状,体温升高40℃以上,精神委顿,低头喜卧,减食或不食,贪饮水,呼吸急促,腹部有疼痛反应,腹围下半部增大下垂。如不及时治疗,1～2天内死亡。慢性腹膜炎多为局部发炎,呼吸、体温一般无明显症状。发炎部位变质并与附近的器官粘连,腹部触到硬块范围扩大时,有低热,病程较长,有时可达几个月之久。

本症多由于阉割时消毒不严,或操作不慎,由切口感染腹膜而引起腹膜炎。

(2)处理方法

①急性腹膜炎而渗出物不多的病例,用链霉素或磺胺类药物等消炎药治疗,可以取得较好的疗效。

②发现有肠管粘连时,应及时在直肠内进行剥离。

③腹膜炎已化脓或渗出液过多时,应及时采取腹腔穿刺疗法,把腹腔内的渗出物或脓液排除干净,即用较粗的消毒针头或细心套管针排脓。排净之后用生理盐水、0.01%呋喃西林充分洗涤腹腔,然后注射青霉素100万～200万单位的稀释液。

④在母畜病期出现体温升高、精神沉郁、食欲减退等全身症状,应及时使用抗生素或磺胺类药物进行全身抗菌消炎治疗。

母畜阉割时术部切口和刀具均要严格消毒,注意无菌操作,腹壁损伤应及时处理。在治疗期间注意对病畜饲养管理,给予病畜易消化饲料。为了防止肠管粘连,每天应增加运动,并要对症治疗。

7. 厌氧性和腐败性感染

(1)症状及原因:公畜阉割术后伤口被某些特定的细菌感染后,阴囊出现肿胀,并迅速向周围蔓延,肿胀阴囊触诊有捻发音,肿胀初期有明显的热痛反应。随着浸润物的增多,局部温度降低,疼痛反应逐渐消失。自创口内排出有泡沫、污秽不洁的血色渗出物,并有酸臭味。随着病程的急剧发展,出现明显的全身症状,病初表现为体温升高,精神委顿,食欲下降,呼吸困难,脉搏快而弱。病后期体温降低到常温以下,常出现腹泻等症状,若不及时治疗,发病后4～5天内死亡。

本症多是由于阉割手术操作消毒不严或术后护理不当等原因导致感染性细菌如腐败梭菌(恶性水肿杆菌)、魏氏梭菌(产气荚膜杆菌)、水肿梭菌(第二恶性水肿杆菌)、溶组织梭菌、变形杆菌、产芽孢杆菌等特定的细菌经伤口入畜体而引起一种急性败血性非接触传染性疾病。

(2)处理方法

①首先将切口和阴囊襞深而广泛地切开,并切除精索断端,及时排出创液。

②用1%高锰酸钾或3%过氧化氢液(双氧水)清洗创腔,然后用浸有消毒剂的纱布引流。

③出现全身症状应用抗生素或磺胺类药物的同时,应用强心剂、利尿剂和大量补液配合治疗。

8. 破伤风

(1)症状及原因:大多由于阉割时刀口和手术器械消毒不严,破伤风梭菌通过伤口感染而发生以运动中枢对外界刺激的反应增强,肌肉持续痉挛性收缩为特征的疾病。临床表现为四肢僵直,两耳竖立,尾不摆动,牙关紧闭,重者发生全身痉挛及角弓反张;对外界刺激兴奋性增高,常有吱吱的尖细叫声;如治疗不及时或治疗不当常常死亡。

(2)处理方法

①将猪放置安静地方,尽量减少或避免刺激。

②先以2%高锰酸钾液或3%双氧水反复洗涤伤口,再涂擦5%碘酊。

③20％乌托品注射液10～30毫升,一次肌内注射。

④早期及时注射抗破伤风血清10万～20万单位,分2次皮下注射。

⑤青霉素80万～160万单位,链霉素100万～200万单位,一次肌内注射,每天2次,连用3天。

⑥3％双氧水20～25毫升、10％葡萄糖注射液80～100毫升混匀一次静脉注射。

参 考 文 献

1. 黄家良. 怎样养好母猪. 南宁:广西科学技术出版社,2004
2. 杨公社. 猪生产学. 北京:中国农业出版社,2002
3. 朱尚雄. 中国工厂化养猪实用新技术. 北京:中国农业出版社,1993
4. 吴晋强. 养猪. 上海:上海科学普及出版社,1992
5. 马术臣. 养猪实用技术. 济南:山东科学技术出版社,1989
6. 张仲葛,等. 中国实用养猪学. 郑州:河南科学技术出版社,1990
7. 姜 平,等. 兽医全攻略——猪病. 北京:中国农业出版社,2009
8. 贾鸿莲,等. 现代猪场兽医手册. 北京:中国农业出版社,2006
9. 王扬伟. 猪病门诊实用技术. 郑州:河南科学技术出版社,2005
10. 宣长和. 猪病学. 北京:中国农业科学技术出版社,2003
11. 甘孟侯,杨汉春. 中国猪病学. 北京:中国农业出版社,2005
12. 吴清民. 猪病防治手册. 北京:中国农业出版社,2000
13. 曹光荣. 猪病防治新技术. 咸阳:西北农林科技大学出版社,2005